普通高等教育"十三五"规划教材

工程制图

（非机类专业）

于春艳　田福润　主编

金乌吉斯古楞　满 羿　副主编

胡玉珠　主审

U0216641

化学工业出版社

·北京·

本书是依据教育部高等学校工程图学教学指导委员会于 2010 年制定的《普通高等学校工程图学教学基本要求》编写而成。

　　全书共分九章，内容包括：制图基本知识和技能，正投影基础，基本体及表面交线的投影，轴测图，组合体，机件的表达方法，机械图，建筑施工图、设备施工图等。

　　本教材可作为应用型本科院校各专业的工程制图课程教材（参考教学时数为 56～96 学时），也可作为民办本科、高职高专、成人教育等教材。

　　另外笔者还编写了《工程制图习题集》（非机类专业）与本书配套使用。

图书在版编目（CIP）数据

工程制图：非机类专业/于春艳，田福润主编. —北京：化学工业出版社，2016.6（2024.10重印）
　　普通高等教育"十三五"规划教材
　　ISBN 978-7-122-26970-6

Ⅰ.①工… Ⅱ.①于… ②田… Ⅲ.①工程制图-高等学校-教材 Ⅳ.①TB23

中国版本图书馆 CIP 数据核字（2016）第 100871 号

责任编辑：满悦芝　石　磊　　　　　　　文字编辑：刘丽菲
责任校对：宋　玮　　　　　　　　　　　装帧设计：韩　飞

出版发行：化学工业出版社（北京市东城区青年湖南街 13 号　邮政编码 100011）
印　　装：北京盛通数码印刷有限公司
787mm×1092mm　1/16　印张 14¾　字数 364 千字　2024 年 10 月北京第 1 版第 6 次印刷

购书咨询：010-64518888　　　　　　　　售后服务：010-64518899
网　　址：http://www.cip.com.cn
凡购买本书，如有缺损质量问题，本社销售中心负责调换。

定　　价：33.00 元

前　言

　　本教材依据教育部高等学校工程图学教学指导委员会于 2010 年制定的《普通高等学校工程图学教学基本要求》，结合工程图学的发展趋势及应用型本科人才培养的要求编写而成。

　　书中全部采用最新颁布的国家标准编写。本教材以力争突出绘图、读图能力培养为主要特点，坚持以掌握概念、注重培养应用能力为主线。在课程体系和编排次序上，做到重点突出，循序渐进，符合认识规律，方便教与学。对基础理论以"必需、够用"为指导，强化"空间-平面"之间的相互转化，突出能力培养特色。

　　教材在知识结构方面可分为三大部分。①画法几何：包括投影法、点线面投影、立体及其表面交线等内容。②制图基础：包括制图的基本知识和技能、组合体、轴测图、机件表达方法等内容。③专业图：包括机械图、建筑施工图、设备施工图等内容。教学时，可根据各专业的需要对内容作不同的取舍。

　　本教材可作为应用型本科院校各专业的工程制图课程教材（参考教学时数为 56～96 学时），也可作为民办本科、高职高专、成人教育等教材。

　　为了便于学生学习，巩固教材中的知识，提高教学效果，我们还编写了《工程制图习题集（非机类专业）》与本教材配套使用。

　　本教材由于春艳、田福润主编；金乌吉斯古楞、满羿副主编；参加编写的还有黄坤、曹文龙、甘荣飞、祝艺丹。具体分工如下：于春艳（第一、二、五章、附录）；田福润（第六、七章）；金乌吉斯古楞（第三、四章）；满羿（第八、九章）。

　　本书由长春建筑学院胡玉珠教授主审；审稿人对本教材初稿进行了详尽的审阅和修改，提出许多宝贵意见，在此，对她表示衷心感谢。

　　本书出版之际，特向对本书作出贡献的其他人员表示感谢。在编写过程中，我们参考了一些同类教材，特向编者们表示感谢。

　　由于编者水平有限，书中错误在所难免，欢迎读者批评指正。

编　者

2016 年 6 月

目　录

绪　论

工程制图是研究工程图样的学科。根据投影原理、标准和有关规定，表示工程对象，并附有必要的技术说明的图，称为图样。工程图样是表达和交流技术思想的重要工具，是组织工业生产和工程施工、编制工程预算的必不可少的技术文件。凡是从事工程技术工作的人员都必须掌握这种技术语言，具备绘制和阅读工程图样的能力。

一、本课程的地位、性质和任务

本课程是工科院校相关专业必修的一门技术基础课。其主要任务是培养学生具有一定的绘制和阅读工程图样的能力、空间想象和思维能力以及绘图技能，为学习后续专业课程打下基础。本课程的主要任务如下。

（1）掌握投影法的基本理论及其应用。

（2）掌握正确地使用绘图仪器画图和徒手画图的方法。

（3）具有一定的空间想象能力和空间分析能力。

（4）能够绘制和阅读中等复杂程度的工程图样。

（5）具有创新精神和实践能力，具有认真负责的工作态度和严谨细致的工作作风。

二、本课程的内容与要求

本课程的内容包括画法几何、制图基础、专业图三部分，具体内容与要求如下。

（1）画法几何是工程制图的理论基础，通过学习投影法，掌握表达空间几何形体及其表面几何元素（点、线、面）的基本理论和绘图的基本技能。

（2）制图基础要求学生学会正确使用绘图工具和仪器的方法，掌握国家标准中有关工程制图的基本规定，掌握工程形体和机件的画法、读图方法和尺寸标注。培养正确使用绘图工具、仪器和徒手绘图的能力。

（3）专业图要求学生能正确地阅读与绘制相关工程图样。所绘工程图样能够做到投影正确、尺寸完整、字体工整、线型标准、图面整洁、美观，符合有关国家标准的规定。

本课程只能为学生的绘图和读图打下一定的基础，要达到合格的工科学生所必须具备的有关要求，还有待于在后续课程、生产实习、课程设计和毕业设计中继续培养和提高。

三、本课程的学习方法

（1）掌握基本理论　在学习中，必须注意空间几何关系的分析，掌握空间形体与投影图之间的内在联系。只有通过"从空间到平面，再从平面到空间"这样反复研究和思考，才能扎实掌握本课程的基本理论和图示方法。

（2）注重实践环节　本课程是一门实践性较强的课程，在学习中除了课堂上认真听课，还要多动手绘图、多读图、多想象构思形体。应通过参观生产现场，借助模型、轴测图、实物等手段，增加实践知识和表象积累，培养和发展空间想象和思维能力。

（3）按时完成作业　本课程的各种训练是通过一系列作业来贯彻的。由于本课程的基础理论具有较强的系统性、逻辑性和一定的抽象性，因此要求学生在认真听课并及时复习的前提下，独立完成习题与绘图的训练。

（4）培养严谨作风　由于工程图样是生产的依据，绘图和读图中的任何一点疏忽，都会给生产造成严重损失。所以，在学习中还应注意养成认真负责、耐心细致和一丝不苟的良好作风。画图时要确立对生产负责的观念，严格遵守国家标准，正确地使用绘图工具和仪器，以不断提高绘图质量和速度。

第一章 制图的基本知识和技能

图样是生产过程中的重要技术资料和主要依据。在画图和看图过程中，首先应对制图的基本知识有所了解。制图的基本知识内容包括技术制图的基本规定；绘图工具的正确使用；几何图形的作图方法以及平面图形的作图步骤等。

第一节 制图国家标准的基本规定

作为指导生产的技术文件，工程图样必须有统一的标准。这些标准对科学生产和图样管理起着重要作用，在绘图时应熟悉并严格遵守国家标准的相关规定。

国家标准简称"国标"，代号为"GB"，如《技术制图　图纸幅面和格式》（GB/T 14689—2008）中，"GB/T"为推荐性国家标准，"14689"为标准的编号，"2008"为标准发布的年号。除"GB/T"外，国标中还有"GB/Z"指导性国标，"GB"强制性国标等。

《技术制图》标准对图纸幅面、比例、图线和字体等均有明确规定。

一、图纸幅面和格式(GB/T 14689—2008)、标题栏(GB/T 10609.1—2008)

1. 图纸幅面尺寸

绘制技术图样时，应优先采用表 1-1 中规定的基本幅面。必要时，也允许按照国标规定的方法使用加长幅面，这些幅面的尺寸是由基本幅面的短边成整数倍增加后得出，如图 1-1 所示。

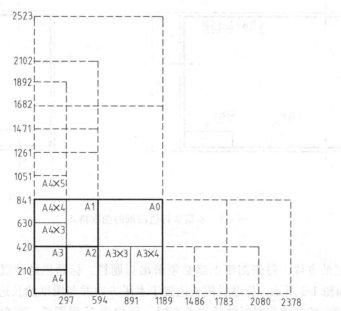

图 1-1　基本幅面与加长幅面的尺寸

表 1-1　图纸幅面和边框尺寸

幅面代号	A0	A1	A2	A3	A4
$B \times L$	841×1189	594×841	420×594	297×420	210×297
e	20			10	
c	10			5	
a	25				

2. 图框格式

在图纸上必须用粗实线画出图框，其格式分为留装订边和不留装订边两种，但同一产品的图样只能采用一种格式。其格式分别见图 1-2 和图 1-3 所示，尺寸见表 1-1 中的规定。加长幅面的图框尺寸，按所选用的基本幅面大一号的图框尺寸确定。

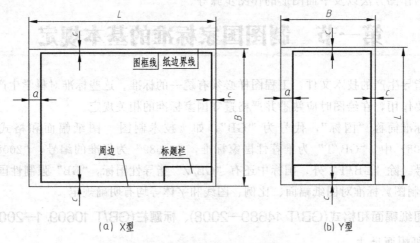

图 1-2　有装订边图纸的图框格式

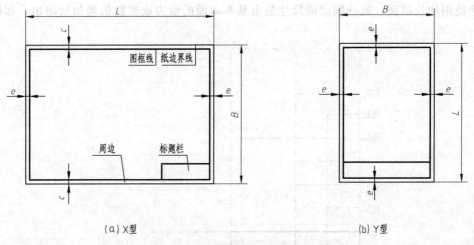

图 1-3　不留装订边图纸的图框格式

3. 标题栏

（1）标题栏的方位　每张图纸上都必须画出标题栏。标题栏的位置应位于图纸的右下角，如图 1-2 和图 1-3 所示。标题栏的长边置于水平方向并与图纸的长边平行时，则构成 X 型图纸；若标题栏的长边与图纸的长边垂直时，则构成 Y 型图纸。在此情况下，看图的方向与看标题栏的方向一致。

（2）标题栏的格式和尺寸　《技术制图　标题栏》（GB 10609.1—2008）对标题栏的格式和尺寸作了详细规定，其中涉及内容项目较多。建议制图作业的标题栏采用图1-4所示的简化格式。

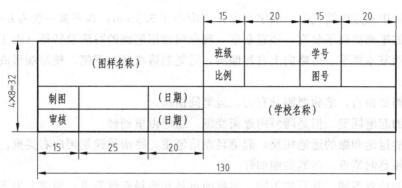

图1-4　学校用简化标题栏

二、比例（GB／T 14690—1993）

比例是指图中图形与其实物相应要素的线性尺寸之比。比值为1的比例称为原值比例（1∶1）；比值大于1的比例称为放大比例（如2∶1）；比值小于1的比例称为缩小比例（如1∶2）。

需要按比例绘制图样时，应符合表1-2规定，在系列中选取适当的比例。

表1-2　比例

种类	优先选用比例			允许选用比例				
原值比例	1∶1							
放大比例	5∶1　　　2∶1 $5\times10^n\colon1$　$2\times10^n\colon1$　$1\times10^n\colon1$			4∶1　　　2.5∶1 $4\times10^n\colon1$　$2.5\times10^n\colon1$				
缩小比例	1∶2　　1∶5　　1∶10 $1\colon2\times10^n$　$1\colon2\times10^n$　$1\colon2\times10^n$			1∶1.5　　　1∶2.5　　　1∶3　　　1∶4　　　1∶6 $1\colon1.5\times10^n$　$1\colon2.5\times10^n$　$1\colon3\times10^n$　$1\colon4\times10^n$　$1\colon6\times10^n$				

注：n 为正整数。

比例标注方法如下。

（1）比例符号应以"∶"表示。比例标注方法如1∶1、1∶500、20∶1等。

（2）比例一般应标注在标题栏中的比例栏内。必要时，可在视图名称的下方或右侧标注比例，如：$\dfrac{\mathrm{I}}{2\colon1}$、$\dfrac{A\text{向}}{1\colon100}$、$\dfrac{B-B}{2.5\colon1}$、$\underline{平面图}\ 1\colon100$。

三、字体（GB／T 14691—1993）

在图样上除了应表达机件的形状外，还需要用文字和数字注明机件的大小、技术要求及其他说明。

1. 字体的书写要求

字体书写必须做到：字体工整、笔画清楚、间隔均匀、排列整齐。

2. 字体的号数

字体的高度代表字体的号数。字体的高度（用 h 表示）其公称尺寸系列为：1.8mm、2.5mm、3.5mm、5mm、7mm、10mm、14mm、20mm。如需要书写更大的字，其字体高

度应按 $\sqrt{2}$ 的比例递增。

3. 汉字

图样及说明中的汉字应写成长仿宋字，大标题、图册封面、地形图等的汉字，也可以写成其他字体，但应易于辨认。汉字的书写应采用中华人民共和国国务院正式公布推行的《汉字简化方案》中规定的简化字。汉字高度 h 不应小于 3.5mm，其字宽一般为 $h/\sqrt{2}$。

仿宋字的笔画要横平竖直，注意起落，现介绍常用笔画的写法及特征（表1-3）。

（1）横画基本要平，可略向上自然倾斜，运笔起落略顿一下笔，使尽端形成小三角，但应一笔完成。

（2）竖画要铅直，笔画要刚劲有力，运笔同横画。

（3）撇的起笔同竖，但是随斜向逐渐变细，运笔由重到轻。

（4）捺的运笔和撇的运笔相反，起笔轻而落笔重，终端稍顿笔再向右尖挑。

（5）挑画是起笔重，落笔尖细如针。

（6）点的位置不同，其写法不同，多数的点是起笔轻而落笔重，形成上尖下圆的形象。

（7）竖钩的竖同竖画，但要挺直，稍顿后向左上尖挑。

（8）横钩由两笔组成，横同横画，末笔应起重轻落，钩尖如针。

（9）弯钩有竖弯钩、斜弯钩和包钩三种，竖弯钩起笔同竖画，由直转弯过渡要圆滑，斜弯钩的运笔要由轻到重再到轻，转变要圆滑，包钩由横画和竖钩组成。

表 1-3 长仿宋字体基本笔画

字体	点	横	竖	撇	捺	挑	折	钩
形状	⼋	一	⎮	ノ	＼	／	⌐	⌴
运笔	⼋	一	⎮	ノ	＼	／	⌐	⌴

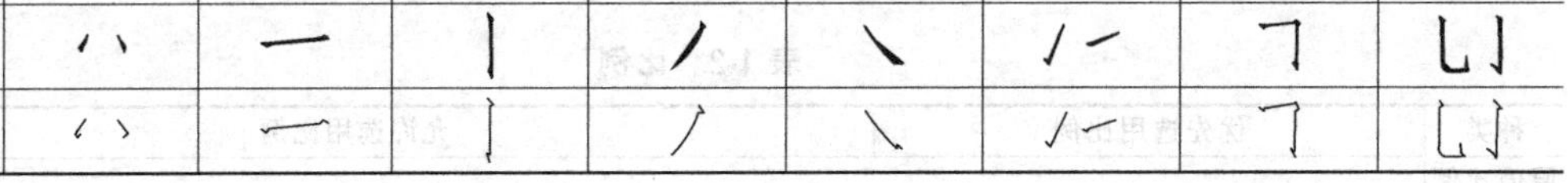

长仿宋字示例，如图1-5所示。

10号字

字体工整笔画清楚间隔均匀排列整齐

7号字

横平竖直注意起落结构均匀填满方格

5号字

制图机械技术要求说明材料公差尺寸合理准确

3.5号字

螺纹齿轮普通平键圆柱销滚动轴承间隙配合过圈热处理

图 1-5 长仿宋字体

4. 字母和数字

字母和数字分 A 型和 B 型。A 型字体的笔画宽度（d）为字高（h）的十四分之一，B 型字体的笔画宽度（d）为字高（h）的十分之一。字母和数字可写成斜体和直体。斜体字字头向右倾斜，与水平基准线成 75°。在同一图样上，只允许选用一种型式的字体。当数字与汉字同行书写时，其大小应比汉字小一号，并宜写直体。其运笔顺序如图 1-6 所示。

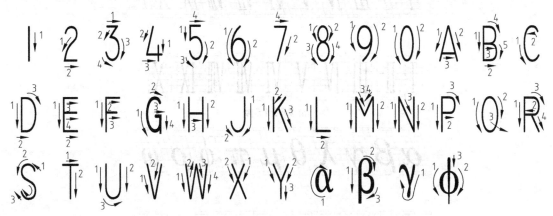

图 1-6　字母和数运笔顺序

字母和数字示例如图 1-7 所示。

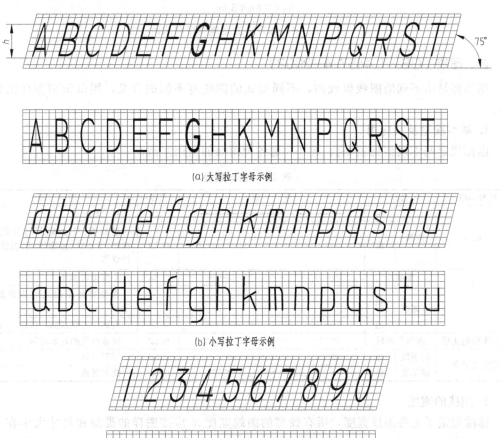

(a) 大写拉丁字母示例

(b) 小写拉丁字母示例

(c) 阿拉伯数字示例

图 1-7

(d) 罗马数字示例

(e) 小写希腊字母示例

图 1-7　字母和数字的运笔顺序和示例

四、图线（GB／T 4457.4—2002）

图形都是由不同的图线组成的，不同型式的图线有不同的含义，用以识别图样的结构特征。

1. 基本线型及其应用

国标规定基本线型见表 1-4。图 1-8 是各种图线的应用实例。

表 1-4　基本线型

代号 NO.	名称		线 型	宽度	用 途
01	实线	粗		d	可见轮廓线
		细		$0.5d$	过渡线、尺寸线、尺寸界线、剖面线、牙底线、齿根线、引出线、辅助线等
02	细虚线			$0.5d$	不可见轮廓线
04	点画线	粗		d	有特殊要求的线或表面的表示线
		细		$0.5d$	对称中心线、轴线、齿轮节线等
基本线型的变形	细双点画线			$0.5d$	极限位置的轮廓线等
图线的组合	折断线	细		$0.5d$	断开界线
	波浪线	细		$0.5d$	断开界线

2. 图线的宽度

标准规定了七种图线宽度，所有线型的图线宽度 d 应按图样的类型和尺寸大小在下列数系中选择：0.25mm、0.35mm、0.5mm、0.7mm、1.0mm、1.4mm、2mm。优先采用的图线宽度是 0.5mm 和 0.7mm。在机械图样中采用粗细两种线宽，它们之间的比例为 2∶1，即细实线线宽为 $0.5d$。在制图课作业中建议采用的线宽为 0.7mm。

3. 图线的画法

在图纸上的图线，应做到：清晰整齐、均匀一致、粗细分明、交接正确。如图 1-8 所

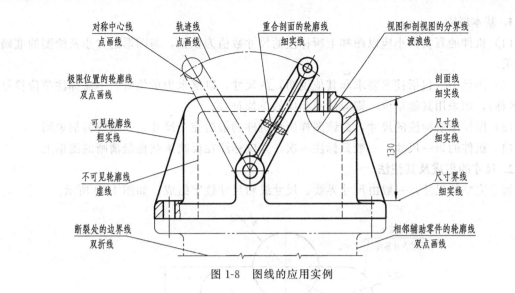

图 1-8 图线的应用实例

示，具体画图时应注意以下几点。

（1）在同一张图样中，同类图线的宽度应一致。虚线、点画线、双点画线的线段长度和间隔应大致相等。

（2）除非另有规定，两条平行线之间的最小间隙不得小于 0.7mm。

（3）绘制圆的中心线时，圆心应为长画的交点，而不得交于短画或间隔处。小圆（一般直径小于 12mm）的中心线、小图形的双点画线均可用细实线代替。中心线的两端应超出所表示的相应轮廓线 3～5mm，如图 1-9（a）所示。

（4）当虚线为粗实线的延长线时，之间应留有空隙。虚线与图线相交时，应在线段处相交，如图 1-9（a）所示。

（5）当不同线型的图线重合时，应按粗实线、虚线、点画线的先后次序选择一种线型绘制。

（6）图线不得与文字、数字或符号重叠，不可避免时，应断开图线以保证数字等的清晰，如图 1-9（b）所示。

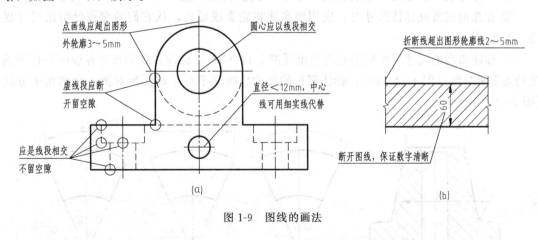

图 1-9 图线的画法

五、尺寸注法（GB 4458.4—2003、GB/T 16675.2—2012）

工程图样除了用图形表达形体的形状外，还应标注尺寸，以确定其真实大小。

1. 基本规则

（1）机件的真实大小应以图样上所标注的尺寸数值为依据，与图形的大小及绘图的准确度无关。

（2）图样中（包括技术要求和其他说明）的尺寸，以毫米为单位时，不需标注单位符号（或名称），如采用其他单位，则应注明相应的单位符号。

（3）图样中所标注的尺寸，为该图样所示机件的最后完工尺寸，否则应另加说明。

（4）机件的每一尺寸，一般只标注一次，并应标注在反映该结构最清晰的图形上。

2. 尺寸的组成及其注法

每个完整的尺寸，一般由尺寸界线、尺寸线和尺寸数字组成，如图 1-10 所示。

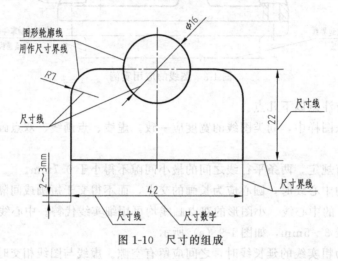

图 1-10 尺寸的组成

（1）尺寸界线 尺寸界线用细实线绘制，并应由图形的轮廓线、轴线或对称中心线处引出。也可利用轮廓线、轴线或对称中心线作尺寸界线。尺寸界线一般超出尺寸线 2～3mm，如图 1-10 所示。

注意事项如下。

① 尺寸界线一般应与尺寸线垂直，必要时才允许倾斜 [图 1-11（a）]。

② 在光滑过渡处标注尺寸时，应用细实线将轮廓线延长，从它们的交点处引出尺寸界线 [图 1-11（a）]。

③ 标注角度的尺寸界线应沿径向引出 [图 1-11（b）]；标注弦长的尺寸界线应平行于该弦的垂直平分线 [图 1-11（c）]；标注弧长的尺寸界线应平行于该弧所对圆心角的角平分线 [图 1-11（d）]。

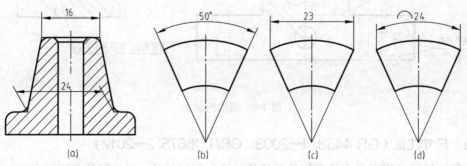

图 1-11 尺寸界线示例

　　(2) 尺寸线　尺寸线用细实线绘制，其终端可以有箭头和斜线两种形式，如图 1-12 所示。同一张图样中只能采用一种尺寸线终端的形式，机械图样中一般采用箭头作为尺寸线的终端。

　　注意事项如下。

　　① 标注线性尺寸时，尺寸线应与所标注的线段平行。尺寸线不能用其他图线代替，一般也不得与其他图线重合或画在其延长线上，如图 1-10 所示。

图 1-12　尺寸终端形式

　　② 圆的直径和圆弧半径尺寸线的终端应画成箭头，并按图 1-13 中（a）、（b）、（c）、（d）所示的方法标注。当圆弧的半径过大或在图纸范围内无法标出其圆心位置时，可按图 1-13（e）的形式标注。若不需要标出其圆心位置时，可按图 1-13（f）的形式标注。

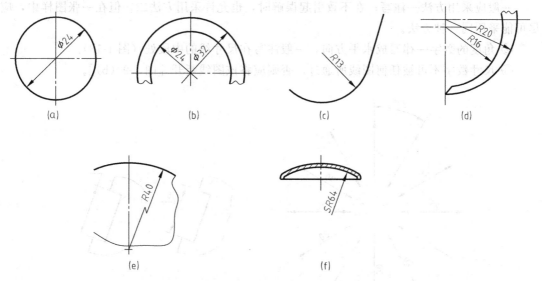

图 1-13　圆的直径与圆弧的半径的尺寸线形式

　　③ 标注角度时，尺寸线应画成圆弧，其圆心是该角的顶点，如图 1-11（b）所示。

　　④ 当对称机件的图形只画出一半或略大于一半时，尺寸线应略超过对称中心线或断裂处的边界，此时仅在尺寸线的一端画出箭头，如图 1-14 所示。

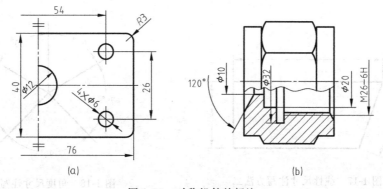

图 1-14　对称机件的标注

⑤ 在没有足够的位置画箭头或注写数字时，可按如图 1-15 的形式标注，此时，允许用圆点代替箭头。

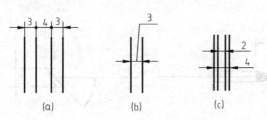

图 1-15　较小位置的尺寸线形式

（3）尺寸数字　尺寸数字一般应注写在尺寸线的上方，也允许注写在尺寸线的中段处（图 1-17）。

注意事项如下。

① 线性尺寸数字的方向，有以下两种注写方法。

方法 1　数字应按图 1-16（a）所示的方向注写，并尽可能避免在图示 30°范围内标注尺寸，当无法避免时，可按图 1-16（b）的形式标注。

方法 2　对于非水平方向的尺寸，其数字可水平地注写在尺寸线的中段处（图 1-17）。

一般应采用方法一注写；在不致引起误解时，也允许采用方法二。但在一张图样中，应尽可能采用同一种方法。

② 角度的数字一律写成水平方向，一般注写在尺寸线的中段处（图 1-18）。

③ 尺寸数字不可被任何图线所通过，否则应将该图线断开［图 1-9（b）］。

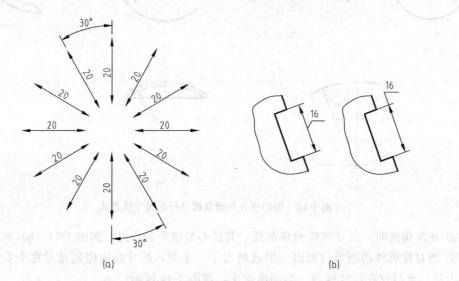

图 1-16　线性尺寸注写方法一

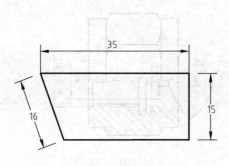

图 1-17　线性尺寸注写方法二

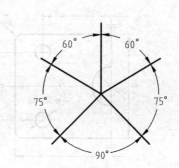

图 1-18　角度尺寸注写方法

3. 标注尺寸的符号及缩写词

标注尺寸时，应尽可能地使用符号及缩写词。尺寸数字前后常用的符号及缩写词见表1-5。

表 1-5 常用的符号及缩写词

名　　称	符号或缩写词	名　　称	符号或缩写词
直径	ϕ	弧长	⌒
半径	R	深度	↓
球直径	$S\phi$	锥度	◁
球半径	SR	斜度	∠
厚度	t	沉孔或锪平	⊔
45°倒角	C	埋头孔	∨
均布	EQS	正方形	□

第二节　绘图工具及其使用

绘制图样按所使用的工具不同，可分为尺规绘图、徒手绘图和计算机绘图。尺规绘图是借助丁字尺、三角板、圆规、铅笔等绘图工具和仪器在图板上进行手工操作的一种绘图方法。虽然目前工程图样已使用计算机绘制，但尺规绘图既是工程技术人员的必备基本技能，又是学习和巩固图学理论知识不可缺少的方法，必须熟练掌握。正确使用绘图工具和仪器不仅能保证绘图质量、提高绘图速度，而且能为计算机绘图奠定基础。以下简要介绍常用绘图工具和仪器的使用方法。

一、图板和丁字尺

图板是铺放图纸的垫板，一般由胶合板制成，四周镶有硬木边。图板板面应平整光洁，左边是导向边。图板分为 0 号 （900mm×1200mm）、1 号 （600mm×900mm） 和 2 号 （400mm×600mm） 三种型号。图板放在桌面上时，板身与水平桌面成10°～15°倾角。图板不可用水刷洗，也不可在日光下暴晒。制图作业通常选用 2 号绘图板。

丁字尺由尺头和尺身组成。尺头与尺身互相垂直，尺身带有刻度。尺身要牢固地连接在尺头上，尺头的内侧面必须平直，用时应紧靠图板左侧的导向边，如图 1-19 （a）所示。在画同一张图纸时，尺头不可以在图板的其他边滑动，以避免图板各边不成直角时，画出的线不准确。丁字尺的尺身工作边必须平滑，用完后，宜竖直挂起保存，以避免尺身弯曲变形。

丁字尺主要用来绘制水平线，使用时左手握住尺头，使尺头内侧紧靠图板的左侧边，上下移动到位后，用左手按住尺身，即可沿着丁字尺的工作边自左向右画出一系列水平线，如图 1-19 （b）所示。画较长水平线时，可把左手滑过来按住尺身，以防止丁字尺尾部翘起或尺身摆动，如图 1-19 （c）所示。也可与三角板配合绘制铅垂线，画铅垂线时，先将丁字尺移动到所绘制图线下方，把三角板放在应画线的右方，并使一直角边紧靠丁字尺工作边，然后移动三角板，直到另一直角边对准要画线的地方，再用左手按住丁字尺和三角板，自下而上绘制。

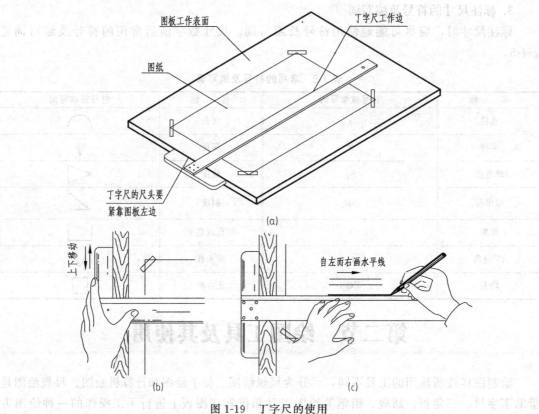

图 1-19 丁字尺的使用

二、三角板

一副三角板由两块组成，其中一块为两个角均为 45°的直角三角板，另一块为一个角是 30°、另一个角是 60°的直角三角板，它与丁字尺配合可画 15°、30°、45°、60°、75°等 15°倍角的斜线，如图 1-20 所示。

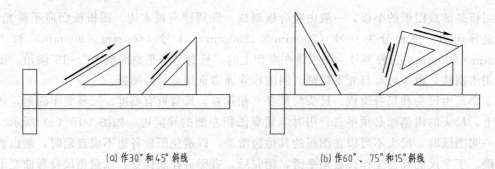

(a) 作30°和45°斜线　　　　(b) 作60°、75°和15°斜线

图 1-20 三角板的使用

三、圆规和分规

圆规用来画圆及圆弧。使用圆规时，应注意下列几点。

（1）画粗实线圆时，为了与粗直线色泽一致，铅笔芯应比画粗直线的铅笔芯软一号，即一般用 2B，并磨成矩形截面。铅芯端部截面应比画粗实线截面稍细。画细线圆时，用 H 或 HB 的铅笔芯并磨成铲形，磨成圆锥形也可。

（2）圆规针脚上的针，应用一端带有台阶的小针尖，圆规两脚合拢时，针尖应调得比铅芯稍长一些，如图 1-21 （a）所示。画圆时，应当着力均匀，匀速前进，并应使圆规稍向前进的方向倾斜，如图 1-21 （b）所示。画大圆时要接上加长杆，使圆规两脚均垂直纸面，如图 1-21 （c）所示。

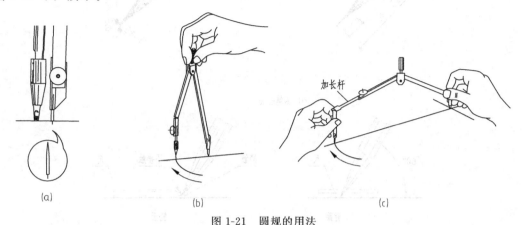

图 1-21　圆规的用法

分规是用来量取线段的长度和分割线段、圆弧的工具。它的两条腿必须等长，两针尖合拢时应汇合成一点。用分规等分线段时，先凭目测估计，将两针尖张开大致等于 n 等分的距离 d，然后交替两针尖画弧，在该线段上截取等分点，假设最后剩余距离为 e，这时可以将分规在 d 的基础上再分开 n 分之 e，再次试分，若仍有差额（也可能超出线段），则照样再调整两针尖距离（或加或减），直到恰好等分为止，如图 1-22 所示。等分圆弧方法与等分线段类似。

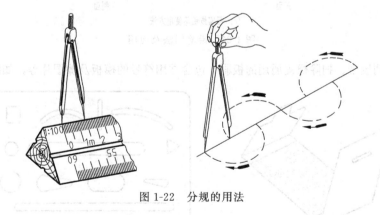

图 1-22　分规的用法

四、铅笔

铅笔铅芯的软硬用 B 或 H 表示。B 和 H 都有 6 种型号，B 前数字越大，表示铅芯越软，H 前数字越大，表示铅芯越硬。HB 表示铅芯软硬适中。画图时，图线的粗细不同所用的铅笔型号及铅芯的形状也不同。通常用 H 或 2H 铅笔画底稿，用 2B 或 B 铅笔加粗加深图线，用 HB 铅笔写字。加深圆弧用的铅芯，一般比粗实线的铅芯软一些；加深图线时，用于加深粗实线的铅笔芯用砂纸磨成铲形，其余线型的铅笔芯磨成圆锥形，如图 1-23 所示。

五、其他

除了上述工具外，绘图时还需准备削铅笔用的刀片、磨铅芯用的细砂纸、擦图用的橡皮、固

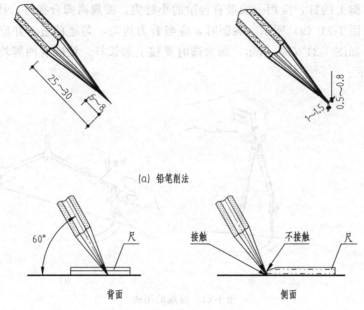

(a) 铅笔削法

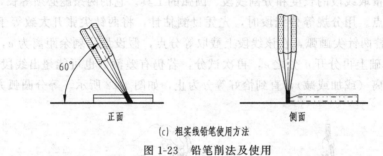

(b) 细实线铅笔使用方法

(c) 粗实线铅笔使用方法

图 1-23 铅笔削法及使用

定图纸用的透明胶带、扫除橡皮屑用的板刷、包含常用符号的模板及擦图片等，如图 1-24 所示。

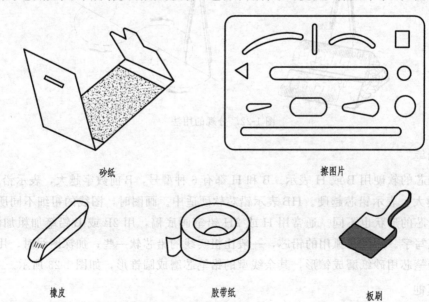

砂纸

擦图片

橡皮 胶带纸 板刷

图 1-24 其他工具

第三节　几何作图

机器零件的轮廓形状多种多样，但从图形角度看，都是由直线、圆弧或其他曲线所组成的几何图形。因此，必须熟练掌握常用几何图形的作图方法。

一、等分作图

1. 等分线段

等分线段常用的方法有平行线法。

【例 1-1】 已知线段 AB，试将其五等分。

【作图】 ①过 A 作与 AB 成任意锐角的射线 AC，自 A 起以任意单位长度在 AC 上截 5 等分，得 1、2、3、4、5 点，如图 1-25 (a) 所示。

② 连 $5B$，过各点作 $5B$ 平行线，交 AB 于 $1'$，$2'$，$3'$，$4'$ 即为 5 等分点，如图 1-25 (b) 所示。

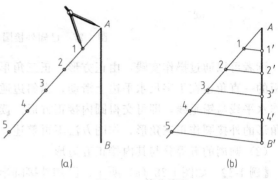

图 1-25　等分线段

2. 正多边形的画法

(1) 画正六边形

【例 1-2】 如图 1-26 (a) 所示，已知外接圆半径 R，试将圆六等分并作出其内接正六边形。

【作图】 作法一：利用圆规等分圆周画正六边形。

① 以 R 为半径，外接圆圆周与其水平中心线的交点 A、D 为圆心画弧，该弧与外接圆周的交点为 B、C、E、F，则 A、B、C、D、E、F 将圆六等分，如图 1-26 (b) 所示。

② 顺次连接等分点，即得内接正六边形，如图 1-26 (c) 所示。若隔点相连，可画出圆内接正三角形。

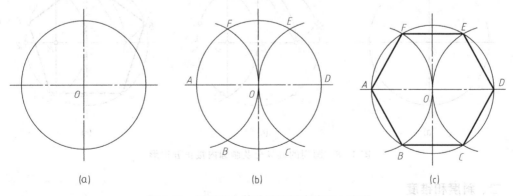

图 1-26　圆周的六等分及画圆内接正六边形

作法二：用三角板配合丁字尺作正六边形

①如图 1-27 (a) 所示，以 60°三角板靠紧丁字尺，分别过水平中心线与圆周的交点，作两条 60°斜线。

②如图 1-27 (b) 所示，**翻转三角板**，分别作另外两条斜线。

③如图 1-27（c）所示，过 60°斜线与圆周的交点，分别作两条水平线，即得所求。

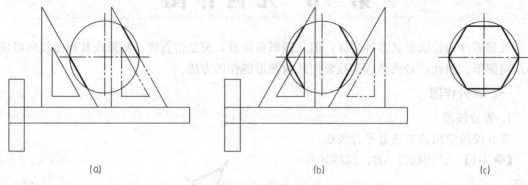

图 1-27　已知外接圆作正六边形

读者可以通过操作实践，由正方形、正三角形的外接圆作正方形和正三角形：使 45°三角板的一直角边在丁字尺水平边上滑动，当斜边通过圆心时，过斜边与外接圆的两个交点分别作水平线与铅垂线，即可交得圆内接正方形。读者可自行使用 60°三角板配合丁字尺由正三角形的外接圆作正三角形，作图方法不再赘述。

（2）圆周的五等分与其内接正五边形

【例 1-3】　如图 1-28（a）所示，已知外接圆半径 R，试将圆周五等分并作出其内接正五边形。

【作图】

① 作水平半径 OK 的中点 M；以 M 为圆心，MA 为半径画弧，交水平中心线于 N，以 A 为圆心、AN 为半径，在圆周上截取 B、E 两点；再以 B、E 为圆心，AN 为半径，在圆周上截取 C、D 两点，则 A、B、C、D、E 将圆周五等分，如图 1-28（b）所示。

② 顺次连接等分点，即得内接正五边形，如图 1-28（c）所示。

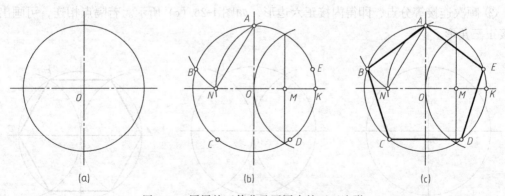

图 1-28　圆周的五等分及画圆内接正五边形

二、斜度和锥度

1. 斜度

斜度是指一直线或平面对另一直线或平面的倾斜程度，其大小一般是用两直线或两平面间夹角的正切来表示，即斜度 $=\tan\alpha=\dfrac{H}{L}=1:n$，并在斜度 $1:n$ 前面注写，如图 1-29（a）所示。

斜度符号"∠"，符号斜线的方向应与斜度方向一致，h 为字体高度，如图 1-29（b）所示。

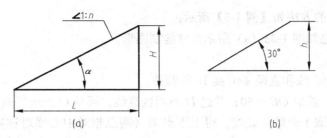

图 1-29　斜度定义与斜度符号画法

按尺寸作斜度的方法如【例 1-4】所示。

【例 1-4】　按已知图 1-30（a）所示尺寸绘制图形。

【作图】

① 作两条相互垂直的直线 OA、OB，其中 $OA=80$；

② 在 OA 上自 O 点起，任取 10 个单位长度，得到点 E；在 OB 上自 O 点起，截取 1 个单位长度，得到点 F；连接 EF 即为 1∶10 的斜度，如图 1-30（b）所示。

③ 自 A 向上截取 $AC=8$，再过 C 作 EF 的平行线与 OB 相交，即完成作图，如图 1-30（c）所示。

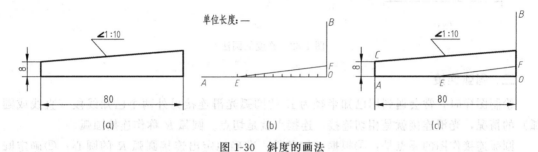

图 1-30　斜度的画法

2. 锥度

锥度是指正圆锥的底圆直径与高度的比；如果是锥台，则是底圆直径和顶圆直径的差与高度之比，即锥度 $=\dfrac{D}{L}=\dfrac{D-d}{l}=1∶n=2\tan\alpha$，并在锥度 1∶n 前面注写如图 1-31（a）所示。锥度符号"◁"，符号斜线的方向应与锥度方向一致，h 为字体高度，如图 1-31（b）所示。

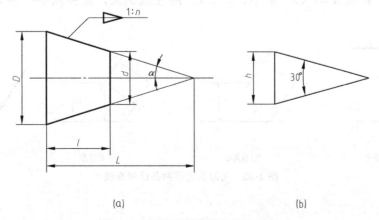

图 1-31　锥度定义与锥度符号画法

按尺寸作锥度的方法如【例 1-5】所示。

【例 1-5】 按已知图 1-32 (a) 所示尺寸绘制图形。

【作图】

① 作出水平中心线和直径 $\phi40$ 高 10 的圆柱。

② 自 O 点起，量取 $OD=60$；并过 D 点画竖直线，再从 O 点起任取 5 个单位长度，得点 C；在左端面上取 1 个单位长度，得上下点 B（两点相对中心线对称），连接 BC，即得 1：5 的锥度，如图 1-32 (b) 所示。

③ 自端面 A 点作 BC 的平行线与过 D 点的竖直线相交，即完成作图，如图 1-32 (c) 所示。

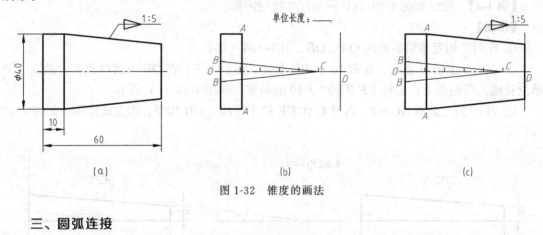

图 1-32 锥度的画法

三、圆弧连接

绘制图样时，常会遇到用已知半径为 R 的圆弧光滑连接另外两个已知线段（直线或圆弧）的情况，光滑连接就是相切连接，连接点就是切点。圆弧 R 称作连接圆弧。

圆弧连接作图的要点是：①根据已知条件、准确地定出连接圆弧 R 的圆心；②确定圆弧与已知线段相切的切点；③去掉多余线段，光滑连接。下面按不同的圆弧连接情况加以叙述。

1. 用半径为 R 的圆弧连接两条已知直线

定理 与已知直线相切的圆，其圆心的轨迹是与该直线平行的直线，且平行线距离等于半径 R。

【例 1-6】 如图 1-33 (a) 所示，L_1、L_2 两直线相交，连接弧半径为 R，求作连接圆弧。

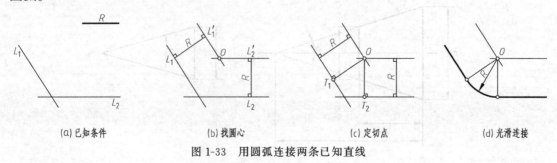

(a) 已知条件   (b) 找圆心   (c) 定切点   (d) 光滑连接

图 1-33 用圆弧连接两条已知直线

【作图】

① 分别作平行于 L_1、L_2 且距离为 R 的平行线 L_1'、L_2'，它们交于 O 点，如图 1-33

（b）所示；

② 自 O 作 OT_1OT_2 分别与 L_1、L_2 两直线垂直，垂足 T_1、T_2 即为切点，如图 1-33（c）所示；

③ 擦除多余线段，以 O 为圆心，R 为半径在两切点之间画圆弧，即完成作图，如图 1-33（d）所示。

2. 用半径为 R 的圆弧连接两已知圆弧

定理　半径为 R 的连接弧与半径为 R_1 的已知圆切，其圆心轨迹为已知圆的同心圆，外切时其半径为 $R+R_1$，切点 T 在两圆心连线与已知圆周的交点上；内切时，其半径为 $|R-R_1|$，切点 T 在两圆心连线（或延长线）与已知圆周的交点上。

【例 1-7】　如图 1-34（a）所示，已知两圆弧圆心分别为 O_1 和 O_2、半径分别为 R_1 和 R_2，连接圆弧半径为 R。已知 R 圆弧与两圆弧外切，求作连接圆弧。

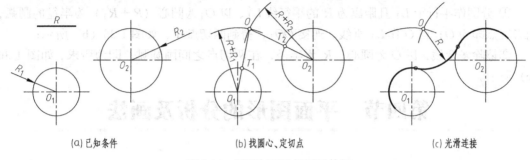

(a)已知条件　　　　　(b)找圆心、定切点　　　　　(c)光滑连接

图 1-34　圆弧与两已知圆弧外切

【作图】

① 分别以 O_1 为圆心、$R+R_1$ 为半径，O_2 为圆心、$R+R_2$ 为半径，画圆弧，交于点 O，连接 OO_1、OO_2 求出两个切点 T_1、T_2，如图 1-34（b）所示；

② 以 O 为圆心，R 为半径，在两切点之间画圆弧，即完成作图，如图 1-34（c）所示。

【例 1-8】　如图 1-35（a）所示，已知两圆弧圆心分别为 O_1 和 O_2、半径分别为 R_1 和 R_2，连接圆弧半径为 R。已知 R 圆弧与两圆弧内切，求作连接圆弧。

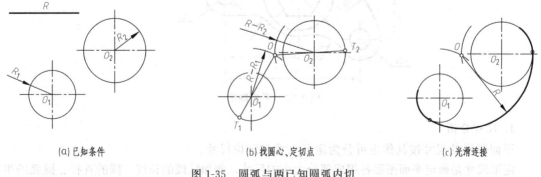

(a)已知条件　　　　　(b)找圆心、定切点　　　　　(c)光滑连接

图 1-35　圆弧与两已知圆弧内切

【作图】

① 分别以 O_1 为圆心、$R-R_1$ 为半径，O_2 为圆心、$R-R_2$ 为半径，画圆弧，交于点 O，连接 OO_1、OO_2 并延长，求出两个切点 T_1、T_2，如图 1-35（b）所示；

② 以 O 为圆心，R 为半径，在两切点之间画圆弧，即完成作图，如图 1-35（c）所示。

【例 1-9】 如图 1-36 (a) 所示，已知一直线 L_1 和一圆弧 R_1，连接圆弧半径为 R。已知 R 圆弧与 R_1 相外切，求作连接圆弧。

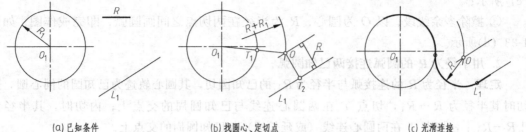

(a) 已知条件　　　　　　(b) 找圆心、定切点　　　　　　(c) 光滑连接

图 1-36 圆弧与直线和已知圆弧外连接

【作图】

① 分别作平行于 L_1 且距离为 R 的平行线 L_1'、以 O_1 为圆心 $(R+R_1)$ 为半径的圆弧，两者交点即为 O；自 O 作 L_1 垂线、连接 OO_1，得到两切点 T，如图 1-36 (b) 所示；

②擦除多余线，以 O 为圆心，R 为半径，在两切点之间画圆弧，即为所求，如图 1-36 (c) 所示。

第四节　平面图形的分析及画法

一、平面图形的分析

平面图形是由若干段线段组成的，为了掌握平面图形的正确作图方法和步骤，画图前应先对平面图形进行分析，如图 1-37 所示。

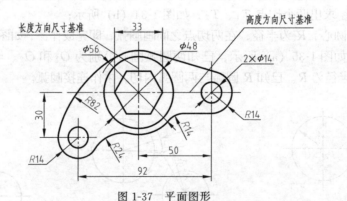

图 1-37 平面图形

1. 尺寸分析

平面图形的尺寸按其作用可分为定形尺寸和定位尺寸。

定形尺寸是确定平面图形各组成部分大小的尺寸，例如线段的长度、圆的直径、圆弧的半径和角度的大小等。如图 1-37 中 33、$2 \times \phi14$、$\phi48$、$\phi56$、$R82$、$R14$、$R24$ 等均为定形尺寸。

定位尺寸是确定平面图形各组成部分相对位置的尺寸，例如圆心的位置尺寸等。如图 1-37 中 50、92、30 等。

标注定位尺寸时，必须先选好尺寸基准，尺寸基准是定位尺寸的出发点。平面图形有长和高两个方向，每个方向都应该有一个尺寸基准，通常选择对称中心线、较大圆的中心线和主要轮廓线作为尺寸基准。如图 1-37 中 $\phi48$ 圆的两条中心线分别为长度方向尺寸基准和宽度方向的尺寸基准。

2. 线段分析

平面图形的线段，根据给定尺寸是否完整可分为已知线段、中间线段和连接线段三类。

已知线段为定形、定位尺寸全部注出的线段。作图时可以直接绘出。如图 1-37 中的 $\phi48$、$\phi56$、$2\times\phi14$ 左右两侧的 $R14$ 圆弧、对角距为 33 的六边形等。

中间线段为定形尺寸齐全，缺少一个方向的定位尺寸的线段。作图时，必须先根据与相邻的已知线段的几何关系求出另一个定位尺寸才能画出该线段。如图 1-37 中右下方的 $R14$。

连接线段：只有定形尺寸，没有定位尺寸，必须依靠与两端相邻线段间的连接关系才能画出的线段。如图 1-37 中的 $R82$、$R24$、$\phi56$ 与 $R14$ 两圆弧的公切线等。

画平面图形时，应当先分析图形的尺寸，明确各线段的性质，确定基准后，先画已知线段，再画中间线段，最后画连接线段。

二、平面图形的作图步骤

为了提高绘图效率、保证图纸质量，必须掌握绘图步骤和方法，养成认真负责、仔细、耐心的良好习惯。尺规绘图时，一般按照下列步骤进行。

1. 准备工作

（1）对所绘图样进行阅读了解，在绘图前尽量做到心中有数。

（2）准备好必需的绘图仪器、工具、用品，并且把图板、丁字尺、三角板、比例尺等擦洗干净，把绘图工具、用品放在桌子的右边，但不能影响丁字尺的上下移动。

（3）选好图纸，将图纸用胶带纸固定在图板的适当位置，此时必须使图纸的上边对准丁字尺的上边缘，然后下移使丁字尺的上边缘对准图纸的下边，如图 1-38 所示。

注意：为方便作图，当图纸幅面小于图板尺寸时，应使图纸下边缘与图板底边距离大于丁字尺的尺宽；图纸左边缘与图板左边距离大于丁字尺的尺宽。

2. 画底稿

用较硬的铅笔画底稿，画底稿步骤如图 1-39 中（a）、（b）、（c）所示，具体内容如下。

（1）根据制图标准的要求，首先把图框线以及标题栏的位置画好。

（2）依据所画图形的大小、数量及复杂程度选择好比例，然后安排各个图形的位置，定好图形的中心线，图面布置要适中、匀称，以便获得良好的图面效果，如图 1-39（a）所示。

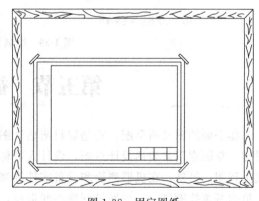

图 1-38　固定图纸

（3）按照已知线段、中间线段、连接线段的顺序画出图形的所有轮廓线，如图 1-39 中（b）、（c）所示。

（4）检查修正底稿，改正错误，补全遗漏，擦去多余线条。

3. 加深描粗［如图 1-39（d）所示］

（1）加深图线时，应先加深曲线，其次直线，最后为斜线，各类线型的加深顺序为：细单点长画线、细实线、中实线、粗实线、粗虚线。

（2）同类图线要保持粗细、深浅一致，按照水平线从上到下、垂直线从左到右的顺序一次完成。

（3）加深图框线。

4. 标注尺寸，填写标题栏

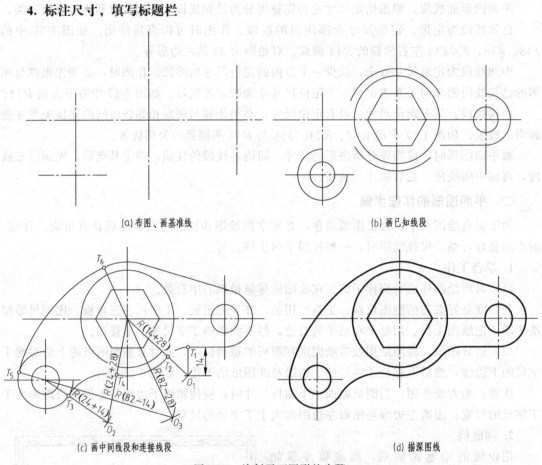

(a) 布图、画基准线　　(b) 画已知线段

(c) 画中间线段和连接线段　　(d) 描深图线

图 1-39　绘制平面图形的步骤

第五节　徒手绘图

徒手画的图又叫草图。它是以目测估计图形与实物的比例，不借助绘图工具徒手绘制的图样。草图常用来表达设计意图。设计人员将设计构思先用草图表示，然后再用仪器画出正式工程图。另外，在机器测绘和设备零件维修中，也常绘制零件草图。徒手绘图是工程技术人员的基本技能之一，要通过训练不断提高，在后面部分章节中，陆续加以介绍。

一、画草图的要求

草图是表达和交流设计思想的一种手段，如果作图不准，将影响草图的效果。草图是徒手绘制的图，而不是潦草图。因此作图时要做到：图形正确，线型分明，比例适当，字体工整、图面整洁、不要求图形的几何精度。

二、草图的绘制方法

绘制草图时应使用铅芯较软的铅笔（如 HB、B 或 2B）。铅笔的铅芯应磨削成圆锥形，粗细各一支，分别用于绘制粗、细线。

画草图时，可以用有方格的专用草图纸，或者在白纸下面垫一张有格子的纸，以便控制图线的平直和图形的大小。

绘制徒手图的动作要领是手执铅笔，小手指及手腕不宜紧贴纸面，运笔力求自然。画短线时用手腕动作，画长线时用前臂动作。在两点之间画长线，目光要注视线段的终点，轻轻移动手臂沿着要画的线段方向画至终点。

1. 直线的画法

画水平线时，先在图纸的左右两边，根据所画线段的长短定出两点，作为线段的起讫，眼睛注视着终点，自左向右用手腕沿水平方向移动，小手指轻轻接触纸面，以控制直线的平直，画至终点而止，如图 1-40（a）所示。

画垂直线时，在图纸的上下两边，根据所画线段的长短定出两点，作为线段的起讫，自上而下用手腕沿垂直方向轻轻移动，画至终点止，如图 1-40（b）所示。

画斜线时，用眼睛估测线的倾斜度，同样根据线段的长短，在图纸的左右两边定出两点，作为线段的起讫。若画向右的倾斜线，则自左向右用手腕沿倾斜方向朝斜下方轻轻移动，如图 1-40（c）和图 1-40（d）所示。也可将图纸旋转，使倾斜线转成水平位置，按水平线方法绘制，如图 1-40（e）和图 1-40（f）所示。

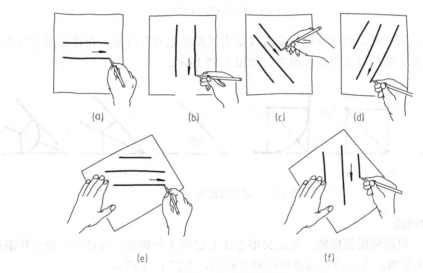

图 1-40　徒手画直线

2. 圆的画法

画圆时，常用以下两种画法。

（1）圆的画法　第一种画法：①在正交中心线上根据圆的直径画出正方形，中心线与正方形相交处得出 4 个边的 4 个中点［图 1-41（a）］；②画出正方形的对角线，以半径长度在对角线上定出 4 个点，然后通并过 8 个点画圆的短弧［图 1-41（b）］；③连接各弧即得所画之圆［图 1-41（c）］。

第二种画法：①画出正交中心线［图 1-42（a）］，再过中心点画出与水平线成 45°角的斜交线；②在各点上定出半径长度的 8 个点，并过 8 个点画圆的短弧［图 1-42（b）］；③连接各弧即得所画之圆［图 1-42（c）］。

（2）圆弧的画法　画圆弧时，在两已知边内，根据圆弧半径的大小找出圆心，过顶点及

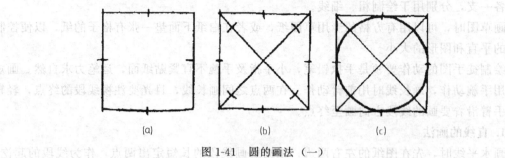

图 1-41　圆的画法（一）

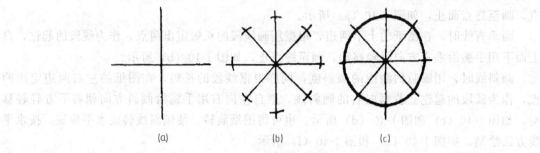

图 1-42　圆的画法（二）

圆心作分角线，再过圆心向已知边作垂直线定出圆弧的起点和终点，在角分线上以半径长度定出圆弧上的点，然后过 3 个点作圆弧，如图 1-43 所示。

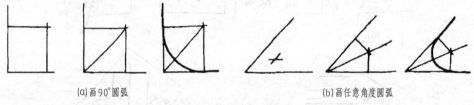

(a)画90°圆弧　　　　　　　　　　　　(b)画任意角度圆弧

图 1-43　圆弧的画法（三）

3. 椭圆的画法

画椭圆时，根据椭圆长短轴，在正交中心线上定出 4 个顶点，再过 4 个顶点作矩形，在 4 个顶点处画出短弧，连接各短弧即得所画之椭圆，如图 1-44 所示。

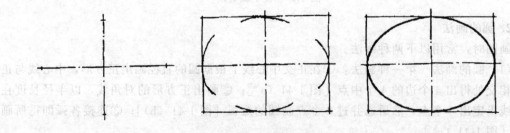

图 1-44　椭圆的画法

4. 常见角度的画法

画 30°、45°、60° 等常用角度时，可根据它们的斜率，用近似比值画出。画 45° 角度时，可在两直角边上量取相等单位，然后以两端点画出斜线，即成 45° 角度，如图 1-45 （a）所示；若画 30°或 60°角度时，可在两直角边上量取 3 单位与 5 单位，然后连接两端点画出斜线，即可画成 30°或 60°的角度，如图 1-45 中（b）、（c）所示。

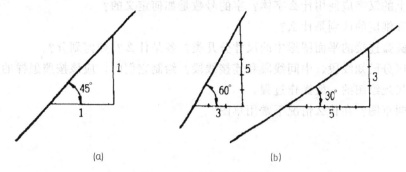

图 1-45　徒手角度线的画法

5. 等分问题

绘制对称、具有均匀等分结构或指定夹角的图形时，都需要对图线进行等分。作图时，一般先将较长的线段分为较短部分，然后再细分。对半分、四等分及八等分相对容易，而三等分、五等分则相对难度大一些，图 1-46 为几种等分的常规方法。

（1）八等分线段　如图 1-46（a）所示，先目测取得中点 4，再取分点 2、6，最后取其余分点 1、3、5、7。

（2）五等分线段　如图 1-46（b）所示，先目测以 2：3 的比例将线段分成不相等的两段，然后将小段平分，较长段三等分。

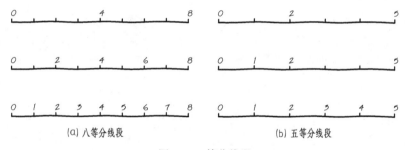

图 1-46　等分线段

本 章 小 结

本章主要介绍了国家标准《技术制图》和《机械制图》的一些基本规定，尺规绘图和徒手绘图的基本方法，这些都是学习本课程应该了解和掌握的。

1. 本章所介绍的国家标准中关于图纸幅面和格式、比例、图线、字体和尺寸标注的相关规定，都应在绘图中严格执行，才可以使所绘制的图样合格、规范。

2. 尺规基本几何作图及徒手绘图的技能应熟练掌握。工程图样中的圆弧连接很多，因此应熟练掌握圆弧连接的作图方法和步骤。

3. 学习并熟练掌握各种绘图工具、仪器的使用方法。

复习思考题

1. 图纸的基本幅面和图框格式各有几种？它们的尺寸是如何规定的？

2. 机械图样中图线的宽度有几种？它们之间的比值是多少？

3. 什么叫绘图比例？原值比例、放大比例、缩小比例的比值有何区别？绘图比例能否采用任意值？

4. 图样上的汉字应使用什么字体？字的号数是如何定义的？

5. 斜度和锥度的区别是什么？

6. 含有圆弧连接的平面图形中的尺寸分几类？各是什么？如何划分？

7. 如何区分已知线段、中间线段和连接线段？绘制它们时，应该按照怎样的顺序画出？

8. 试述尺规绘图的一般操作过程。

9. 什么叫草图？在什么情况下常用草图？

第二章　正投影基础

第一节　投影法概述

一、投影法概述

物体在光线的照射下，会在地面或墙面产生影子。人们将这种现象经过科学的抽象和提炼，逐步形成投影方法。如图2-1所示，S 为投影中心，A 为空间点，平面 P 为投影面，S 与 A 点的连线为投射线，SA 的延长线与平面 P 的交点 a，称为 A 点在平面 P 上的投影，这种在投影面得到图形的方法称为投影法。投影法是在平面上表示空间物体的基本方法，它广泛应用于工程图样中。

投影法分为两大类，即中心投影法和平行投影法。

1. 中心投影法

投射线从投影中心 S 射出，在投影面 P 上得到物体形状的投影方法称为中心投影法，如图2-2所示。

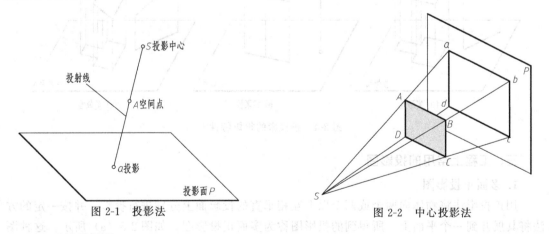

图 2-1　投影法　　　　　　　　图 2-2　中心投影法

2. 平行投影法

当将投影中心 S 移至无限远处时，投射线可以看成是相互平行的，用平行投射线作出投影的方法称为平行投影法，如图2-3所示。

根据投射线与投影面所成角度的不同，平行投影法又分为正投影和斜投影。当投射线与投影面垂直时称为正投影，如图2-3（a）所示；当投射线与投影面倾斜时称为斜投影，如图2-3（b）所示。

二、正投影的投影特性

1. 实形性

当物体上的线段或平面平行于投影面时，其投影反映线段实长或平面实形，这种投影特

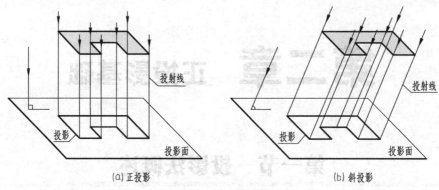

图 2-3　平行投影法

性称为实形性，如图 2-4（a）所示。

2. 积聚性

当物体上的线段或平面垂直于投影面时，线段的投影积聚成点，平面的投影积聚成线段，这种投影特性称为积聚性，如图 2-4（b）所示。

3. 类似性

当物体上的线段或平面倾斜于投影面时，线段的投影是比实长短的线段，平面的投影为原图形的类似形，面积变小，这种投影特性称为类似性，如图 2-4（c）所示。

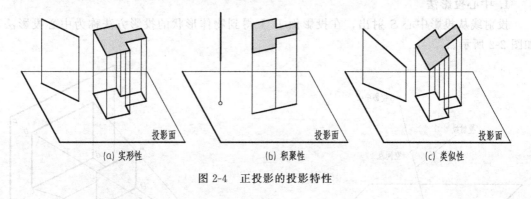

图 2-4　正投影的投影特性

三、工程上常用的投影图

1. 多面正投影图

用正投影法将物体向两个或两个以上互相垂直的投影面上分别进行投影，并按一定的方法将其展开到一个平面上，所得到的投影图称为多面正投影图，如图 2-5（a）所示。这种图的优点是能准确地反映物体的形状和大小，度量性好，作图简便，在工程上广泛采用。缺点是直观性较差，需要经过一定的读图训练才能看懂。

2. 轴测投影图

轴测投影图是按平行投影法绘制的单面投影图，简称轴测图，如图 2-5（b）所示。这种图的优点是立体感强，直观性好，在一定条件下可直接度量；缺点是作图较麻烦，在工程中常用作辅助图样。

3. 透视投影图

透视投影图是按中心投影法绘制的单面投影图，简称透视图，如图 2-5（c）所示。这种图的优点是形象逼真，符合人的视觉效果，直观性强；缺点是作图繁杂，度量性差，一般用于房屋、桥梁等的外貌，室内装修与布置的效果图等。

4. 标高投影图

标高投影图是用正投影法画出的单面投影图，用来表达复杂曲面和地形面，如图 2-5 (d) 所示。标高投影图在地形图中被广泛使用。

由于正投影图被广泛地用来绘制工程图样，所以正投影法是本书讲授的主要内容。以后所说的投影，如无特殊说明均指正投影。

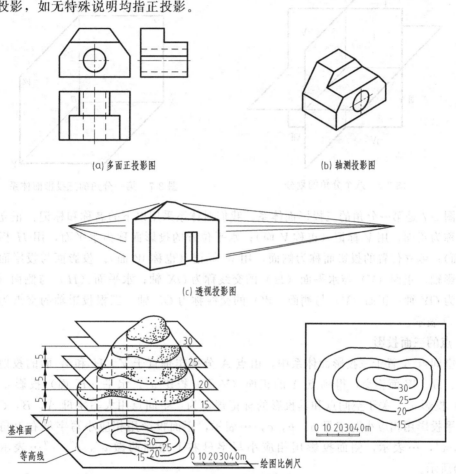

(a) 多面正投影图　　　　　　　　　　(b) 轴测投影图

(c) 透视投影图

(d) 标高投影图

图 2-5　工程上常用的投影图

第二节　点 的 投 影

一切几何物体都可看成是点、线、面的组合。点是最基本的几何元素，研究点的投影作图规律是表达物体的基础。

一、点的三面投影

1. 三投影面体系的建立

三个互相垂直的投影面构成三投影面体系，这三个投影面将空间分为八个部分，每一部分叫做一个分角，分别称为Ⅰ分角、Ⅱ分角……Ⅷ分角，如图 2-6 所示。世界上有些国家规定将物体放在第一分角内进行投影，也有一些国家规定将物体放在第三分角内进行投影，我国《机械制图 图样画法 视图》（GB 4458.1—2002）中规定"采用第一角投影法"，如图 2-7 所示。

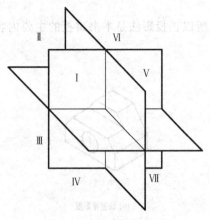

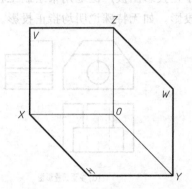

图 2-6　八个分角的划分　　　　　　　　　图 2-7　第一分角的三投影面体系

如图 2-7 是第一分角的三投影面体系。我们对体系采用以下的名称和标记：正立位置的投影面称为正面，用 V 标记（也称 V 面）；水平位置的投影面称为水平面，用 H 标记（也称 H 面）；侧立位置的投影面称为侧面，用 W 标记（也称 W 面）。投影面与投影面的交线称为投影轴，正面（V）与水平面（H）的交线称为 OX 轴；水平面（H）与侧面（W）的交线称为 OY 轴；正面（V）与侧面（W）的交线称为 OZ 轴。三根投影轴的交点为投影原点，用 O 表示。

2. 点的三面投影

将空间点 A 置于三投影面体系中，由点 A 分别作垂直于 V、H 和 W 面的投射线，分别与 V、H、W 面相交，得到点 A 的正面（V 面）投影 a'，水平（H 面）投影 a 和侧面（W 面）投影 a''。关于空间点和其投影的标记规定为：空间点用大写字母 A，B，C，…表示，水平投影用相应小写字母 a，b，c，…表示，正面投影用相应小写字母右上角加一撇 a'，b'，c'，…表示，侧面投影用相应小写字母右上角加两撇 a''，b''，c''…表示，如图 2-8 (a)所示。

为了将三个投影面绘制在一张纸（一个平面）上，需将空间三个投影面展开摊平在一个平面上。按国家标准规定，保持 V 面不动，将 H 面和 W 面按图中箭头所指方向分别绕 OX 和 OZ 轴旋转 90°。三投影面体系展开后，点的三面投影图如图 2-8 (b) 所示。绘制投影图时，一般不画出投影面边框，点的三面投影图如图 2-8 (c) 所示。

点在三投影面体系中的投影规律如下。

（1）点的投影连线垂直于相应的投影轴。

$a'a \perp OX$，即点的 V 面和 H 面投影连线垂直于 X 轴；

$a'a'' \perp OZ$，即点的 V 面和 W 面投影连线垂直于 Z 轴；

$aa_{yH} \perp OY_H$，$a''a_{yW} \perp OY_W$。

（2）点的投影到投影轴的距离，反映空间点到相应投影面的距离。

$aa_x = a''a_z = Aa'$（点 A 到 V 面的距离）；

$a'a_x = a''a_{yW} = Aa$（点 A 到 H 面的距离）；

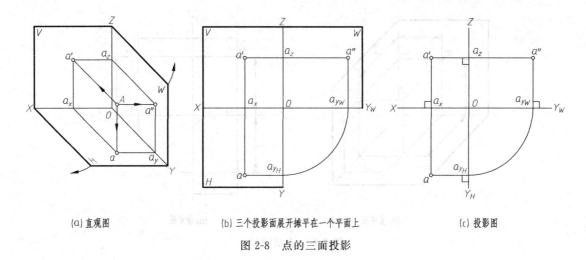

| (a) 直观图 | (b) 三个投影面展开摊平在一个平面上 | (c) 投影图 |

图 2-8 点的三面投影

$a'a_z = aa_{yH} = Aa''$（点 A 到 W 面的距离）。

【例 2-1】 如图 2-9（a）所示，已知点 A 的两面投影 a、a'，求 a''。

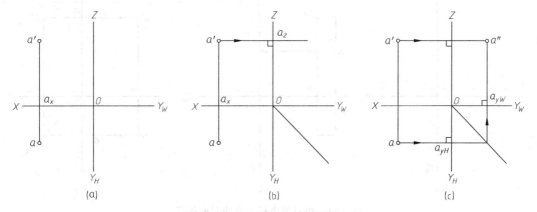

图 2-9 求点的第三面投影

【作图】 ① 过 a' 作 OZ 轴垂线，交 Z 轴于 a_z 并延长，如图 2-9（b）所示；

② 由 a 作 Y_H 的垂线并延长与 45°分角线相交，再由交点作 Y_W 的垂线，并延长与 $a'a_z$ 的延长线相交，得到的交点即为 a''，如图 2-9（c）所示。

二、点的坐标

把投影轴 OX、OY、OZ 看作坐标轴，则空间点 A 可由坐标表示为 $A(X_A、Y_A、Z_A)$，如图 2-10 所示。

点的坐标值反映点到投影面的距离。在图 2-10（a）中，空间点 A 的每两条投射线分别确定一个平面，各平面与三个投影面分别相交，构成一个长方体。长方体中每组平行边分别相等，所以有：

$X = a'a_z = aa_{yH} = Aa''$（点 A 到 W 面的距离）；

$Y = aa_x = a''a_z = Aa'$（点 A 到 V 面的距离）；

$Z = a'a_x = a''a_{yW} = Aa$（点 A 到 H 面的距离）。

利用坐标和投影的关系，可以画出已知坐标值的点的三面投影，也可由投影量出空间点的坐标值。

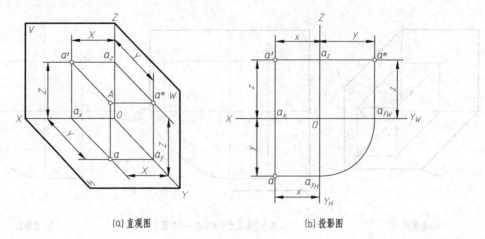

(a) 直观图   (b) 投影图

图 2-10 点的坐标

【例 2-2】 已知点 A（15，10，20），求作点 A 的三面投影。

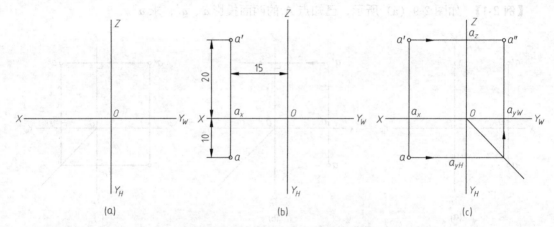

(a)   (b)   (c)

图 2-11 由点的坐标求点的三面投影

【作图】 ① 画出投影轴 OX、OY_H、OY_W、OZ，如图 2-11（a）所示。

② 在 OX 轴上向左量取15，得 a_x，过 a_x 作 OX 轴垂线，并沿其向上量取20得 a'；向前量取 10 得 a，如图 2-11（b）所示。

③ 根据 a'、a，按点的投影规律求出第三投影 a''，如图 2-11（c）所示。

三、两点的相对位置和重影点

1. 两点的相对位置

如图 2-12 所示，两点的 X、Y、Z 坐标差，即这两点对投影面 W、V、H 的距离差，在投影图中反映两点的左右、前后、上下三个方向的位置关系。

两点的左、右相对位置由 X 坐标来确定，X 坐标大者在左方；

两点的前、后相对位置由 Y 坐标来确定，Y 坐标大者在前方；

两点的上、下相对位置由 Z 坐标来确定，Z 坐标大者在上方。

图 2-12 中所示的空间两点 A、B，在投影图中，由于点 A 的 X 坐标大于点 B 的 X 坐标，故点 A 在点 B 的左方；点 A 的 Y 坐标小于点 B 的 Y 坐标，故点 A 在点 B 的后方；点 A 的 Z 坐标小于点 B 的 Z 坐标，故点 A 在点 B 的下方，因此可以判断出点 A 在点 B 的左、

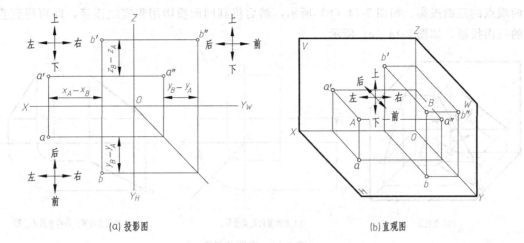

(a) 投影图　　　　　　　　　　　　　　　(b) 直观图

图 2-12　两点的相对位置

后、下方。

2. 重影点

当空间两点处于某一投影面的同一投射线上时，它们在该投影面上的投影重合，这两点称为该投影面的重影点。如图 2-13 所示，A、B 两点，$X_A = X_B$，$Z_A = Z_B$，因此，它们的正面投影 a' 和 b' 重合为一点，为正面重影点，由于 $Y_A > Y_B$，所以从前向后看时，点 A 的正面投影为可见，点 B 的正面投影为不可见，不可见投影点加括弧表示，即（b'）。又如 C、B 两点，$X_C = X_B$，$Y_C = Y_B$，因此，它们的水平投影 c、（b）重合为一点，为水平重影点。由于 $Z_C > Z_B$，所以从上向下看时，点 C 的水平投影为可见，点 B 的水平投影为不可见。再如 D、B 两点，$Y_D = Y_B$，$Z_D = Z_B$，因此，它们的侧面平投影 d''、（b''）重合为一点，为侧面重影点。由于 $X_D > X_B$，所以从左向右看时，点 D 其侧面投影为可见，点 B 的侧面投影为不可见。

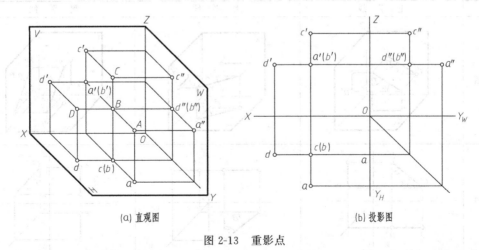

(a) 直观图　　　　　　　　　　　　　　　(b) 投影图

图 2-13　重影点

第三节　直线的投影

直线一般用线段表示，如图 2-14（a）所示。求作空间直线的三面投影，可先求得线段两端点的三面投影，如图 2-14（b）所示，然后将其同面投影用粗实线连接，即可得到直线的三面投影，如图 2-14（c）所示。

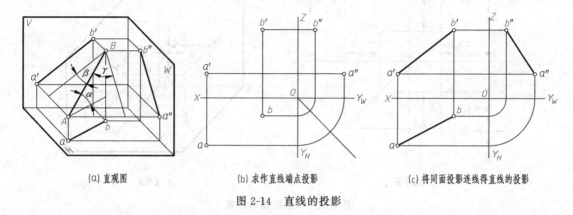

| (a) 直观图 | (b) 求作直线端点投影 | (c) 将同面投影连线得直线的投影 |

图 2-14　直线的投影

一、各种位置直线的投影特性

根据直线与投影面的相对位置不同，将其分为三类：投影面平行线、投影面垂直线和一般位置直线。前两类又统称为特殊位置直线。直线与投影面的夹角称为直线对投影面的倾角，通常直线对投影面 H、V、W 的倾角分别用字母 α、β、γ 表示。下面介绍各种位置直线的投影特性。

1. 投影面平行线

平行于一个投影面与另外两个投影面倾斜的直线称为投影面平行线，平行于 V 面称为正平线；平行于 H 面称为水平线；平行于 W 面称为侧平线，表 2-1 中，列出了三种投影面平行线的直观图、投影图及其投影特性。

表 2-1　投影面平行线的投影特性

名称	正 平 线	水 平 线	侧 平 线
直观图			
投影图			
投影特性	1. $a'b'=AB$，且反映 α、γ 角； 2. $ab /\!/ OX$，$a''b'' /\!/ OZ$	1. $cd=CD$，且反映 β、γ 角； 2. $c'd' /\!/ OX$，$c''d'' /\!/ OY_W$	1. $e''f''=EF$，且反映 α、β 角； 2. $ef /\!/ OY_H$，$e'f' /\!/ OZ$

投影面平行线的投影特性归纳如下。

① 直线在所平行的投影面上的投影反映实长，实长与投影轴的夹角反映直线与另外两

投影面的倾角。

② 直线在另外两个投影面上的投影长度都短于实长，并且平行于相应投影轴。

对于投影面平行线，画图时，应先画出反映实长的那个投影（斜线）。读图时，如果直线的三面投影中有一个投影与投影轴倾斜，另外两个投影与相应投影轴平行，则该直线必定是投影面平行线，且平行于投影为斜线的那个投影面。

【例 2-3】 如图 2-15（a）所示，过点 A 作水平线 AB，使 AB＝25，且与 V 面的倾角 β＝30°。

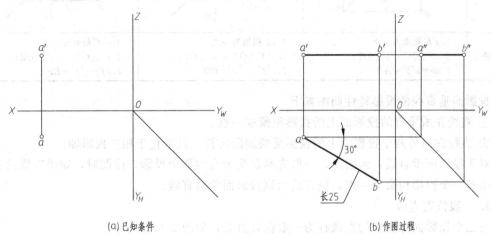

(a) 已知条件　　(b) 作图过程

图 2-15　求作水平线投影

【作图】

① 根据点的投影规律，先求得点 A 的 W 面投影 a″。

② 由投影面平行线的投影特性可知，水平线的 H 投影 ab 与 OX 轴的夹角为 β，且反映实长，也就是 ab＝AB。过点 a 作与 OX 轴夹角 β＝30°的直线，并在直线上量取 ab＝25，即可求得 b。

③ 根据水平线的投影特性，水平线的 V、W 面投影分别平行于 OX 轴和 OYw 轴，分别过 a′和 a″作 a′b′∥OX、a″b″∥OYw，求得 b′、b″；再用直线连接，即求得水平线 AB 的三面投影。

2. 投影面垂直线

垂直于一个投影面（必平行于另外两个投影面）的直线称为投影面垂直线。垂直于 V 面称为正垂线；垂直于 H 面称为铅垂线；垂直于 W 面称为侧垂线，表 2-2 中，列出了三种投影面垂直线的直观图、投影图及其投影特性。

表 2-2　投影面垂直线的投影特性

名称	正 垂 线	铅 垂 线	侧 垂 线
直观图			

名称	正垂线	铅垂线	侧垂线
投影图	 	 	
投影特性	1. $a'b'$ 积聚为一点 2. $ab \perp OX$，$a''b'' \perp OZ$； 3. $ab = a''b'' = AB$	1. cd 积聚为一点 2. $c'd' \perp OX$，$c''d'' \perp OY_W$； 3. $c'd' = c''d'' = CD$	1. $e''f''$ 积聚为一点 2. $ef \perp OY_H$，$e'f' \perp OZ$； 3. $ef = e'f' = EF$

投影面垂直线的投影特性归纳如下。

① 直线在所垂直的投影面上的投影积聚成一点。

② 直线在另外两个投影面上的投影反映线段实长，且垂直于相应投影轴。

对于投影面垂直线，画图时，一般先画积聚为点的那个投影。读图时，如果直线的三面投影中有一个投影积聚为一点，则直线为该投影面的垂直线。

3. 一般位置直线

与三个投影面都倾斜的直线称为一般位置直线，如图 2-14 所示。

一般位置直线的投影特性归纳如下。

① 三个投影都与投影轴倾斜。

② 三个投影的长度都短于实长。

③ 投影与投影轴的夹角不反映直线与投影面的倾角。

二、直线上点的投影特性

点在直线上，则点的投影在直线的同面投影上（从属性），并将直线段的各个投影长度分割成和空间长度相同的比值（定比性），如图 2-16 所示，$AC : CB = a'c' : c'b' = ac : cb$。

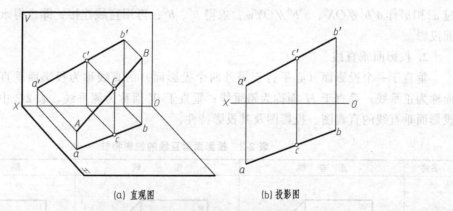

(a) 直观图　　　　　　　　　　(b) 投影图

图 2-16　直线上的点从属性和定比性

判断点是否在直线上，对于一般位置直线只判断直线的两个投影即可，如图 2-17（a）所示。若直线是投影面平行线，且没有给出直线的实长投影，则需求出实长投影进行判断，或采用直线上点的定比性来判断，如图 2-17（b）所示。若直线是投影面垂直线，则在直线所垂直的投影面上点的投影必和直线的积聚投影重合，如图 2-17（c）所示。

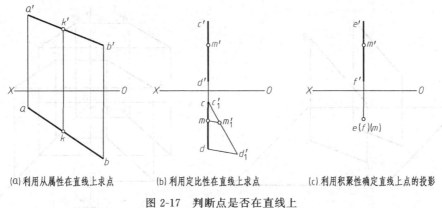

(a)利用从属性在直线上求点　　　(b)利用定比性在直线上求点　　　(c)利用积聚性确定直线上点的投影

图 2-17　判断点是否在直线上

【例 2-4】　已知点 C 在直线 AB 上，且点 C 分割 AB 为 $AC:CB=1:4$，求点的投影（图 2-18）。

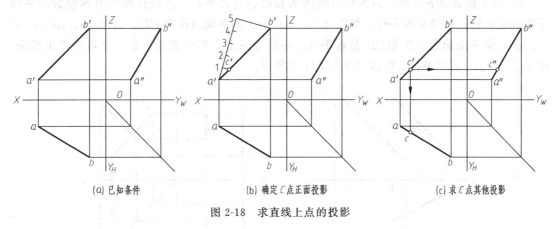

(a)已知条件　　　　　　(b)确定 C 点正面投影　　　　　　(c)求 C 点其他投影

图 2-18　求直线上点的投影

分析：根据直线上点的投影特性，首先将直线 AB 的任一投影分割成 $1:4$，求得点 C 的一个投影，然后利用从属性，在直线 AB 上求出点 C 的其余投影。

【作图】

① 过点 a' 作任意直线，截取 5 个单位长度，连接 $5b'$。过 1 作 $5b'$ 平行线，交 $a'b'$ 于 c'。

② 过 c' 作投影连线，与 ab 交点为 c，与 $a''b''$ 交点为 c''，即为所求。

三、两直线的相对位置

两条直线的相对位置有三种情况：平行、相交和交叉。前两种又称为同面直线，后一种又称为异面直线。下面分别讨论它们的投影特性。

1. 两直线平行

若空间两直线相互平行，则它们的同面投影必相互平行，且两条直线的投影长度比等于空间长度比，如图 2-19（a）所示。反之，若两直线的同面投影都相互平行，则两直线在空间必相互平行，如图 2-19（b）所示。

在投影图中判断两直线是否平行的方法如下。

① 对于一般位置直线，根据两面投影判断即可。如图 2-20（a）所示，直线 AB 和 CD 是一般位置直线，给出的两面投影均相互平行，即 $ab/\!/cd$、$a'b'/\!/c'd'$，可以判定空间也相互平行，即 $AB/\!/CD$。

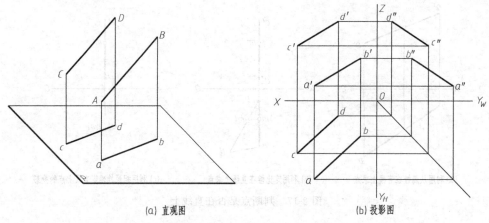

(a) 直观图　　　　　　(b) 投影图

图 2-19　平行两直线的投影

② 对于投影面平行线，需判断直线的实长投影是否平行，否则仅根据另两投影的平行不能确定它们在空间是否平行。如图 2-20（b）中，侧平线 AB 和 CD，虽然 ab∥cd、a′b′∥c′d′，但不能确定 AB 和 CD 是否平行，还需要画出它们的侧面投影，才可以得出结论。由于 a″b″与 c″d″不平行，所以 AB 与 CD 不平行。

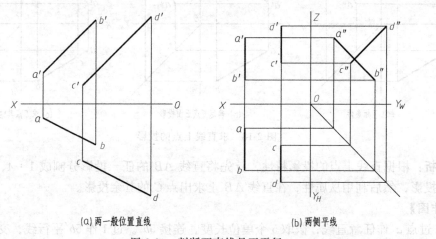

(a) 两一般位置直线　　　　　　(b) 两侧平线

图 2-20　判断两直线是否平行

2. 两直线相交

空间两直线相交，则它们的同面投影相交，且交点符合点的投影规律。

图 2-21 中，直线 AB 和 CD 相交于点 K，因点 K 是两条直线的共有点，所以 k 既属于 ab 又属于 cd，即 k 为 ab 和 cd 的交点。同理，k′是 a′b′和 c′d′的交点，k″是 a″b″和 c″d″的交点，因为 k、k′、k″为空间一点的三面投影，所以应符合点的投影规律。

在投影图中判断两直线是否相交的方法如下。

① 对于一般位置直线，根据两对同面投影判断即可，如图 2-22（a）所示，a′b′与 c′d′相交，ab 与 cd 相交，k′k⊥OX 轴可判断 AB 和 CD 相交。

② 当两直线中有一条直线是投影面平行线时，应根据该直线在所平行的投影面内的投影来判断。在图 2-22（b）中，直线 AB 和侧平线 CD 的水平投影、正面投影均相交，但不能确定它们在空间是否相交，还需画出它们的侧面投影 a″b″、c″d″才能得出正确结论。从

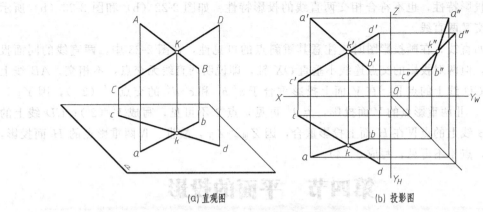

(a) 直观图   (b) 投影图

图 2-21   相交两直线的投影

图中可知，正面投影的交点和侧面投影"交点"的连线不垂直于 OZ 轴，也就是交点不符合点的投影规律，所以直线 AB 与侧平线 CD 不相交。

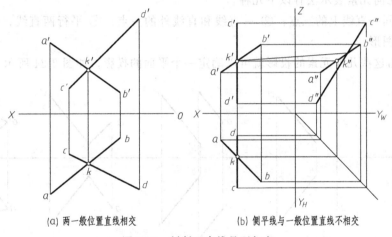

(a) 两一般位置直线相交   (b) 侧平线与一般位置直线不相交

图 2-22   判断两直线是否相交

3. 交叉两直线

空间两直线既不平行也不相交，称为交叉两直线。交叉两直线的各面投影既不符合平行

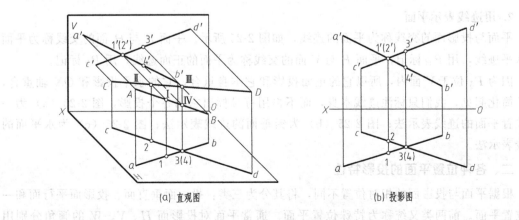

(a) 直观图   (b) 投影图

图 2-23   交叉两直线上重影点的可见性

两直线的投影特性，也不符合相交两直线的投影特性。如图 2-22（b）和图 2-23（b）所示直线均为交叉两直线。

交叉两直线，在画投影图时应注意其重斜点的可见性，在图 2-23 中，两直线的同面投影均相交，但两对投影的交点连线不垂直 OX 轴，即说明两直线无交点，不相交。AB 线上的点 I 和 CD 线上的点 II，在 V 面上投影重合于 $a'b'$ 和 $c'd'$ 的交点 $1'(2')$，因 $Y_I > Y_{II}$，故 I、II 两重影点的 V 面投影，点 $1'$ 可见，点 $2'$ 不可见，写成 $1'(2')$；CD 线上的点 III 与 AB 线上的点 IV 在 H 面上投影重合，因 $Z_{III} > Z_{IV}$，故 III、IV 两重影点的 H 面投影，点 3 可见，点 4 不可见，写成 3（4）。

第四节　平面的投影

一、平面的表示方法

1. 用几何元素表示平面

平面的几何元素表示法有以下几种。

① 不在同一直线上的三点；② 一直线和直线外的一点；③ 平行两直线；④ 相交两直线；⑤ 平面图形。

分别画出这些几何元素的投影就可以确定一个平面的投影，如图 2-24 所示。

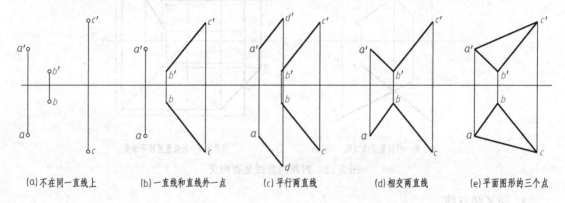

(a)不在同一直线上　　(b)一直线和直线外一点　　(c)平行两直线　　(d)相交两直线　　(e)平面图形的三个点

图 2-24　用几何元素表示平面

2. 用迹线表示平面

平面与投影面的交线称为平面的迹线，如图 2-25 所示。平面 P 与 H 面的交线称为平面的水平迹线，用 P_H 标记；平面 P 与 V 面的交线称为平面的正面迹线，用 P_V 标记。

因为 P_V 位于 V 面内，所以它的正面投影和它本身重合，它的水平投影和 OX 轴重合，为了简化起见，我们只标注迹线本身，而不再用符号标出它的各个投影，图 2-25（a）为一般位置平面的迹线表示法；图 2-25（b）为铅垂面的迹线表示法；图 2-25（c）为水平面的迹线表示法。

二、各种位置平面的投影特性

根据平面与投影面的相对位置不同，将其分为三类：投影面垂直面、投影面平行面和一般位置平面。前两类又统称为特殊位置平面。通常平面对投影面 H、V、W 的倾角分别用字母 α、β、γ 表示。下面介绍各种位置平面的投影特性。

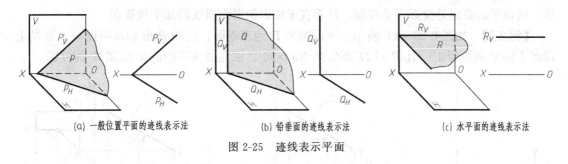

(a) 一般位置平面的迹线表示法　　(b) 铅垂面的迹线表示法　　(c) 水平面的迹线表示法

图 2-25　迹线表示平面

1. 投影面垂直面

垂直于一个投影面而与另外两投影面倾斜的平面称为投影面垂直面。垂直于 V 面称为正垂面；垂直于 H 面称为铅垂面；垂直于 W 面称为侧垂面，表 2-3 中列出了这三种投影面垂直面的直观图、投影图及其投影特性。

表 2-3　投影面垂直面的投影特性

名称	正垂面	铅垂面	侧垂面
直观图			
投影图			
投影特性	1. V 面投影有积聚性，且反映 α、γ 角； 2. H 面、W 面投影为类似图形	1. H 面投影有积聚性，且反映 β、γ 角； 2. V 面、W 面投影为类似图形	1. W 面投影有积聚性，且反映 α、β 角； 2. H 面、V 面投影为类似图形

投影面垂直面的投影特性归纳如下。

① 平面在所垂直的投影面上的投影，积聚成一斜线。积聚投影与两投影轴的夹角反映平面与另外两投影面的倾角。

② 平面在另外两个投影面上的投影有类似性（投影与实形边数相等，面积小于实形）。

对于投影面垂直面，画图时，应注意两个具有类似性的投影应边数相等，曲直相同，凹凸一致。读图时，如果平面的三面投影中有一个投影积聚成一斜线，另外两个投影为类似形，则该平面必定是投影面垂直面，且垂直于投影积聚为斜线的那个投影面。

【例 2-5】 如图 2-26（a）所示，平面图形 P 为正垂面，已知 P 面的水平投影 p 及其上顶点 Ⅰ 的 V 面投影 $1'$，且 P 对 H 面的倾角 $\alpha=30°$，试完成该平面的 V 面和 W 面投影。

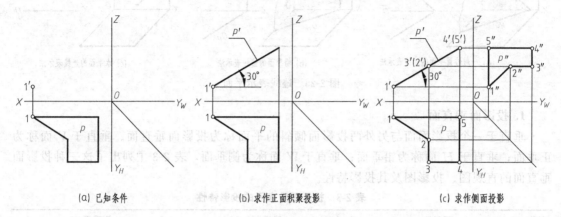

| (a) 已知条件 | (b) 求作正面积聚投影 | (c) 求作侧面投影 |

图 2-26 作正垂面的投影

分析：因 P 平面为正垂面，其 V 面投影积聚成一斜直线，此倾斜直线与 OX 轴的夹角即为 α 角。正垂面的侧面投影为类似形，可首先根据水平投影和正面投影求出平面各顶点的侧面投影，顺次连接即得平面的侧面投影。

【作图】

① 过 $1'$ 作与 OX 轴倾斜 $30°$ 的斜线，根据 H 面投影确定其积聚投影长度，结果如图 2-26（b）所示。

② 在水平投影中标注五边形其余四个顶点的标记 2、3、4、5，分别过 2、3、4、5 点作投影连线，求得其正面投影 $2'$、$3'$、$4'$、$5'$，再由水平投影和正面投影求出五边形各顶点的侧面投影 $1''$、$2''$、$3''$、$4''$、$5''$，依次连接各顶点，即得平面 P 的 W 面投影，结果如图 2-26（c）所示。

2. 投影面平行面

平行于一个投影面（必垂直于另外两投影面）的平面称为投影面的平行面。平行于 V 面称为正平面；平行于 H 面称为水平面；平行于 W 面称为侧平面，表 2-4 中列出了这三种平行面的直观图、投影图及其投影特性。

表 2-4 投影面平行面的投影特性

名称	正平面	水平面	侧平面
直观图			

续表

名称	正平面	水平面	侧平面
投影图	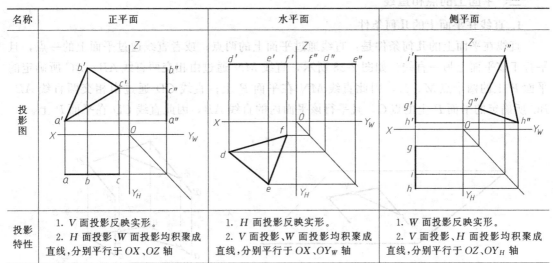		
投影特性	1. V 面投影反映实形。 2. H 面投影、W 面投影均积聚成直线,分别平行于 OX、OZ 轴	1. H 面投影反映实形。 2. V 面投影、W 面投影均积聚成直线,分别平行于 OX、OY_W 轴	1. W 面投影反映实形。 2. V 面投影、H 面投影均积聚成直线,分别平行于 OZ、OY_H 轴

投影面平行面的投影特性如下。

① 平面在所平行的投影面上的投影反映实形。

② 平面在另外两个投影面上的投影积聚成直线,并且平行相应投影轴。

对于投影面平行面,画图时,一般先画反映实形的那个投影。读图时,只要平面的投影图中有一个投影积聚为与投影轴平行的直线段,即可判断该平面为投影面的平行面,平面的三面投影中为平面形的投影即为平面的实形。

3. 一般位置平面

与三个投影面都倾斜的平面称为一般位置平面,如图 2-27 所示。

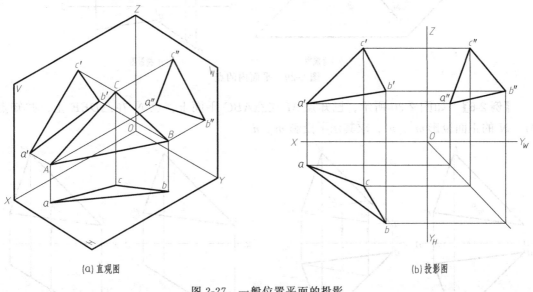

(a) 直观图　　　　　　　　　　　　　(b) 投影图

图 2-27 一般位置平面的投影

一般位置平面的投影特性归纳如下。

① 三个投影是边数相等的平面形。

② 投影图中不反映平面与投影面的倾角。

三、平面上的点和直线

1. 直线在平面上的几何条件

直线在平面上的几何条件是：直线通过平面上的两点；或者直线通过平面上的一点，且平行于该平面上另一直线。如图 2-28 所示，直线 MN 通过由相交两直线 AB、BC 所确定的平面 P 上的两个点 M、N，因此直线 MN 在平面 P 上；直线 CD 通过由相交两直线 AB、BC 所确定的平面 P 上的点 C，且平行该平面内的直线 AB，因此直线 CD 在平面 P 上。

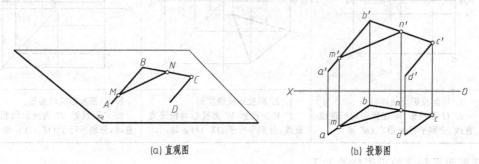

(a) 直观图   (b) 投影图

图 2-28 平面内的直线

2. 点在平面上的几何条件

点在平面上的几何条件是该点在这个平面内的某一条直线上，如图 2-29 所示，由于 M 点在由相交两直线 AB、BC 所确定的平面 P 内的直线 AB 上，因此点 M 是 P 平面上的点。

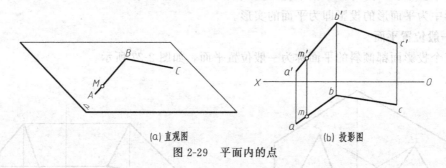

(a) 直观图   (b) 投影图

图 2-29 平面内的点

【例 2-6】 如图 2-30 所示，已知点 M 在△ABC 平面上，点 N 在△DEF 上，并知点 M、N 的正面投影 m'、n'，求其水平投影 m、n。

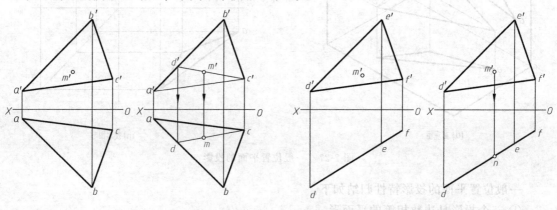

(a) 辅助线法求点   (b) 利用积聚投影求点

图 2-30 平面上点的投影

分析：△ABC 两投影均为平面图形，求作其上点的投影需作辅助线；△DEF 为铅垂面，可利用其水平投影的积聚性，直接投影作图。

【作图】

① 求 m。过 m′在平面内作任意辅助线，如图 2-30 (a) 所示，作辅助线 CD 的正面投影 c′d′，并求出其水平投影 cd，利用直线上点的从属性，在 cd 上求得 m，即为所求。

② 求 n。如图 2-30 (b) 所示，过 n′向下作投影连线，与△DEF 积聚投影 def 的交点即为 n。

【例 2-7】 如图 2-31 (a) 所示，判断点 K、直线 AM 是否在△ABC 上。

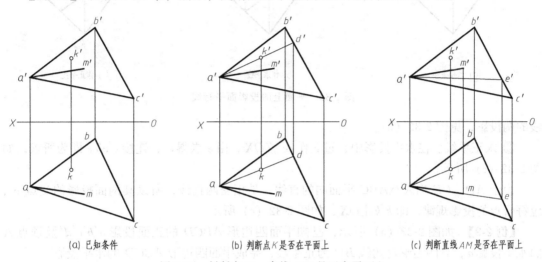

(a) 已知条件　　　　　(b) 判断点 K 是否在平面上　　　　　(c) 判断直线 AM 是否在平面上

图 2-31　判断点 K、直线 AM 是否在平面上

分析：根据点、直线在平面上的几何条件，若点 K 在△ABC 平面内的一条线上，则点 K 在△ABC 平面上，否则点 K 就不在△ABC 平面上；对于直线 AM，由于点 A 是△ABC 平面上的已知点，只要判断 M 点是否在△ABC 平面上，就可以判断出直线 AM 是否在△ABC 平面上。

【作图】

① 如图 2-31 (b) 所示，假设点 K 在△ABC 平面上，作 AK 的正面投影，即连接 a′k′，并延长与 b′c′交于 d′；

② 由 d′求出其水平投影 d，连线 ad。由于 K 点的水平投影在 ad 上，说明点 K 在△ABC 平面上的直线 AD 上，即点 K 在△ABC 平面上；

③ 如图 2-31 (c) 所示，采用同样方法，判断出点 M 不在△ABC 平面上，则直线 AM 不在△ABC 平面上。

【例 2-8】 如图 2-32 (a) 所示，已知△ABC 的两面投影，试在△ABC 上通过 A 点作水平线，通过 C 点作正平线。

分析：在平面上作水平线和正平线，不仅要符合平面上直线的投影特性，而且要符合投影面平行线的投影特性，即水平线的正面投影平行 OX 轴；正平线的水平投影平行 OX 轴。

【作图】

① 求水平线。在正面投影中，过 a′作 a′d′∥OX，交 b′c′于 d′，点 D 在三角形的 BC 边上，利用直线上点的从属性，由 d′求得 d，连 ad。a′d′、ad 即为所求△ABC 平面上水平

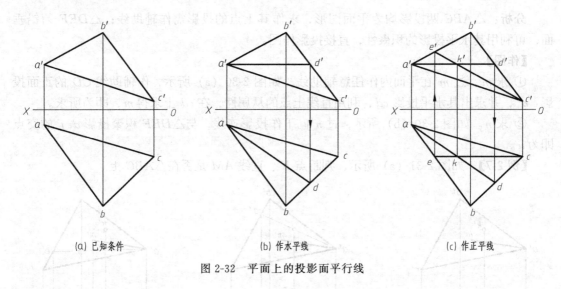

| (a) 已知条件 | (b) 作水平线 | (c) 作正平线 |

图 2-32 平面上的投影面平行线

线的两投影，见图 2-32（b）。

② 求正平线。在水平投影中，过 c 作 $ce /\!/ OX$，由 e 求得 e'，连接 $c'e'ce$ 即为所求，如图 2-32（c）所示。

由于 AD、CE 均为 △ABC 平面内的直线，是相交两直线，所以其两面投影的交点 K，应符合点的投影规律，即 $k'k \perp OX$，如图 2-32（c）所示。

【例 2-9】 如图 2-33（a）所示，已知平面四边形 $ABCD$ 的正面投影 $a'b'c'd'$ 及顶点 A 的水平投影 a，且四边形对角线 BD 为正平线，完成平面四边形 $ABCD$ 的水平投影。

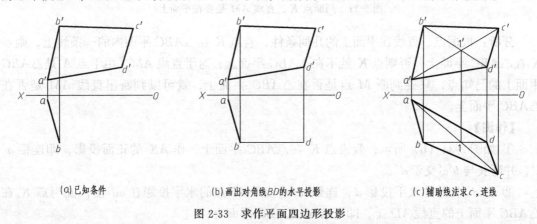

| (a)已知条件 | (b)画出对角线BD的水平投影 | (c)辅助线法求c，连线 |

图 2-33 求作平面四边形投影

分析：由图 2-33（a）可知，只要作出 C、D 两点的水平投影 c、d，然后顺次连接 b、c、d、a 即可。因为平面四边形的对角线为正平线，根据正平线的投影特性，其水平投影与 OX 轴平行，可画其出水平投影，从而确定顶点 D 的水平投影。再利用辅助线法，在 △ABD 的平面上求出点 C，连线即完成平面四边形的水平投影。

【作图】

① 在水平投影中，过 b 作 OX 平行线与过 d' 所作投影连线的交点即为 d；如图 2-33（b）所示。

② 在正面投影中，画出两条对角线，其交点为 $1'$，在对角线 BD 的水平投影上求得 1，连线 $a1$ 并延长与由正面投影 c' 所作投影连线交点为 c，连接 bc、cd、da 三条边即为所求。

见图 2-33 (c)。

本 章 小 结

1. 投影法的概念

投影法的分类：中心投影法、平行投影法。平行投影法根据投射线与投影面所成角度的不同又分为平行正投影（简称正投影）和平行斜投影（简称斜投影）。因为正投影作图简便，能反映物体形状且度量性好，所以机械图样主要采用正投影法绘制。

正投影的投影特性主要有：实形性、积聚性、类似性。

2. 点的投影

（1）空间点及其投影的标记规定

空间点用大写字母表示，水平投影用相应小写字母表示，正面投影用相应小写字母右上角加一撇表示，侧面投影用相应小写字母右上角加两撇表示。

（2）点在三投影体系中的规律

点的正面投影与水平投影的连线一定垂直于 OX 轴；

点的正面投影与侧面投影的连线一定垂直于 OZ 轴；

点的水平面投影到 OX 轴的距离等于点的侧面投影到 OZ 轴的距离。

（3）两点的相对位置和重影点

根据投影图判断两个点的左右、前后上下关系；

重影点需判别其可见性。

3. 直线的投影

（1）直线的投影特性

直线平行于投影面，其投影反映实长；

直线垂直于投影面，其投影积聚为点；

直线倾斜于投影面，其投影短于实长。

（2）直线上点的投影特性

若点在直线上，则点的投影一定在直线的同名投影上；点的投影将线段的同名投影分割成与空间线段相同的比例。

（3）两直线的相对位置

平行：空间两直线平行，则其各同名投影必相互平行，反之亦然；

相交：若空间两直线相交，则其同名投影必相交，且交点的投影必符合空间点的投影规律，反之亦然；

交叉：既不平行也不相交的两直线。

直角投影定理：垂直两直线的投影特性。

4. 平面的投影

（1）平面的投影特性

平面平行于投影面，其投影反映实形；

平面垂直于投影面，其投影聚成直线段；

平面倾斜于投影面，其投影为平面形的类似形。

（2）平面上的直线和点的投影特性

直线在平面上的几何条件：通过平面上的两个点或过平面内一点且平行平面内的一直线；

点在平面上的几何条件：点在平面内的某一直线上。

复习思考题

1. 投影法有几种？正投影是怎样形成的？

2. 正投影的投影特性有哪些？

3. 简述三投影面体系中各投影面、投影轴、投影图的名称。

4. 三投影面体系是如何展开的？

5. 正投影和正投影面是相同的概念吗？它们的区别是什么？

6. 如何根据投影图判别两点的相对位置？

7. 什么是"重影点"？说明产生重影点的条件，投影上如何表示？

8. 直线按与投影面的相对位置不同分有哪几类？

9. 投影面的平行线与投影面的垂直线有什么不同？

10. 以正平线为例说明投影面平行线的投影特性。

11. 以铅垂线为例说明投影面垂直线的投影特性。

12. 属于直线的点投影具有什么特性？

13. 平面按与投影面的相对位置不同分有哪几类？

14. 以正平面为例说明投影面平行面的投影特性。

15. 以铅垂面为例说明投影面垂直面的投影特性。

16. 直线属于平面的几何条件是什么？点属于平面的几何条件是什么？如何判断任意四个点是否属于同一平面？

17. 简述过定点在平面上作水平线的作图步骤。

第三章　基本体及表面交线的投影

第一节　基本体的投影

立体按其表面的构成不同可分为平面立体和曲面立体。表面全部由平面围成的称为平面立体，表面由曲面或曲面和平面围成的立体称为曲面立体。

一、平面立体的投影

工程中常用的平面立体是棱柱和棱锥。由于平面立体由若干多边形平面所围成，则画平面立体的投影，就是画各个多边形的投影。多边形的边线是立体相邻表面的交线，即为平面立体的轮廓线。当轮廓线可见时，画粗实线；不可见时画虚线；当粗实线与虚线重合时，应画粗实线。

1. 棱柱

棱柱是由一个顶面、一个底面和几个侧棱面组成。棱面与棱面的交线称为棱线，棱柱的棱线是相互平行的。棱线垂直于底面的棱柱称为直棱柱；棱线与底面斜交的棱柱称为斜棱柱；底面是正多边形的直棱柱称为正棱柱。按棱柱棱线数目可分为三棱柱、四棱柱、五棱柱、六棱柱等。

（1）棱柱的投影　如图3-1（a）所示，正六棱柱的顶面和底面都是水平面，它们的边分别是四条水平线和两条侧垂线。侧棱面是四个铅垂面和两个正平面，棱线是六条铅垂线。

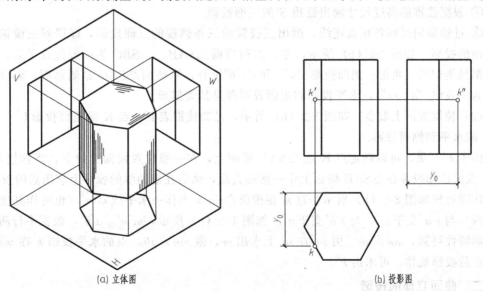

(a) 立体图　　　　　　　　　　　　　　　(b) 投影图

图 3-1　棱柱的投影及表面取点

作图步骤如下。

① 先画出棱柱的水平投影正六边形，六棱柱的顶面和底面是水平面，正六边形是六棱柱顶面、底面重合的实形，顶面和底面的边线均反映实长。六棱柱六个棱面的水平投影积聚在六边形的六条边上，六条侧棱的水平投影积聚在六边形的六个顶点上。该投影为棱柱的形状特征投影。

② 根据六棱柱的高度尺寸，画出六棱柱顶面和底面有积聚性的正面、侧面投影。

③ 按照投影关系分别画出六条侧棱线的正面、侧面投影，即得到六棱柱的六个侧棱面的投影。如图 3-1（b）所示。六棱柱的前后侧棱面为正平面，正面投影反映实形，侧面投影均积聚为两条直线段。另外四个侧棱面为铅垂面，正面和侧面投影均为类似形。

（2）棱柱表面上取点　因为棱柱表面都是平面，所以在棱柱表面上取点与在平面上取点的方法相同。作图时，应首先确定点所在的平面的投影位置，然后利用平面上点的投影作图规律求作该点的投影。

如在图 3-1（b）中，已知棱柱表面上点 K 的正面投影 k'，求 k 和 k''。

因 k' 是可见的，所以点 k 在棱柱的左前棱面上，该棱面的水平投影积聚成一条线，它是六边形的一条边，k 就在此边上。再按投影关系，可求得 k 点的侧面投影 k''。

2. 棱锥

棱锥有一个底面和几个侧棱面，棱锥的全部棱线交于锥顶。当棱锥的底面为正多边形，顶点在底面的投影位于多边形中心的棱锥叫正棱锥。按棱锥棱线数的不同可分为三棱锥、四棱锥、五棱锥、六棱锥等。

（1）棱锥的投影　如图 3-2（a）所示，棱锥底面是水平面，底面的边线分别是两条水平线和一条侧垂线；左、右侧棱面是一般位置平面；后棱面是侧垂面。前棱线是侧平线，另两条棱线是一般位置直线。

作图步骤如下。

① 先画出三棱锥底面的三面投影，水平投影 $\triangle abc$ 反映底面实形，正面投影和侧面投影分别积聚成一直线段。

② 根据棱锥的高度尺寸画出锥顶 S 的三面投影。

③ 过锥顶向底面各顶点连线，画出三棱锥的三条侧棱的三面投影，即得到三棱锥三个侧棱面的投影。如图 3-2（b）所示，左、右两棱面 $\triangle SAB$、$\triangle SBC$ 为一般位置平面，三面投影都是类似的三角形；侧面投影 $s''a''b''$ 和 $s''c''b''$ 重合；后棱面 $\triangle SAC$ 是侧垂面，侧面投影积聚为一直线 $s''a''(c'')$，水平投影和正面投影都是其类似形。

（2）棱锥表面上取点　如图 3-2（b）所示，已知棱锥表面一点 K 的正面投影 k'，试求点 K 的水平和侧面投影。

由于 k' 可见，可以断定点 K 在 $\triangle SAB$ 棱面上，在一般位置棱面上找点，需作辅助线。过 K 点的已知投影在 $\triangle SAB$ 棱面上作一辅助直线，然后在辅助线的投影上求出点的投影。

作图过程如图 3-2（b）所示。过 k' 在棱面 $\triangle s'a'b'$ 上作一水平线 $m'n'$（也可作其他形式辅助线）与 $s'a'$ 交于 m'，与 $s'b'$ 交于 n'。如图 3-2（b）所示，$m'n' \parallel a'b'$，根据平行两直线的投影特性可知，$mn \parallel ab$。由 m' 在 sa 上求出 m，做 $mn \parallel ab$，点的水平投影 k 在 mn 上。利用点的投影规律，可求出 k''。

二、曲面立体的投影

常见的曲面立体是回转体，回转体是由回转面或回转面和平面共同围成的立体。工程中

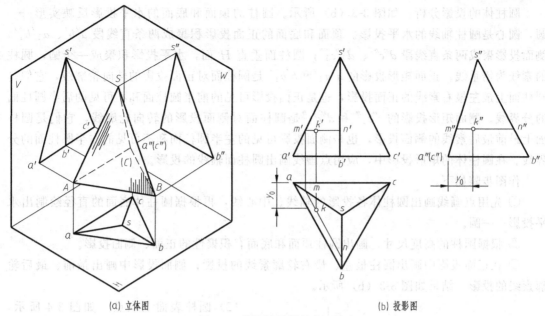

(a) 立体图　　　　　　　　　　　　　　　　(b) 投影图

图 3-2　棱锥的投影及表面取点

用的最多的回转体是圆柱、圆锥和球。绘制回转体投影，就是画回转面和平面的投影。回转面上可见面与不可见面的分界线称为转向轮廓素线。画回转面的投影，需画出回转面的转向轮廓素线和轴线的投影。

1. 圆柱

圆柱是由圆柱面、顶面和底面组成。圆柱面是由直线绕与它相平行的轴线旋转而成。这条旋转的直线叫母线，圆柱面任一位置的母线称素线，如图 3-3（a）所示。

（1）圆柱的投影　图 3-3（a）所示圆柱体，其轴线为铅垂线，圆柱面垂直 H 面，圆柱的顶面和底面是水平面。

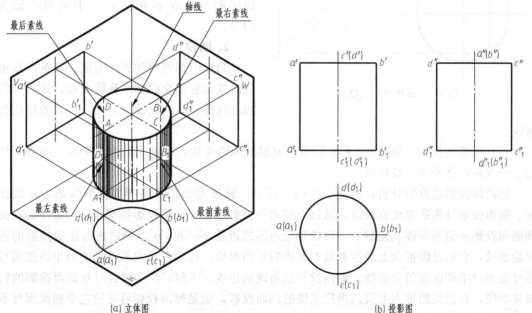

(a) 立体图　　　　　　　　　　　　　　　　(b) 投影图

图 3-3　圆柱的投影

圆柱体的投影分析：如图 3-3（b）所示。圆柱的顶面和底面的水平投影反映实形——圆，圆心是圆柱轴线的水平投影。顶面和底面的正面投影积聚成两条直线段 $a'b'$、$a_1'b_1'$，侧面投影聚成两条直线段 $d''c''$、$d_1''c_1''$；圆柱面垂直 H 面，水平投影积聚成一个圆，圆柱的素线为铅垂线。正面矩形投影的 $a'a_1'$ 和 $b'b_1'$ 是圆柱面对正面投影的转向轮廓线，它们是圆柱面上最左最右素线的正面投影，也是正面投影可见的前半圆柱面和不可见的后半圆柱面的分界线。侧面矩形投影的 $c''c_1''$ 和 $d''d_1''$ 是圆柱面对侧面投影的转向轮廓线，它们是圆柱面上最前最后素线的侧面投影，也是侧面投影可见的左半圆柱面和不可见的右半圆柱面的分界线。在圆柱体的矩形投影中，应用点画线画出圆柱面轴线的投影。

作图步骤如下。

① 先用点画线画出圆柱体各投影的轴线、中心线，再根据圆柱体底面的直径绘制出水平投影——圆。

② 根据圆柱的高度尺寸，画出圆柱顶面和底面有积聚性的正面、侧面投影。

③ 在正面投影中画出圆柱最左、最右轮廓素线的投影；侧面投影中画出最前、最后轮廓素线的投影，结果如图 3-3（b）所示。

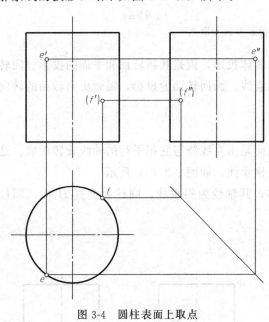

图 3-4　圆柱表面上取点

（2）圆柱表面上取点　如图 3-4 所示，已知圆柱面上点 E 和 F 的正面投影 e' 和（f'），求作它们的水平投影和侧面投影。

由于 e' 可见，（f'）不可见，可知点 E 在前半个圆柱面上，点 F 在后半个圆柱面上。先由 e'，（f'）引铅垂投影连线，在圆柱面有积聚性的水平投影上分别求出两点的水平投影 e 和 f。然后，利用点的投影规律求出两点的侧面投影 e'' 和（f''），由水平投影可知点 E 在左半圆柱面上，点 F 在右半圆柱面上，故 e'' 可见，f'' 不可见，记为（f''）。

2. 圆锥

圆锥由圆锥面和底面围成。圆锥面是由直线绕与它相交的轴线旋转而成，这条旋转的直线称母线，圆锥面上任一位置的母线称素线。

（1）圆锥的投影　如图 3-5 所示圆锥，其轴线为铅垂线，圆锥底面为水平面，圆锥面相对三个投影面都处于一般位置。

圆锥体投影的投影分析：如图 3-5（b）所示。圆锥底面的水平投影反映实形，正面投影、侧面投影分别积聚成直线段。圆锥面的水平投影与底面水平投影相重合，圆锥面的正面和侧面投影分别为等腰三角形。正面投影三角形的边线 $s'a'$ 和 $s'b'$ 是圆锥面对正面投影的转向轮廓线，它们是圆锥面上最左和最右素线的正面投影，也是正面投影可见的前半圆锥面与不可见的后半圆锥面的分界线。侧面投影三角线的边线 $s''c''$ 和 $s''d''$ 是圆锥面对侧面投影的转向轮廓线，它们是圆锥面上最前最后素线的侧面投影，也是侧面投影可见的左半圆锥面与不可见的右半圆锥面的分界线。

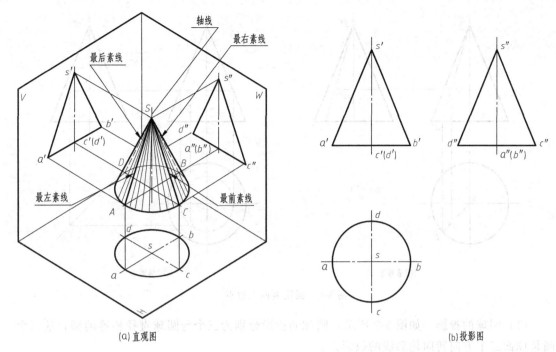

(a) 直观图   (b) 投影图

图 3-5　圆锥的投影

作图步骤如下。

① 先用点画线画出圆锥各投影的轴线、中心线，再根据圆锥底面的半径绘制出水平投影——圆。

② 画出圆锥底面有积聚性的正面、侧面投影。

③ 根据圆锥的高度尺寸，画出锥顶的正面、侧面投影。

④ 在正面投影中画出圆锥最左、最右轮廓素线的投影，侧面投影中画出最前、最后轮廓素线的投影，结果如图 3-5（b）所示。

（2）圆锥表面上取点　如图 3-6 所示，已知圆锥面上点 K 的正面投影 k'，求作它的水平投影 k 和侧面投影 k''。

由于圆锥面的三个投影都没有积聚性，圆锥面上找点须作辅助线。在圆锥面上取点的作图方法通常有两种，即素线法和纬圆法，现分述如下。

① 素线法。如图 3-6（a）所示，由于 k' 可见，所以点 K 在前半圆锥面上。首先过点 K 及锥顶在圆锥面上画一条素线，连接 $s'k'$，并延长交底圆于 a'，得素线的正面投影。再由 a' 向下作投影连线，与水平投影圆交点即为 a，连接 sa 得素线的水平投影，利用直线上点的投影特性，可求得 K 点水平投影 k。再由 k'、k 求出 k''。

因为圆锥面水平投影可见，所以 k 可见，又因为 K 点在右半个圆锥面上，所以 k'' 不可见，记为（k''）。

② 纬圆法。如图 3-6（b）所示，过点 K 作垂直于轴线的水平圆，该圆称纬圆，纬圆正面投影和侧面投影都积聚成一条水平线，水平投影是底面投影的同心圆。点 K 的三个投影分别在该圆的三个投影上。

3. 圆球

球由球面围成。球面由圆母线围绕其直径旋转而成。

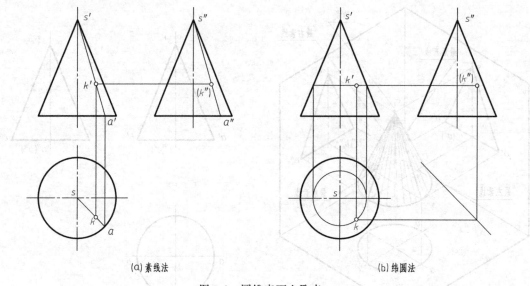

(a) 素线法   (b) 纬圆法

图 3-6 圆锥表面上取点

（1）圆球的投影 如图 3-7 所示，圆球的投影分别为三个与圆球直径相等的圆，这三个圆是球面三个方向转向轮廓线的投影。

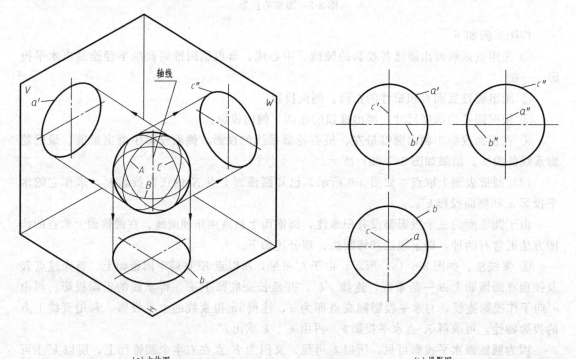

(a) 立体图   (b) 投影图

图 3-7 圆球的投影

正面投影的转向轮廓线是球面上平行于正面的最大圆的投影，它是前后半球面的分界线。水平投影的转向轮廓线是球面上平行于水平面的最大圆的水平投影，它是上下半球面的分界线。侧面投影的转向轮廓线是球面上平行于侧面的最大圆的侧面投影，它是左右半球面的分界线。在球的三面投影中，应分别用点画线画出对称中心线。圆球的投影如图 3-7（b）所示。

作图步骤如下。

① 先用点画线画出圆球各投影的中心线。

② 根据圆球的半径，分别画出 A、B、C 三个圆的实形投影，结果如图 3-7（b）所示。

（2）圆球面上取点　如图 3-8 所示，已知圆球面上点 K 的正面投影 k'，求作点 K 的水平投影和侧面投影。由于球面的三个投影都没有积聚性，且母线不为直线，故在球面上取点只能用辅助圆法。过点 K 作水平圆。作图步骤：过 k' 作水平圆的正面投影，再作水平圆的侧面投影和反映水平圆实形的水平投影。因为 k' 可见，由 k' 引铅垂投影连线求出 k，再由 k' 引出水平投影连线，按投影关系求出 k''。因 K 点在圆球的上方、前方、右方，故 k 可见，k'' 不可见。

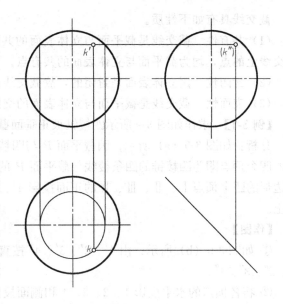

图 3-8　圆球面上取点

第二节　平面与立体相交

平面与立体表面的交线称为截交线。与立体相交的平面称为截平面，由截交线所围成的平面图形称为截断面。

一、平面与平面立体相交

平面立体的截交线是一个多边形，多边形的顶点是平面立体的棱线或底边与截平面的交点，多边形的边是截平面与平面立体表面的交线，如图 3-9 所示。

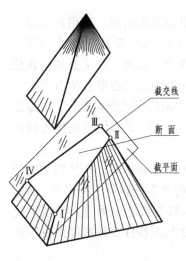

(a)立体图

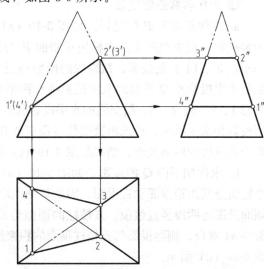

(b)投影图

图 3-9　四棱锥被正垂面截切

截交线具有如下性质。

（1）共有性　截交线是截平面与立体表面的共有线。它既在截平面上又在立体表面上，截交线上的点，均为截平面与立体表面的共有点。

（2）封闭性　因立体表面是封闭的，故截交线一般情况下都是封闭的平面图形。

（3）表面性　截交线是截平面与立体表面的交线，因此截交线均在立体的表面上。

【例 3-1】　求作如图 3-9 所示四棱锥被正垂面截后的三面投影。

分析：如图 3-9（a）所示，因截平面 P 与四棱锥四个棱面相交，所以截交线为四边形，它的四个顶点即为四棱锥的四条棱线与截平面 P 的交点。因 P 平面是正垂面，所以截交线四边形的四个顶点Ⅰ、Ⅱ、Ⅲ、Ⅳ的正面投影 $1'$、$2'$、$3'$、$4'$ 重合在 P 平面有积聚性的投影上。

【作图】

① 如图 3-9（b）所示，由 $1'$、$2'$、$3'$、$4'$ 按直线上点的投影特性可求出 1、2、3、4 和 $1''$、$2''$、$3''$、$4''$。

② 将各顶点的水平投影 1、2、3、4 和侧面投影 $1''$、$2''$、$3''$、$4''$ 依次连接起来，即得截交线的水平投影和侧面投影，如图 3-9（b）所示。

③ 处理轮廓线，如图 3-9（b）所示，各侧棱线以交点为界，擦去切除一侧的棱线，并将保留的轮廓线加深为粗实线。

【例 3-2】　补画如图 3-10（a）所示五棱柱切割体的左视图。

分析：如图 3-10（a）所示，五棱柱被正垂面 P 及侧平面 Q 同时截切，因此，要分别求出 P 平面及 Q 平面与五棱柱的截交线的投影。P 平面与五棱柱的四个侧棱面及 Q 面相交，其截断面的空间形状为平面五边形；Q 平面与五棱柱的顶面、两个侧棱面及 P 面相交，其截断面的空间形状为矩形。补画左视图时，应在画出五棱柱左视图的基础上，正确画出各截断面的投影。

【作图】

① 画出五棱柱的左视图，如图 3-10（b）所示。

② 求作各截断面投影

a. 求作正垂面 P 的投影。如图 3-10（a）所示，由于 P 平面为正垂面，利用正垂面的积聚投影，在主视图上依次标出正垂面 P 与五棱柱棱线的交点 $1'$、$2'$、$5'$ 及与 Q 平面交线的端点 $3'$、$(4')$ 的投影，截交线的投影与正垂面的积聚投影重合。同理，由于五棱柱各棱面的水平投影及 Q 平面的水平投影都有积聚性，可利用积聚投影确定五边形各顶点的水平投影 1、2、3、4、5，截交线的水平投影与五棱柱侧棱面及 Q 平面的积聚投影重合。根据正面投影和水平投影，可求出截交线各顶点的侧面投影 $1''$、$2''$、$3''$、$4''$、$5''$，依次连接各顶点即为截交线的侧面投影，结果如图 3-10（c）所示。

b. 求作侧平面 Q 的投影。如图 3-10（a）所示，由于 Q 平面为侧平面，与其相交的两个棱面分别为铅垂面和正平面，因此其交线均为铅垂线，它们的水平投影分别积聚在 3、4，侧面投影为两段竖直线段。五棱柱的顶面为水平面，Q 平面与其交线为正垂线，其水平投影与 34 重合，侧面投影与五棱柱顶面的积聚投影重合。由此 Q 与五棱柱交线的侧面投影如图 3-10（d）所示。

③ 处理轮廓线，如图 3-10（e）所示。处理轮廓线时，由于五棱柱左侧棱线，在 P 面以上的部分被截切，因此在侧面投影上棱线的这些部分不应再画出，右前侧棱线由于不可见，

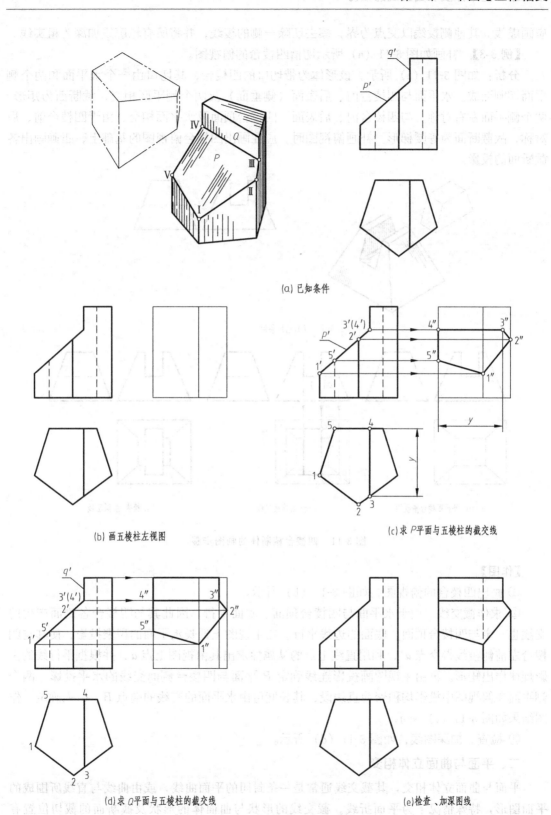

(a) 已知条件

(b) 画五棱柱左视图

(c) 求 P 平面与五棱柱的截交线

(d) 求 Q 平面与五棱柱的截交线

(e) 检查、加深图线

图 3-10　五棱柱截断体的画图步骤

应画虚线。其他侧棱线以交点为界，擦去切除一侧的棱线，并将所有轮廓线加深为粗实线。

【例 3-3】　补画如图 3-11（a）所示切槽四棱台的俯视图。

分析：如图 3-11（a）所示，该形体为带切口的四棱台，其切口由一个水平面和两个侧平面切割而成。水平面与四棱台前、后表面（侧垂面）及两个侧平面相交，截断面为矩形。两个侧平面左右对称，与四棱台前、后表面，四棱台顶面及水平面相交，由于四棱台前、后对称，故截断面为等腰梯形。补画俯视图时，应在画出四棱台俯视图的基础上，正确画出各截断面的投影。

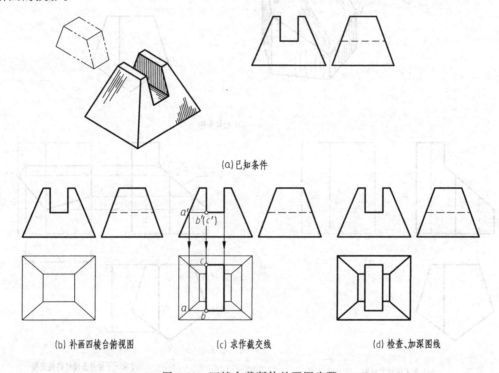

(a) 已知条件

(b) 补画四棱台俯视图　　　　(c) 求作截交线　　　　(d) 检查、加深图线

图 3-11　四棱台截断体的画图步骤

【作图】

①画出四棱台的俯视图，如图 3-11（b）所示。

②求作截交线。由于水平面与四棱台顶面、底面平行，因此其与四棱台各侧面产生的交线也一定与四棱台顶面、底面的边线平行。在主视图上延长水平面的积聚投影，使其与四棱台左前侧棱线得交点 a'，利用直线上点的从属性求出其俯视图上点 a，并根据平行线的投影规律作出矩形。再由主视图画投影连线确定 P 平面与四棱台侧面交线的水平投影。两个侧平面在俯视图中投影均积聚为直线段，其长度可由水平面的交线的端点 B、C 来确定。作图结果如图 3-11（c）所示。

③检查、加深图线，如图 3-11（d）所示。

二、平面与曲面立体相交

平面与曲面立体相交，其截交线通常是一条封闭的平面曲线，或由曲线与直线所围成的平面图形，特殊情况下为平面折线。截交线的形状与曲面体的形状及截断面的截切位置有关。圆柱体的截交线有三种不同的形状，见表 3-1。圆锥体的截交线有五种不同的形状，见表 3-2。球体被切割空间只有一种情况，但投影可能为圆或椭圆，见表 3-3。

表 3-1 圆柱体截交线

截平面位置	截平面平行于轴线	截平面垂直于轴线	截平面倾斜于轴线
截交线形状	截交线为平行于轴线的两条直线	截交线为圆	截交线为椭圆
立体图	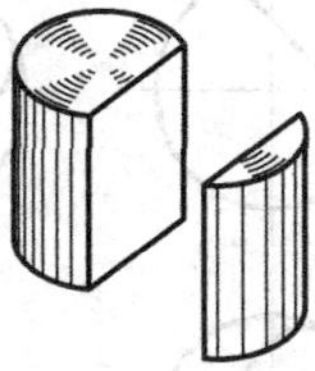	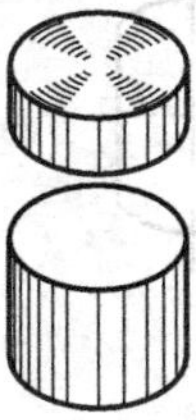	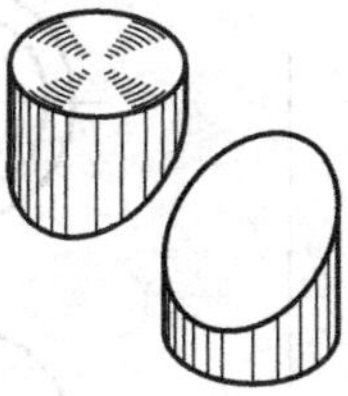
投影图	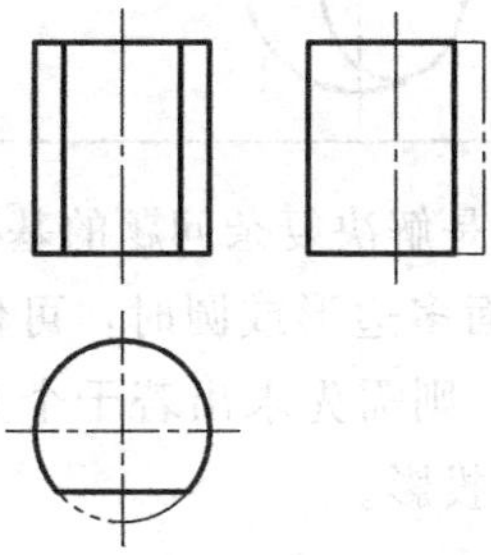	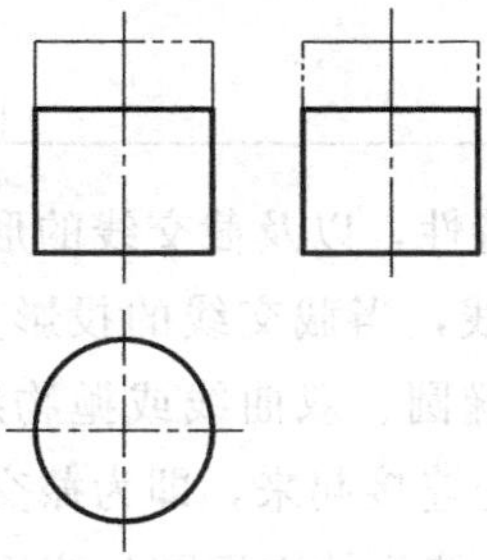	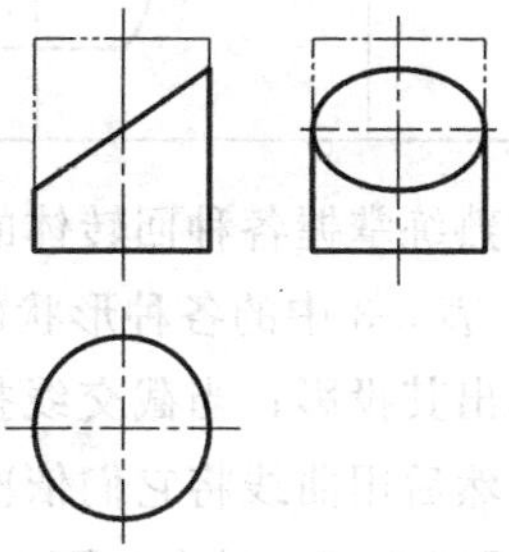

表 3-2 圆锥体截交线

截平面位置	截平面与轴线垂直	截平面与所有素线相交	截平面平行一条素线	截平面与轴线平行	截平面过锥顶
截交线形状	截交线为圆	截交线为椭圆	截交线为抛物线	截交线为双曲线	截交线为过锥顶的两条直线
立体图	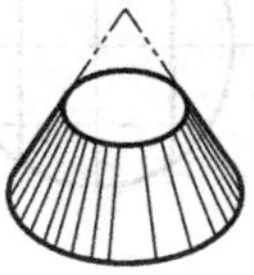	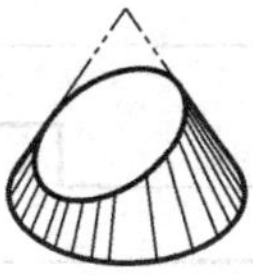	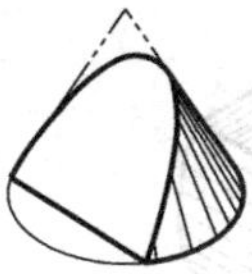	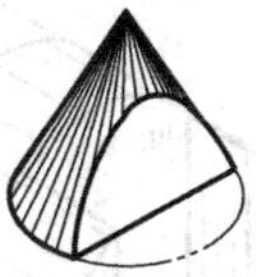	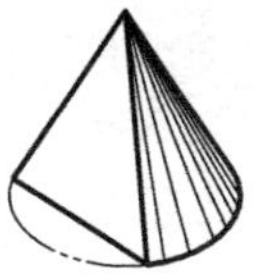
投影图	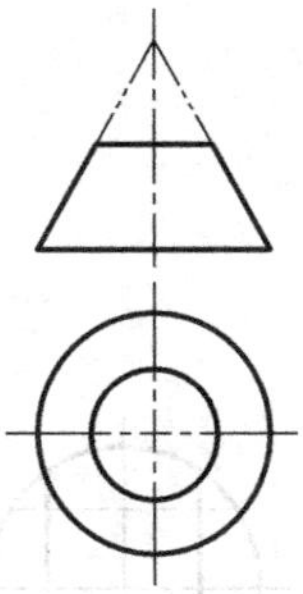	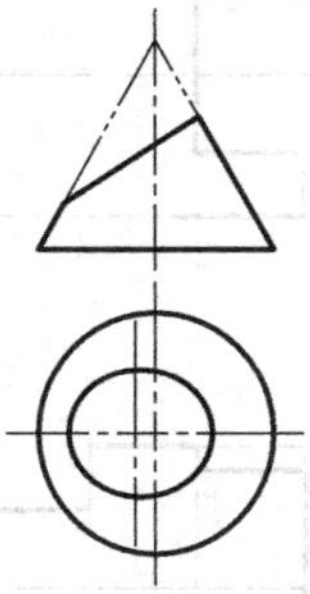	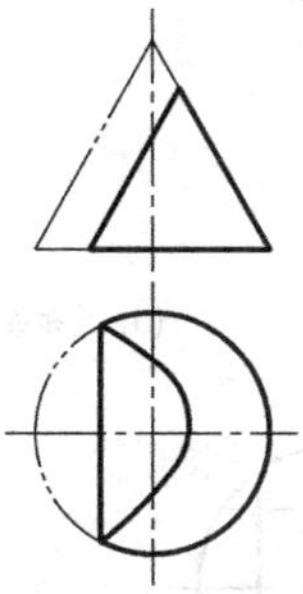	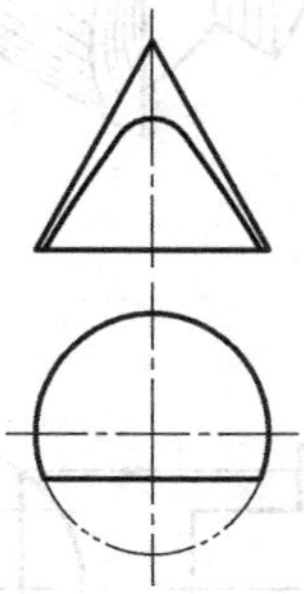	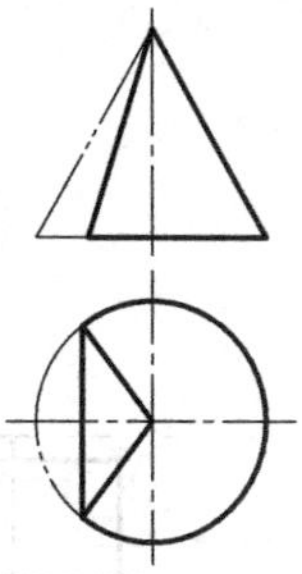

表 3-3 圆球体截交线

截平面位置	截平面为投影面平行面	截平面为投影面垂直面
截交线	截交线投影分别为圆和直线	截交线投影分别为椭圆和直线
立体图	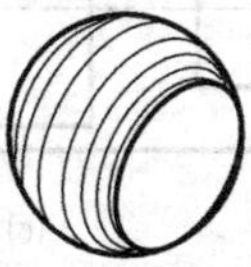	

续表

截平面位置	截平面为投影面平行面	截平面为投影面垂直面
截交线	截交线投影分别为圆和直线	截交线投影分别为椭圆和直线
投影图	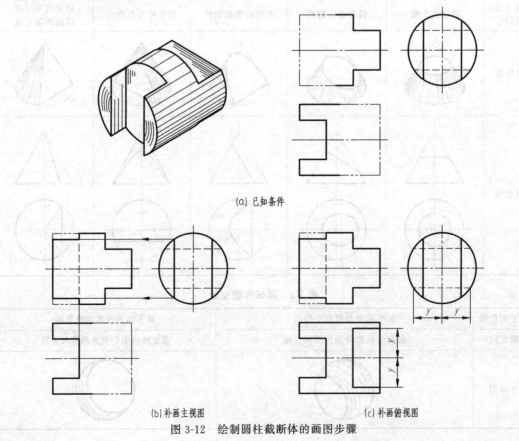	

熟练掌握各种回转体的投影特性，以及截交线的形状，是解决复杂问题的基础。对于表3-1～表3-3中的各种形状的截交线，当截交线的投影为平面多边形或圆时，可使用尺规直接作出其投影；当截交线投影为椭圆、双曲线或抛物线时，则需先求出若干个共有点的投影，然后用曲线将它们依次光滑地连接起来，即为截交线的投影。

【例3-4】 补全如图3-12所示接头的主视图和俯视图。

分析： 如图3-12（a）所示，接头的左端槽口可以看作圆柱被两个与轴线平行的正平面和一个与轴线垂直的侧平面切割而成；右端凸榫由两个与轴线平行的水平面和一个与轴线垂直的侧平面切割而成。可由表3-1查得各段截交线分别为直线和圆弧。

(a) 已知条件

(b) 补画主视图　　　　　　　　　　(c) 补画俯视图

图3-12　绘制圆柱截断体的画图步骤

【作图】

①　补画主视图左侧圆柱切槽部分的投影　左端槽口的两个正平面与圆柱体轴线平行，其截交线是四条侧垂线，其在左视图上积聚成点，位于圆柱面有积聚性的侧面投影上，可由侧面投影求得其正面投影，如图 3-12（b）所示；侧平面在主视图中投影积聚为一直线，其中被正平面遮挡的部分应画成虚线；由俯视图可知，侧平面将圆柱的最上、最下两条素线截去一段，所以在主视图中，其转向轮廓素线的左端应截断。结果如图 3-12（b）所示。

②　补画俯视图右侧圆柱凸榫部分的投影　切割圆柱右端凸榫的两个水平面与圆柱体的轴线平行，由表 3-1 可知其截交线为直线，可由其侧面积聚投影量取 Y 坐标值，求得其水平

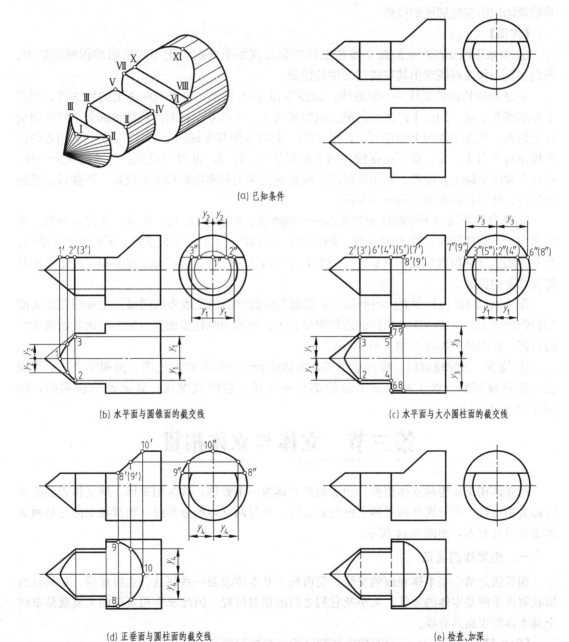

(a) 已知条件

(b) 水平面与圆锥面的截交线

(c) 水平面与大小圆柱面的截交线

(d) 正垂面与圆柱面的截交线

(e) 检查、加深

图 3-13　顶尖的画图步骤

投影；侧平面的水平投影积聚为直线段，如图 3-12（c）所示。由于侧平面没有截切到圆柱面的最前、最后两条素线，其在俯视图中的积聚投影与转向轮廓素线之间有一定的距离，故在俯视图中转向轮廓素线是完整的。

【例 3-5】 补全如图 3-13（a）所示顶尖的俯视图。

分析： 如图 3-13（a）所示，顶尖由圆锥、小圆柱、大圆柱同轴连接，其上切口部分可以看成被水平面和正垂面截切而成。由表 3-2 可知水平面与圆锥的轴线平行，其截交线为双曲线，与大小圆柱的轴线平行，截交线是四条侧垂线（见表 3-1）。正垂面只截切到大圆柱的一部分，且与轴线倾斜，交线为椭圆弧（见表 3-1）。作图时，应分段画出截交线的投影，并整理画出所有轮廓线的投影。

【作图】

① 由水平面切割产生的截交线在主视图和左视图中分别积聚在水平面的积聚投影上，可由主视图和左视图求出其在俯视图中的投影。

a. 求作圆锥面的交线——双曲线。如图 3-13（b）所示，先求双曲线上的特殊点，顶点 Ⅰ 和端点 Ⅱ、Ⅲ。顶点 Ⅰ 在圆锥的最上轮廓素线上，端点 Ⅱ、Ⅲ 两点是圆锥面与小圆柱面交线上的点，先在主视图上确定 1′、2′ 和（3′），对应找出其左视图上 1″、2″、3″，利用点的投影规律可求出 Ⅰ、Ⅱ、Ⅲ 各点在俯视图中的投影 1、2、3。再求一般点。与求特殊点一样，先在主视图上确定其位置，利用纬圆法在圆锥面上求出侧面投影和水平投影。用曲线光滑连接各点，即可在俯视图中画出双曲线。

b. 求作水平面与大小圆柱面的交线——侧垂线。如图 3-13（c）所示，如前面分析，水平面与大小圆柱面的交线为侧垂线，侧垂线在主视图上 2′4′ 与 3′5′ 重合，6′8′ 与 7′9′ 重合，在左视图上分别积聚为点 2″（4″）、3″（5″）、6″（8″）、7″（9″），可由主视图和左视图作出其俯视图上的投影。

② 如图 3-13（a）中立体图所示，正垂面与大圆柱面的交线为椭圆弧，主视图在正垂面的积聚投影上，左视图在大圆柱面的积聚投影上，可利用圆柱表面找点的方法求其俯视图中的投影，作图步骤如图 3-13（d）所示。

③ 检查、加深轮廓线。应注意相邻基本体接合部分轮廓线的处理，俯视图中，水平面之上部分被切断，处于水平面下方的部分不可见，应画成虚线，其余部分画实线，如图 3-13（e）所示。

第三节 立体与立体相贯

两立体相交称为两立体相贯，相贯的两立体为一个整体，称为相贯体。两立体表面的交线称为相贯线，相贯线是两立体表面的共有线，也是两立体的分界线，相贯线上的点是两立体表面的共有点，如图 3-14 所示。

一、相贯线的画法

相贯线是两个基本体表面的交线，是由两个基本体表面一系列共有点组成的。相贯线的形状取决于两基本体的形状、大小及它们之间的相对位置。因此求作相贯线的实质就是求两个基本体的表面共有线。

【例 3-6】 求图 3-15 所示四棱柱与圆柱相交时的相贯线。

分析： 如图 3-15（a）所示，四棱柱的前、后表面与圆柱轴线平行，其交线为两段与圆柱体

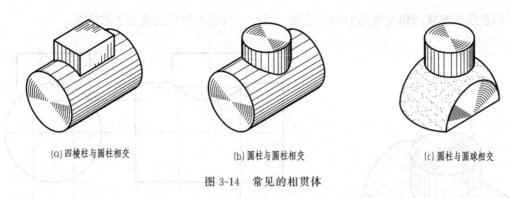

(a) 四棱柱与圆柱相交　　　　　(b) 圆柱与圆柱相交　　　　　(c) 圆柱与圆球相交

图 3-14　常见的相贯体

轴线平行的线段Ⅰ Ⅱ、Ⅲ Ⅳ。四棱柱的左、右表面与圆柱轴线垂直，其交线为两段圆弧ⅠⅣⅣ、ⅢⅥⅢ。把各段交线依次连接即为四棱柱与圆柱体相贯线。相贯线在俯视图中与四棱柱的侧棱面的投影重合，积聚在矩形线框上。相贯线在左视图中与圆柱面的侧面投影重合，积聚在圆弧上。由于相贯线在俯视左和左视图中均为已知，因此，只需求作其主视图上的投影。

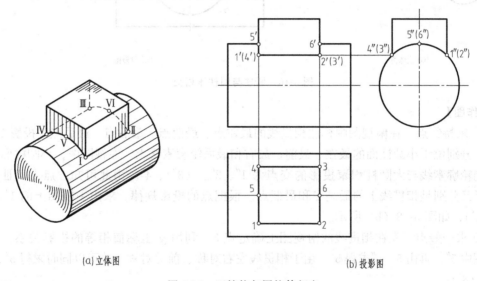

(a) 立体图　　　　　　　　　　　　　　(b) 投影图

图 3-15　四棱柱与圆柱体相交

【作图】

①　求四棱柱前后侧棱面与圆柱面交线　如图 3-15（b）所示，相贯线的前、后交线Ⅰ Ⅱ、Ⅲ Ⅳ，可由俯视图中的点 1、2、3、4 和左视图中的点 1″、(2″)、(3″)、4″，求出主视图上的 1′、2′、(3′)、(4′)，两两连线，即得四棱柱的前、后表面与圆柱面的交线。由于该形体为对称形体，所以 1′2′与 (3′) (4′) 重合。

②　求四棱柱左右侧棱面与圆柱面交线　四棱柱的左、右表面与圆柱面的交线为两段圆弧Ⅰ Ⅳ Ⅵ、Ⅱ Ⅳ Ⅲ，主视图为两段竖向线段，由俯视图中的点 5、6 和左视图中的点 5″、(6″) 求得对应主视图中的 5′、6′，将点 5′与 1′、(4′) 连线，6′与 2 (3′) 连线，即为所求。

【例 3-7】　求如图 3-16 所示圆柱与圆柱相交时相贯线的投影。

分析：如图 3-16（a）所示，两直径不等圆柱相交，且两个圆柱轴线垂直，相贯线为一条前后、左右都对称的封闭的空间曲线。相贯线在俯视图中与小圆柱面的积聚投影重合，积聚在圆形线框上。左视图中，相贯线与大圆柱面的侧面积聚投影重合，积聚在一段圆弧上。

由于相贯线在俯视图和左视图中均为已知，因此，只需求作其主视图上的投影。

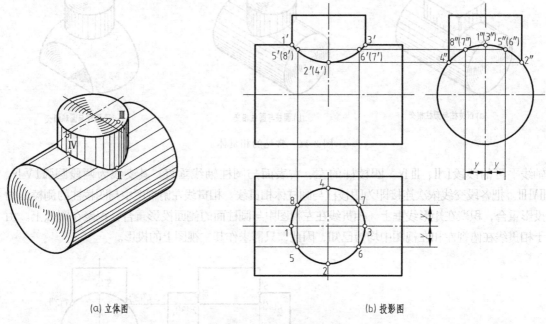

(a) 立体图　　　　　　　　　　　　　　(b) 投影图

图 3-16　圆柱与圆柱体相交

【作图】

① 求特殊点　在俯视图中标注相贯线的最左点、最前点、最右点、最后点的投影 1、2、3、4，分别位于小圆柱面的最左、最前、最右和最后轮廓素线上。左视图中，小圆柱面的四条转向轮廓素线与大圆柱积聚投影的交点为 1″、2″、(3″)、4″。由此可知，点Ⅰ、Ⅲ和点Ⅱ、Ⅳ又分别是相贯线上的最高点和最低点。根据点的投影规律，求出主视图上的 1′、2′、3′、(4′)，如图 3-18 (b) 所示。

② 求一般点　先在相贯线的俯视图上确定点 5，利用 y 坐标值相等的投影关系，求出左视图中 5″，再由 5、5″求得 5′。由于相贯线左右对称、前后对称，故可以同时求得 5′、6′、(7′)、(8′)。

③ 连线并判别可见性　在主视图上将相贯线上各点按照俯视图中的各点的排列顺序依次连接，即 1′-5′-2′-6′-3′-(7′)-(4′)-(8′)-1′。由于相贯线前后对称，主视图上投影重合，用粗实线连线，如图 3-16 (b) 所示。

两圆柱轴线垂直相交是工程形体上常见的相贯体，求作相贯线时应注意以下几个方面。

(1) 当两圆柱直径不相等时，其相贯线的投影总是向大圆柱轴线方向弯曲，在不致引起误解的情况下，可采用简化画法作图，即用圆弧代替相贯线。相贯线的近似画法见图 3-17：以两轮廓线交点为圆心，以 R 为半径画弧交小圆柱轴线于 O（R 为较大圆柱体的直径），再以 O 为圆心，R 为半径画弧即为所求。

(2) 对于两圆柱轴线垂直相交，相贯线的形状取决于它们直径大小的对比。图 3-18 表示相交两圆柱的直径发生变化时，相贯线的形状和位置的分析。当两个圆柱体直径不相同时，相贯线是相对大圆柱面轴线对称的两条空间曲线，如图 3-18 中 (a)、(c) 所示；当两圆柱体直径相等时，其相贯线是两条平面曲线——垂直于两相交轴线所确定平面的椭圆，如图 3-18 (b) 所示。

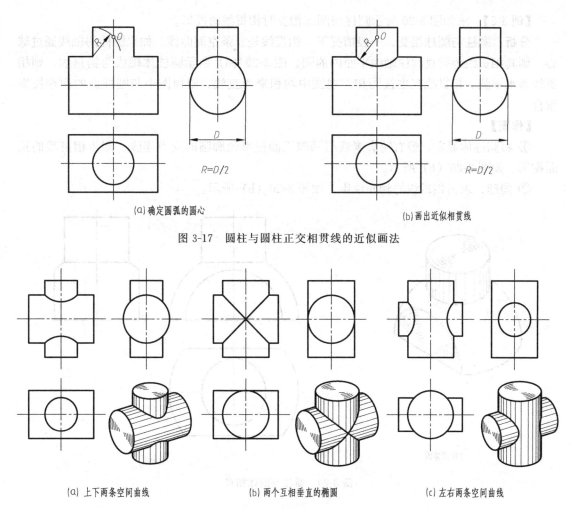

(a) 确定圆弧的圆心

(b) 画出近似相贯线

图 3-17 圆柱与圆柱正交相贯线的近似画法

(a) 上下两条空间曲线

(b) 两个互相垂直的椭圆

(c) 左右两条空间曲线

图 3-18 垂直相交两圆柱直径相对变化时的相贯线分析

（3）圆柱与圆柱相贯主要有三种形式。图 3-19（a）为两圆柱外表面相交；图 3-19（b）为圆柱外表面与圆柱内表面相交；图 3-19（c）为两圆柱内表面相交。它们虽然有内、外表面不同，但由于两圆柱面的大小和相对位置不变化，因此它们交线的形状是完全相同的。

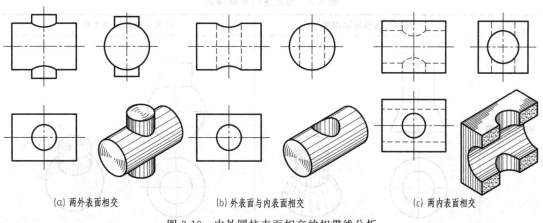

(a) 两外表面相交

(b) 外表面与内表面相交

(c) 两内表面相交

图 3-19 内外圆柱表面相交的相贯线分析

【例 3-8】　求如图 3-20 所示圆柱与圆球相交时相贯线的投影。

分析：圆柱与圆球相交，一般情况下，相贯线是一条空间曲线。如果圆柱的轴线通过球心，则其相贯线为垂直圆柱轴线平面内的圆。图 3-20（a）所示圆柱体轴线为铅垂线，则相贯线为水平圆。相贯线在主视图和左视图中均积聚为直线，俯视图中与圆柱面的积聚投影重合。

【作图】

① 将圆柱体最左、最右轮廓素线与圆球正面投影轮廓圆的交点连线，即为相贯线的正面投影，如图 3-20（b）所示。

② 同理，求出相贯线的侧面投影，如图 3-20（b）所示。

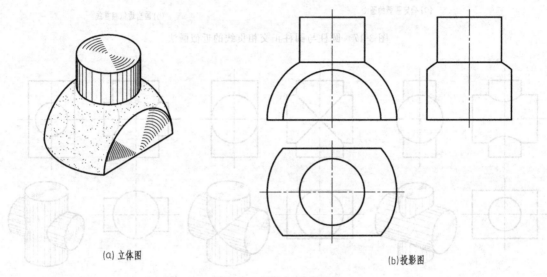

(a) 立体图　　　　　　　　　　　　　　(b) 投影图

图 3-20　圆柱与圆球相贯

二、相贯线的特殊情况

一般情况下，两回转体的相贯线是空间曲线；特殊情况下，相贯线可能是平面曲线或直线段。相贯线的形状可根据两相交回转体的性质、大小和相对位置进行判断。常见的特殊相贯线见表 3-4。

表 3-4　相贯线的特殊情况

	圆柱与圆锥同轴相贯	圆柱与圆球同轴相贯
相贯线为圆		

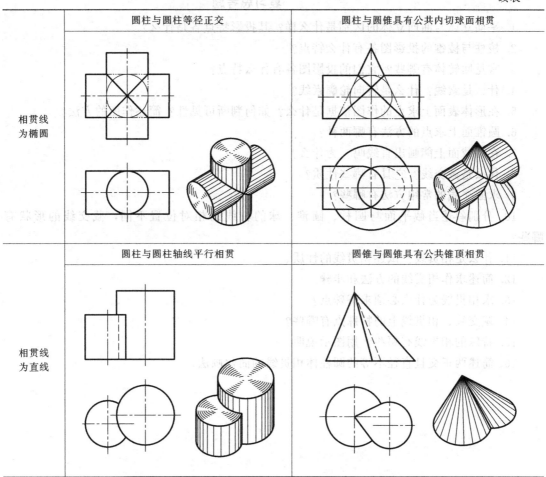

	圆柱与圆柱等径正交	圆柱与圆锥具有公共内切球面相贯
相贯线 为椭圆		
	圆柱与圆柱轴线平行相贯	圆锥与圆锥具有公共锥顶相贯
相贯线 为直线		

本 章 小 结

立体按其表面的构成不同可分为平面立体和曲面立体。表面全部由平面围成的立体称为平面立体，表面由曲面或曲面和平面共同围成的立体称为曲面立体。

1. 基本体的投影

（1）画平面立体的投影，就是画组成立体的各个平面和棱线的投影。

（2）绘制回转体投影，就是画回转面和平面的投影。回转面需画出转向轮廓线和轴线的投影。

2. 立体表面的交线

平面与立体表面的交线称为截交线。立体与立体表面的交线称为相贯线。

截交线与相贯线的性质：表面性、共有性、封闭性。

求截交线和相贯线的作图步骤：

（1）分析形体的表面性质，确定交线的形状及投影特性。

（2）求出表面交线的特殊点，以确定表面交线的范围。

（3）在特殊点之间的适当位置求一定数目的一般点。

（4）根据表面交线在基本体上的位置判断可见性。

（5）根据交线的形状连点成线，即得表面交线的投影。

复习思考题

1. 平面立体与曲面立体的区别是什么样？其投影特点各是什么？

2. 棱柱与棱锥的投影图各有什么特点？

3. 常见回转体有哪些？它们的投影图各有什么特点？

4. 什么是素线？什么是转向轮廓素线？

5. 在形体表面上求点的作图依据是什么？如何判断可见性？简述作图的方法。

6. 圆锥面上求点的方法有哪两种？

7. 在圆球面上能画出直线吗？为什么？

8. 什么是截交线？它具有哪些性质？

9. 求截交线的常用方法有哪些？

10. 分别叙述当截平面与圆柱、圆锥、球的轴线的相对位置不同，截交线的形状有哪些？

11. 什么是相贯线？试述相贯线的性质。

12. 简述求作相贯线的方法和步骤。

13. 求相贯线为什么必须求特殊点？

14. 截交线、相贯线上的特殊点有哪些？

15. 特殊的相贯线有哪些？用图示说明。

16. 简述两正交且直径不等的圆柱体相贯线的简化画法。

第四章 轴 测 图

前面介绍的三视图能准确、完整地表达物体的形状与大小，且作图简便、度量性好，但这种视图缺乏立体感，具有一定读图能力的人才能看懂，如图4-1（a）所示。为了帮助读者读懂视图，工程上常采用轴测图作为辅助图样。

轴测图是用平行投影法绘制单面投影图，能同时反映物体长、宽、高三个方向的形状，富有立体感，直观性好，但作图复杂，且不能准确表达出物体的真实形状，如图4-1（b）所示。本章主要介绍轴测图的基本概念及画法。

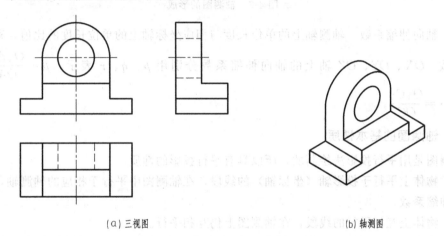

(a) 三视图　　　　　　　　　　(b) 轴测图

图 4-1　三视图与轴测图

第一节　轴测图的基本概念

一、轴测图的形成

轴测图是将物体连同其参考直角坐标系，沿不平行于任一坐标面的方向，用平行投影法将其投射在单一投影面上所得到的图形。

如图4-2所示，投影面 P 称为轴测投影面，投影方向 S 称为投射方向，空间坐标轴 OX、OY、OZ 在轴测投影面上的投影 O_1X_1、O_1Y_1、O_1Z_1 称为轴测投影轴，简称轴测轴。

绘制轴测图时，通过改变物体与投影面的相对位置或改变投影线与投影面的相对位置，可得到不同的轴测图，用正投影法绘制的轴测图，称为正轴测图，如图4-2（a）所示。用斜投影法绘制的轴测图，称为斜轴测图，如图4-2（b）所示。

二、轴间角与轴向伸缩系数

（1）轴间角　轴测图中相邻两轴测轴之间的夹角 $\angle X_1O_1Y_1$、$\angle X_1O_1Z_1$、$Y_1O_1Z_1$，称为轴间角。

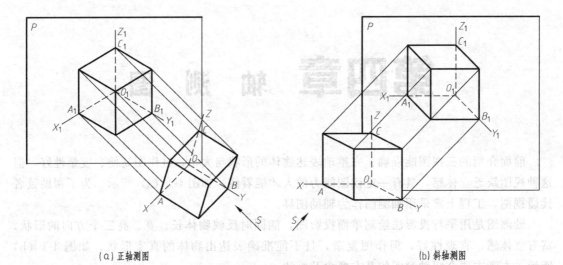

（a）正轴测图　　　　　　　　　　　　　　　（b）斜轴测图

图 4-2　轴测图的形成

（2）轴向伸缩系数　轴测轴上的单位长度与相应坐标轴上的单位长度的比值，称为轴向伸缩系数。OX、OY、OZ 轴上的轴向伸缩系数分别用 p、q、r 表示，$p = \dfrac{O_1A_1}{OA}$；$q = \dfrac{O_1B_1}{OB}$；$r = \dfrac{O_1C_1}{OC}$。

三、轴测图的基本性质

轴测图是用平行投影法绘制的，所以具有平行投影的性质。

（1）物体上平行于投影轴（坐标轴）的线段，在轴测图中平行于相应的轴测轴，并具有相同的伸缩系数。

（2）物体上互相平行的线段，在轴测图上仍互相平行。

（3）物体上与投影轴相平行的线段，在轴测投影中可沿相应轴测轴的方向直接度量尺寸。所谓"轴测"就是沿轴向测量尺寸。

注意：与坐标轴都不平行的线段，具有与之不同的伸缩系数，不能直接测量与绘制，只能按"轴测"的原则，根据端点坐标作出两端点连线画出。

四、轴测图的分类

1. 正轴测

正轴测图中，三个轴向伸缩系数均相等的称为正等轴测图；两个轴向伸缩系数相等的称为正二轴测图；三个轴向伸缩系数各不相等的称为正轴三测图。

2. 斜轴测

斜轴测图中，三个轴向伸缩系数均相等的称为斜等轴测图；两个轴向伸缩系数相等的称为斜二轴测图；三个轴向伸缩系数各不相等的称为斜三轴测图。

工程中用的较多的是正等轴测和斜二轴测。本章只介绍这两种轴测图的画法。

第二节　正等轴测图

当物体上的三根参考直角坐标轴与轴测投影面的倾角相同时，用正投影法得到的单面投影图称为正等轴测图。

一、正等轴测图的轴间角和轴向伸缩系数

正等轴测图的轴间角 $\angle X_1 O_1 Y_1 = \angle X_1 O_1 Z_1 = Y_1 O_1 Z_1 = 120°$，一般 $O_1 Z_1$ 轴画成铅垂方向，$O_1 X_1$、$O_1 Y_1$ 分别与水平线成 30°。各轴向伸缩系数都相等，$p = q = r \approx 0.82$，为了作图简便，常采用简化系数，即 $p = q = r = 1$。采用简化系数作图，沿各轴向所有的尺寸都用真实长度量取，简洁方便，但画出的图形沿各轴向的长度都分别放大了约 1.22 倍。如图 4-3 所示为四棱柱正等轴测图，其中图 4-3（a）为投影图；图 4-3（b）表示正等轴测图中轴测轴的方向；图 4-3（c）按轴向伸缩系数所画的正等轴测图；图 4-3（d）按简化系数画出的正等轴测图放大了 1.22 倍。

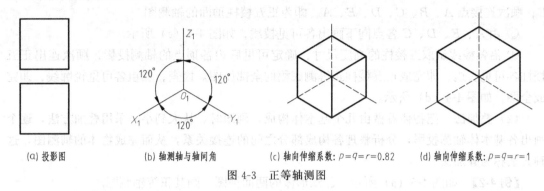

(a) 投影图　　　　(b) 轴测轴与轴间角　　(c) 轴向伸缩系数: $p=q=r=0.82$　　(d) 轴向伸缩系数: $p=q=r=1$

图 4-3　正等轴测图

二、正等轴测图的画法

1. 平面立体正等轴测图的画法

绘制平面立体轴测图，可根据物体的形状特征，选择各种不同的作图方法，如坐标法、叠加法、切割法等。下面举例说明三种方法的画法。

（1）坐标法　根据物体的特点，选定适合的坐标原点和坐标轴，然后沿轴向量取物体表面上各顶点的坐标值，依次画出立体表面上各点的轴测投影，再连点成线，连线成图，完成物体轴测投影的方法称为坐标法。

【例 4-1】　如图 4-4（a）所示，已知正五棱柱的两视图，用简化系数画正五棱柱的正等轴测图。

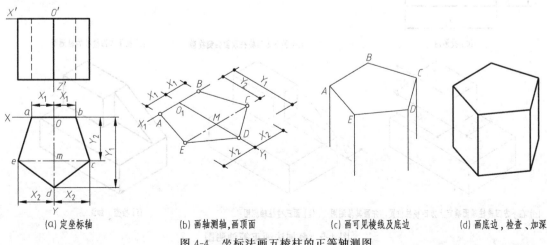

(a) 定坐标轴　　　(b) 画轴测轴，画顶面　　(c) 画可见棱线及底边　　(d) 画底边，检查、加深

图 4-4　坐标法画五棱柱的正等轴测图

分析：正五棱柱左右对称，为作图方便，将 XOY 坐标面放置在五棱柱顶面上，将坐标原点 O 定在五边形后边线 AB 的中点，以五边形的后边线 AB 及五边形高度线 OD 为 OX 轴和 OY 轴，这样便于直接测量顶面五个顶点的坐标，从顶面开始作图。

【作图】

① 定出坐标原点及坐标轴，如图 4-4（a）所示。

② 画出轴测轴 O_1X_1、O_1Y_1，由于顶点 A 和 B 在 OX 轴上，可直接量取 X_1 尺寸并在 O_1X_1 轴测轴作出 A 和 B。顶点 D 在 O_1Y_1 轴上，量取 Y_1 尺寸在 O_1Y_1 轴上作出 D。如图 4-4（b）所示。

沿 O_1Y_1 轴量 Y_2，得点 M，过点 M 作 O_1X_1 轴的平行线，向两侧量取 X_2，得点 C 和 E；顺次连接点 A、B、C、D、E、A，即为正五棱柱顶面的轴测图。

③ 由 A、E、D、C 各点向下画出各可见棱线，如图 4-4（c）所示。

④ 沿各棱线量取五棱柱的高度尺寸，确定可见底边各顶点的轴测投影，顺次连出正五棱柱各可见底边，即完成正五棱柱正等测底稿的全部作图。检查，加粗各可见轮廓线，即完成全图，如图 4-4（d）所示。

（2）叠加法　把物体看做由几个基本体构成，画图时，从大到小，采用叠加方法，逐个画出各基本体轴测投影，分析整理各构成部分之间的连接关系，从而完成物体的轴测图，这种方法称为叠加法。

【例 4-2】 如图 4-5（a）所示，已知形体的两面视图，画其正等轴测图。

分析：从图 4-5（a）所示的两视图中可以看出，这是由两个四棱柱和一个三棱柱叠加而形成的形体，对于这类形体，适合用叠加法求作。

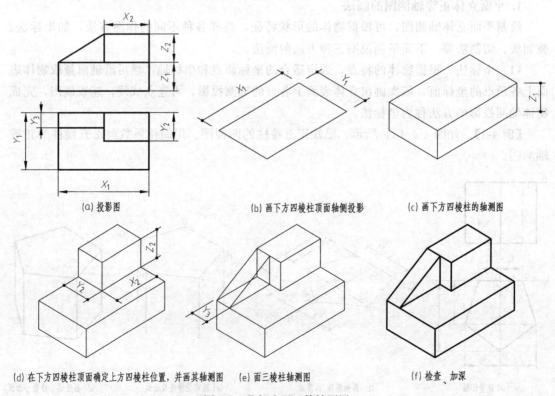

(a) 投影图　　　(b) 画下方四棱柱顶面轴侧投影　　　(c) 画下方四棱柱的轴测图

(d) 在下方四棱柱顶面确定上方四棱柱位置，并画其轴测图　　　(e) 面三棱柱轴测图　　　(f) 检查、加深

图 4-5　叠加法画正等轴测图

【作图】

① 根据图 4-5（a）视图中给出的尺寸，首先画出下方四棱柱的顶面的轴测投影，如图 4-5（b）所示。

② 通过下方四棱柱顶面各个顶点向下画出其高度线，并画出下方四棱柱底面的轴测投影，结果如图 4-5（c）所示。

③ 同样方法，在下方四棱柱的顶面上确定上方四棱柱的位置，并在图 4-5（a）中量取上方四棱柱的高度尺寸，画出上方四棱柱的轴测投影，擦除各不可见的轮廓线，结果如图 4-5（d）所示。

④ 由于三棱柱的高度和长度尺寸在轴测图中均已确定，故只需在图 4-5（a）中量取三棱柱的宽度尺寸 Y_3，即可画出三棱柱的轴测投影，如图 4-5（e）所示。

⑤ 底稿完成后，经校核无误，清理图面，按规定加深图线，作图结果如图 4-5（f）所示。

（3）切割法　平面立体中，多数可以设想为由四棱柱切割而成，为此，可先画出四棱柱的正等轴测图后，再进行切割，从而完成物体的轴测图，这种方法称为切割法。

【例 4-3】　如图 4-6（a）所示，已知形体的三视图，画其正等轴测图。

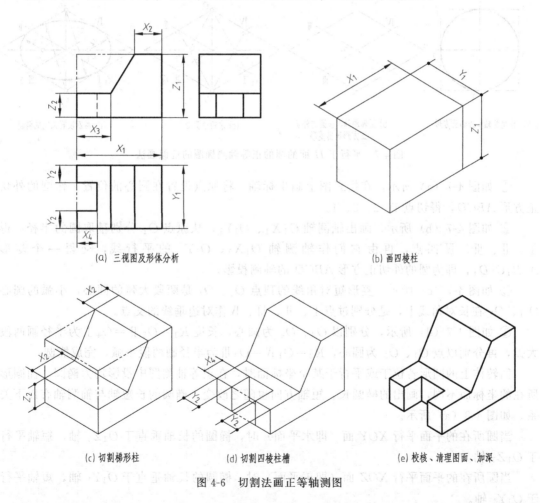

(a) 三视图及形体分析　　　　　　　　　　(b) 画四棱柱

(c) 切割梯形柱　　　　　(d) 切割四棱柱槽　　　　　(e) 校核、清理图面、加深

图 4-6　切割法画正等轴测图

分析：图 4-6（a）所示的三视图中添加红色双点画线后的外轮廓所表示的形体是一个四

棱柱，在四棱柱的左上方被一个正垂面和一个水平面截切掉一个梯形四棱柱，之后再用两个前后对称的正平面和一个侧垂面在其下方切掉一个四棱柱形成矩形槽。本题适合用切割法求作。

【作图】

① 首先画出未切割时的四棱柱的轴测投影，如图 4-6 (b) 所示。

② 从图 4-6 (a) 中量取尺寸，用正垂面、水平面切割四棱柱，画出切割梯形四棱柱后形成的 L 形柱体的轴测投影，如图 4-6 (c) 所示。

③ 从图 4-6 (a) 中量取尺寸画出矩形槽的轴测投影，如图 4-6 (d) 所示。

④ 校核已画出的轴测图，擦去作图线和不可见轮廓线，清理图面，按规定加深图线，作图结果如图 4-6 (e) 所示。

2. 曲面体正等轴测图的画法

(1) 平行于坐标面的圆的画法　平行于坐标面的圆与轴测投影面是倾斜的，所以其轴测投影是椭圆。椭圆的画法常用近似画法——四心法作图，作图方法和步骤如图 4-7 中的图形所示。

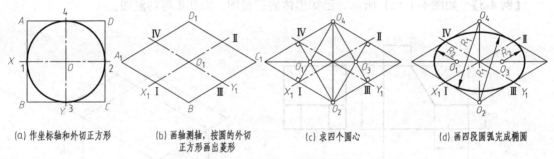

(a) 作坐标轴和外切正方形　　(b) 画轴测轴，按圆的外切　　(c) 求四个圆心　　(d) 画四段圆弧完成椭圆
　　　　　　　　　　　　　　　正方形画出菱形

图 4-7　平行于 H 面的圆的正等轴测椭圆的近似画法

① 如图 4-7 (a) 所示，在投影图上画坐标轴，将原点设置在圆心的位置。作圆的外切正方形 $ABCD$，得切点 1、2、3、4。

② 如图 4-7 (b) 所示，画出轴测轴 O_1X_1、O_1Y_1，从原点 O_1 分别量取圆的半径，得 Ⅰ、Ⅱ、Ⅲ、Ⅳ 四点，再由它们作轴测轴 O_1X_1、O_1Y_1 的平行线，交得一个菱形 $A_1B_1C_1D_1$，即为圆的外切正方形 $ABCD$ 的轴测投影。

③ 如图 4-7 (c) 所示，菱形短对角线的顶点 O_2、O_4 是两段大弧的圆心，小弧的圆心 O_1、O_3 在长对角线上，是分别过点 Ⅰ、Ⅱ、Ⅲ、Ⅳ 作对边垂线的交点。

④ 如图 4-7 (d) 所示，分别以 O_2、O_4 为圆心，长度 $R_1=O_2Ⅱ=O_4Ⅰ$ 为半径画两段大弧，再分别以点 O_1、O_3 为圆心，$R_2=O_1Ⅳ=O_3Ⅲ$ 为半径画两段小弧，完成椭圆。

回转体上的圆形若位于或平行于某个坐标面时，在正等轴测图中投影均为椭圆。而圆形所在的坐标面不同，画出的椭圆长、短轴方向也随之改变。椭圆的长短轴与轴测轴有以下关系，如图 4-8 (a) 所示。

当圆所在的平面平行 XOY 面（即水平面）时，椭圆的长轴垂直于 O_1Z_1 轴，短轴平行于 O_1Z_1 轴。

当圆所在的平面平行 XOZ 面（即正平面）时，椭圆的长轴垂直于 O_1Y_1 轴，短轴平行于 O_1Y_1 轴。

当圆所在的平面平行 YOZ 面（即侧平面）时，椭圆的长轴垂直于 O_1X_1 轴，短轴平行

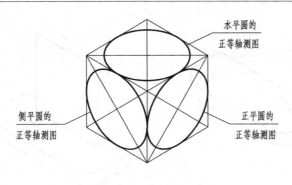
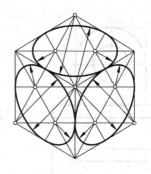

(a) 椭圆长、短轴的方向　　　　　　　　　　(b) 四心法画椭圆的圆心、半径

图 4-8　不同坐标面上圆形的正等轴测图

于 O_1X_1 轴。

采用四心法画椭圆时，三个坐标面上的椭圆的各段圆弧的圆心和半径如图 4-8（b）所示。

（2）圆柱体的正等轴测图　图 4-9 是一个铅垂圆柱的正等轴测图。作图时，可首先按图 4-7 所介绍的方法，作出圆柱顶圆的正等轴测图；再从顶面圆的圆心向下引铅垂线，并量取圆柱的高度尺寸，得底圆的圆心，用同样的方法作底面圆的正等轴测椭圆；然后作出顶面和底面两个椭圆的公切线，由此画出圆柱的正等轴测图。

上述方法比较复杂，由于顶面圆和底面圆的两个椭圆完全相同，所以画底面圆正等轴测时，只需将底面椭圆的可见部分的圆心和切点，从顶面已画出的诸圆弧的圆心和切点下移圆柱的高度尺寸，就能画出底面圆正等轴测的可见轮廓线，如图 4-9 所示。

绘制正垂圆柱和侧垂圆柱正等轴测图的方法，与绘制铅垂圆柱正等轴测图的方法基本相同。三个方向的圆柱正等轴测图如图 4-10 所示，请注意椭圆和切线的位置和方向。

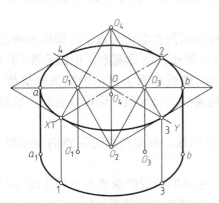
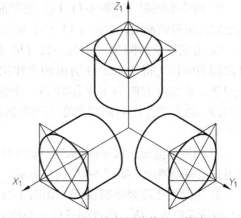

图 4-9　作铅垂圆柱的正等轴测图　　　　　　图 4-10　三个方向的圆柱体的正等轴测图

3. 带曲面形体正等轴测图的画法

【例 4-4】　如图 4-11（a）所示，已知物体的两面视图，画其正等轴测图。

分析：从图 4-11（a）所示的两视图中可以看出，这个物体由底板和竖板叠加而成。底板的左前角和右前角都是 1/4 圆柱面形成的圆角，竖板具有圆柱通孔和半圆柱面的上端。物体左右对称，竖板和底板的后表面平齐。

【作图】

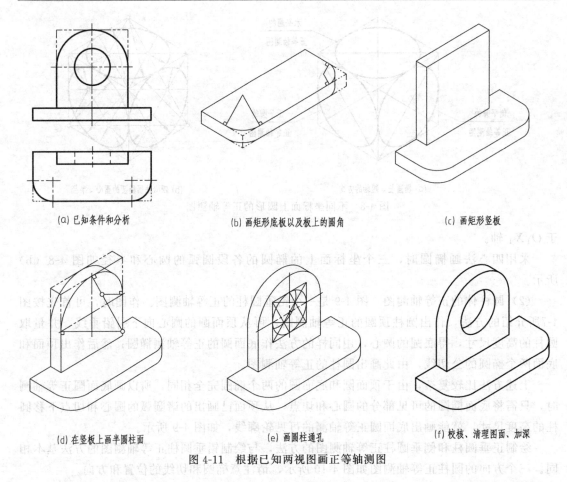

(a) 已知条件和分析　　　　(b) 画矩形底板以及板上的圆角　　　(c) 画矩形竖板

(d) 在竖板上画半圆柱面　　　(e) 画圆柱通孔　　　(f) 校核、清理图面、加深

图 4-11　根据已知两视图画正等轴测图

① 画矩形底板。在图 4-11（a）的平面图中添加的双点画线，假定它是完整的矩形板，画出它的正等轴测图，如图 4-11（b）所示。

② 画底板上的圆角。如图 4-11（b）所示，从底板顶面的左右两角点，沿顶面的两边量取圆角半径，得切点。分别由切点作出它所在的边的垂线，交得圆心。由圆心和切点作圆弧。沿高度方向向下平移圆心一个板厚，便可画出底板底面上可见的圆弧轮廓线。沿 O_1Z_1 轴方向作出右前圆角在顶面和底面上的圆弧轮廓线的公切线，即得具有圆角底板的正等测。

③ 画矩形竖板。按平面图、立面图中所添加的双点画线，假定竖板为完整的矩形板，画出其正等轴测图，如图 4-11（c）所示。

④ 在竖板上端画半圆柱面。如图 4-11（d）所示，在矩形竖板的前表面上作出图 4-11（a）中所示的中心线，即过圆孔口中心作 O_1X_1、O_1Z_1 轴测轴方向的平行线，它们与完整的矩形竖板前表面的轮廓线有三个交点，过这三个点分别作所在边的垂线，三条垂线的两个交点即是圆弧的圆心。由此可分别画大弧与小弧。用向后平移这两个圆心一个板厚的方法，即可画出竖板后表面上的椭圆的大、小两个圆弧，作 O_1Y_1 方向的公切线，完成竖板上端半圆柱正等轴测图。

⑤ 画圆柱通孔。如图 4-11（e）所示，圆柱形通孔画法与画正垂圆柱相同，但要注意只画出竖板后表面上圆孔的可见部分。

⑥ 完成形体的正等轴测图底稿后，经校核和清理图面，加深诸可见轮廓线，完成全图，

如图 4-11 （f） 所示。

第三节 斜二轴测图

一、斜二轴测图的轴间角和轴向伸缩系数

绘制斜二测时，使轴测投影面平行于正立投影面，投影方向倾斜于轴测投影面，轴测轴 O_1X_1、O_1Z_1 分别与投影轴（坐标轴）OX、OZ 平行，轴间角 $\angle Z_1O_1X_1 = 90°$，轴间角 $\angle X_1O_1Y_1 = \angle Y_1O_1Z_1 = 135°$，斜二测有两个轴向伸缩系数相等，$p = r = 1$，$q = 0.5$，如图 4-12 （a） 为四棱柱的投影图，图 4-12 （b） 为斜二轴测图的轴间角和轴测轴的方向，图 4-12 （c） 是四棱柱的斜二轴测图。

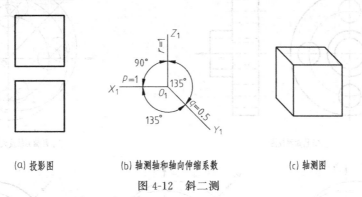

(a) 投影图　　　(b) 轴测轴和轴向伸缩系数　　　(c) 轴测图

图 4-12 斜二测

二、斜二轴测图的画法

斜二测的画图方法和步骤和正等轴测图的画法基本相同，不再赘述。由于斜二轴测图的轴测投影面与正立投影面 V 面平行，因此，凡平行于 XOZ 坐标面的平面在斜二轴测图中都反映实形，所以对于单方向形状比较复杂的形体，采用斜二测可使其作图过程简单易画。

【例 4-5】 画图 4-13 （a） 所示 V 形块的斜二测图。

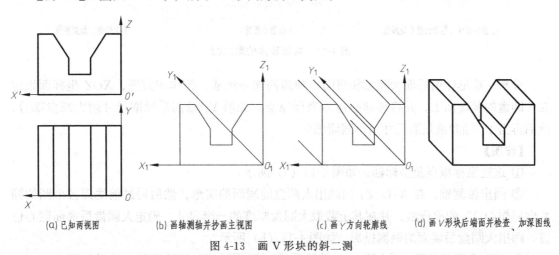

(a) 已知两视图　　(b) 画轴测轴并抄画主视图　　(c) 画 Y 方向轮廓线　　(d) 画 V 形块后端面并检查、加深图线

图 4-13 画 V 形块的斜二测

分析： 由图 4-13 （a） 可知，V 形块的各侧棱尺寸相同，为作图方便，将 XOZ 坐标面设定在 V 形块的前端面上，并以右下交点作为坐标原点。画斜二轴测图时，可先画出前端

面的实形，再作出可见的各侧棱及后端面的轴测投影。

【作图】

① 选定坐标原点及坐标轴，如图 4-13（a）所示。

② 画出轴测轴，在 $X_1O_1Z_1$ 内画出 V 形块前端面的实形，如图 4-13（b）所示。

③ 通过前端面各个顶点做 O_1Y_1 的平行线，并在其上截取 V 形块厚度的一半，如图 4-13（c）所示。

④ 画出后端面可见轮廓线。检查、加深图线，结果如图 4-13（d）所示。

【例 4-6】　画图 4-14（a）所示回转体的斜二测。

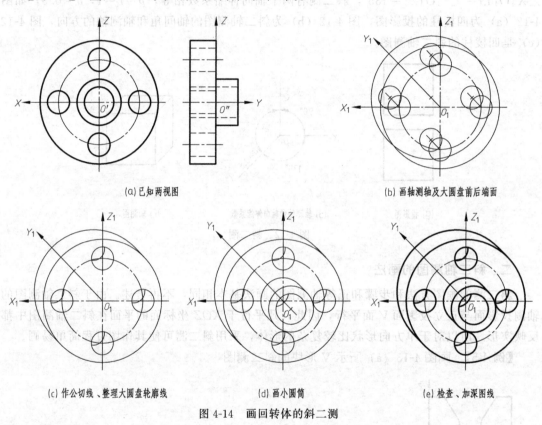

(a) 已知两视图　　　　　　　　　(b) 画轴测轴及大圆盘前后端面

(c) 作公切线、整理大圆盘轮廓线　　　(d) 画小圆筒　　　　(e) 检查、加深图线

图 4-14　画回转体的斜二测

分析：该形体由后面大圆盘和前面小圆筒两部分组成，为作图方便，XOZ 坐标面设定在大圆盘的前端面上，并将其圆心作为坐标原点。先沿 Y_1 轴向后量取尺寸画大圆盘部分，然后再沿 Y_1 轴向前量取尺寸画小圆筒部分。

【作图】

① 选定坐标原点及坐标轴，如图 4-14（a）所示。

② 画出轴测轴，在 $X_1O_1Z_1$ 内画出大圆盘前端面的实形，然后通过前端面各个圆的圆心向后作 O_1Y_1 的平行线，并在其上截取大圆盘厚度的一半尺寸，确定大圆盘后端面圆心位置，画出大圆盘后端面的轴测投影，如图 4-14（b）所示。

③ 画出大圆盘外圆的公切线，并擦除后端面不可见部分的轮廓线，结果如图 4-14（c）所示。

④ 在 $X_1O_1Z_1$ 内画出小圆筒后端面的实形，然后通过圆心向前作 O_1Y_1 的平行线，并

在其上截取小圆筒厚度的一半尺寸，确定小圆筒前端面圆心位置，画出小圆筒前端面的轴测投影。由于小圆筒的内孔通至大圆盘的后端面，因此，需将 $X_1O_1Z_1$ 内的小圆向后移至大圆盘的后端面上。作外圆的公切线，擦除不可见部分的轮廓线。如图 4-14（d）所示。

⑤ 整理轮廓线。检查、加深图线，结果如图 4-14（e）所示。

第四节　轴测草图的画法

在设计工作中草拟设计意图或在学习中作为读图的辅助手段，徒手绘制的轴测图就是轴测草图。徒手绘制草图其原理和过程与尺规作图一样，所不同的是不受条件限制，更具灵活快捷的特点，有很大的实用性。随着计算机技术的普及，徒手画图的应用将更加凸显。

一、绘制草图的几项基本技能

1. 轴测轴画法

正等轴测图的轴测轴 O_1X_1、O_1Y_1 与水平线成 $30°$ 角，可利用直角三角形两条直角边的长度比定出两端点，连成直线，见图 4-15（a）。斜二轴测图的 O_1Y_1 轴测轴与水平线成 $45°$，两直角边长度相等，画法如图 4-15（b）。通过将 1/4 圆弧二等分或三等分也可以画出 $45°$ 和 $30°$ 斜线，如图 4-15（c）所示。

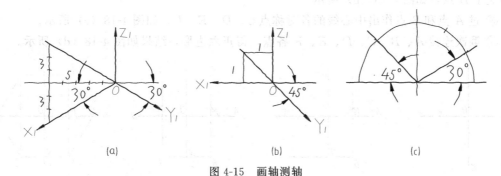

(a)　　　　　　　(b)　　　　　　　(c)

图 4-15　画轴测轴

2. 平面图形草图画法

（1）正三角形画法　徒手绘制正三角形的作图步骤如下。

① 已知三角形边长 AB，过中点 O 作 AB 边的垂直线，五等分 OA，在垂线上截取 3 个单位长，得 N 点，如图 4-16（a）所示。

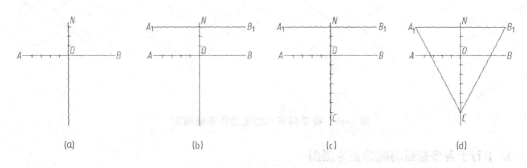

(a)　　　　　　(b)　　　　　　(c)　　　　　　(d)

图 4-16　徒手画正三角形

② 过 N 点画直线 A_1B_1 长度等于 AB，且与 AB 平行，见图 4-16（b）。

③ 在垂直线的另一边量取 6 个单位长，得 C 点，见图 4-16（c）。

④ 连接 A_1B_1C 作出正三角形，加深等边三角形的边线，结果如图 4-16（d）所示。

⑤ 按上述步骤在轴测轴上画出正三角形的正等测图，如图 4-17 所示。

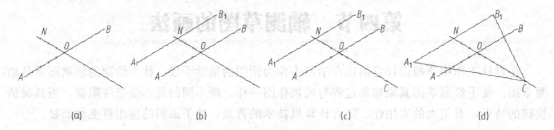

图 4-17　徒手画正三角形的正等轴测图

（2）正六边形画法　徒手绘制正六边形的作图步骤如下。

① 先作出水平和垂直中心线，如图 4-18（a）所示，根据已知的六边形边长截取 OA 和 OK，并分别六等分。

② 过 OK 上的 N 点（第五等分）和 OA 的中点 M（第三等分），分别作水平线和垂直线相交于 B 点，如图 4-18（b）所示。

③ 过 A 点和 B 点作出中心线的各对称点 C、D、E、F，如图 4-18（c）所示。

④ 顺次连接 A、B、C、D、E、F 各点，得正六边形，结果如图 4-18（d）所示。

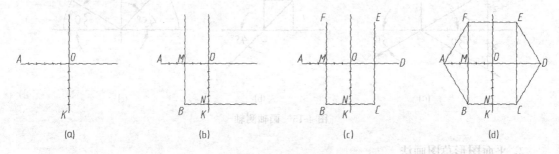

图 4-18　徒手画正六边形

⑤ 按上述步骤在轴测轴上画出正六边形的正等测图，如图 4-19 所示。

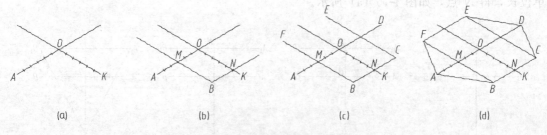

图 4-19　徒手画正六边形的正等轴测图

3. 平行于各坐标面的圆的正等测图

平行各坐标面的圆在正等轴测图中均为椭圆。画较小的椭圆时，根据已知圆的直径作菱形，得椭圆的 4 个切点，并顺势画四段圆弧，如图 4-20 所示。

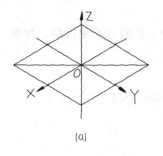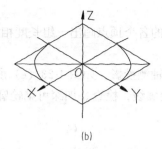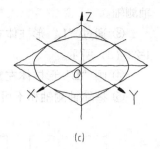

(a) (b) (c)

图 4-20 徒手画较小椭圆

画较大的椭圆时，按图 4-21 所示方法，先画出菱形，得椭圆的 4 个切点。然后四等分菱形的边线，并与对角相连，与椭圆的长短轴得到 4 个交点，连接 8 个点即为正等轴测椭圆的近似图形，结果如图 4-21（c）所示。

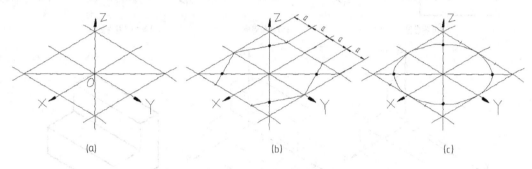

(a) (b) (c)

图 4-21 徒手画较大椭圆

4. 圆角的正等测草图

画圆角的正等测草图时，可先画外切于圆的尖角以帮助确定椭圆曲线的弯曲趋势，然后徒手画圆弧如图 4-22 所示。

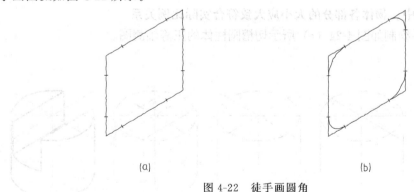

(a) (b)

图 4-22 徒手画圆角

二、绘制轴测草图的注意事项

1. 空间平行的线段应尽量画得平行

【例 4-7】 徒手绘制如图 4-23（a）所示"L"形柱体的正等轴测图。

【作图】

① 按图 4-15 所示画轴测轴的方法，画出轴测轴 X_1、Y_1、Z_1，如图 4-23（b）所示。

② 如图 4-23（c）所示画出"L"形柱体右侧面的轴测投影，边线分别平行于 Y_1、Z_1

轴测轴。

　　③ 通过"L"形柱体右侧面的各个顶点画出一组长度相等的 X_1 轴测轴的平行线，如图 4-23（d）所示。

　　④ 画"L"形柱体左侧面的轴测投影，如图 4-23（e）所示。

　　⑤ 擦除轴测轴和不可见的轮廓线，检查、加深可见轮廓线，如图 4-23（f）所示。

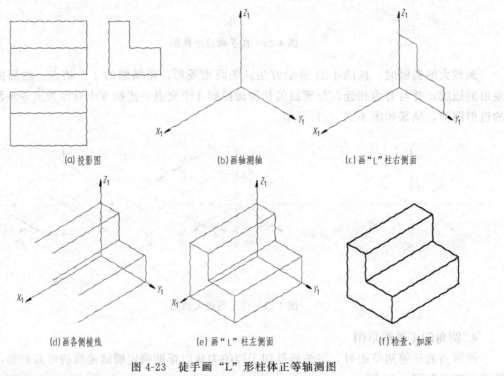

（a）投影图　　　　　　（b）画轴测轴　　　　　（c）画"L"柱右侧面

（d）画各侧棱线　　　　（e）画"L"柱左侧面　　　　（f）检查、加深

图 4-23　徒手画"L"形柱体正等轴测图

2. 在轴测草图中，物体各部分的大小应大致符合实际比例关系

【例 4-8】　徒手绘制如图 4-24（a）所示切槽圆柱体的正等轴测图。

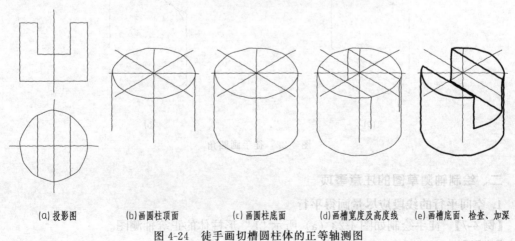

（a）投影图　　（b）画圆柱顶面　　（c）画圆柱底面　　（d）画槽宽度及高度线　　（e）画槽底面、检查、加深

图 4-24　徒手画切槽圆柱体的正等轴测图

　　分析：由投影图可知，圆柱体上切槽的宽度略小于其半径，槽的深度略大于圆柱体的高。圆柱体顶面在轴测投影中为椭圆，准确画出轴测椭圆的关键之一是确定椭圆的长短轴方

向；其二是画好同心圆的轴测投影。

【作图】

① 按图 4-21 所示方法画出圆柱体顶面的轴测投影，如图 4-24（b）所示。

② 量取圆柱体的高度尺寸，画出圆柱体底面可见部分的轮廓线，即与顶面椭圆的平行弧线，如图 4-24（c）所示。

③ 在顶面对称量取中间槽的宽度尺寸，约等于圆柱体半径，画出平行于 Y_1 轴的宽度线，通过宽度线与椭圆的交点沿 Z_1 轴画出槽的高度线，如图 4-24（d）所示。

④ 截取槽的高度尺寸，约等于圆柱体高度的一半，画槽底面可见的轮廓线，应对应与顶面轮廓线平行，最后检查、加深，如图 4-24（e）所示。

图 4-25 所示为徒手画榫头的作图步骤。

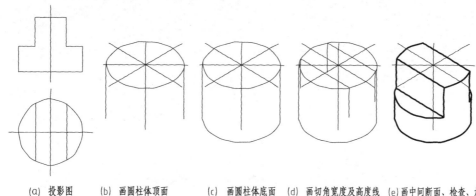

(a) 投影图　　　(b) 画圆柱体顶面　　　(c) 画圆柱体底面　　(d) 画切角宽度及高度线　(e) 画中间断面、检查、加深

图 4-25　徒手画榫头正等轴测图

本 章 小 结

在工程上常采用富有立体感的轴测图作为辅助图样来帮助说明物体的形状。常用的轴测图有正等轴测图和斜二轴测图。

1. 轴测投影的特性

（1）空间互相平行的线段，在轴测图中一定互相平行。与直角坐标轴平行的线段，其轴测投影必与相应的轴测轴平行。

（2）与轴测轴平行的线段，可按轴向伸缩系数进行度量。与轴测轴倾斜的线段，不能按轴向伸缩系数进行度量。

2. 轴测图的画法

（1）正等轴测图　　正等轴测图的轴间角均为 120°，其简化轴向伸缩 $p=q=r=1$。

（2）斜二轴测图　　斜二轴测图的轴间角 $\angle Z_1 O_1 X_1 = 90°$，轴间角 $\angle X_1 O_1 Y_1 = \angle Y_1 O_1 Z_1 = 135°$，斜二测有两个轴向伸缩系数相等，$p=r=1$，$q=0.5$。

3. 轴测图的选用

（1）正等轴测图作图较为简便，它适用于绘制各坐标面上都带有圆的物体。

（2）当物体一个方向的圆和孔较多时，采用斜二测图比较方便。

复习思考题

1. 轴测投影是怎样形成的？分析轴测投影与正投影的优缺点。

2. 轴测投影的特性是什么？

3. 什么是轴测轴？什么是轴向伸缩系数？

4. 正等轴测图与斜二轴测图有什么区别？分别适用于什么情况？

5. 画出正等轴测图和斜二轴测图的轴测轴，写出各轴向伸缩系数。

6. 在正等轴测图中，如何确定平行于坐标面的圆的轴测投影中椭圆的长短轴方向？

7. 试比较正等轴测图和斜二轴测图的优缺点。

8. 绘制轴测图的基本方法有哪些？

9. 简述画轴测图的步骤。

第五章 组 合 体

任何复杂的物体，从形体角度看，都可以看成是由一些基本体（柱、锥、球等）组成的。由两个或两个以上的基本体组成的物体称为组合体。

第一节 组合体的构成及形体分析

一、组合体的构成形式

组合体的构成形式可分为叠加型、切割型及既有叠加又有切割的混合型。

1. 叠加型组合体

由两个或两个以上的基本体按不同形式叠加（包括叠合、相交和相切）而成的组合体。如图 5-1（a）所示的组合体，是由圆台、圆柱及六棱柱三个基本体组成，圆柱左侧面与圆台右侧面重合，圆柱右侧面与六棱柱左侧面重合，如图 5-1（b）所示。

2. 切割型组合体

由一个立体切割掉若干个基本体而形成的组合体。如图 5-2 所示，基本体为圆柱，在其左侧中间位置切割去一个上下为弧面的四棱柱，在其右侧上、下对称各切割去一个弧形柱。

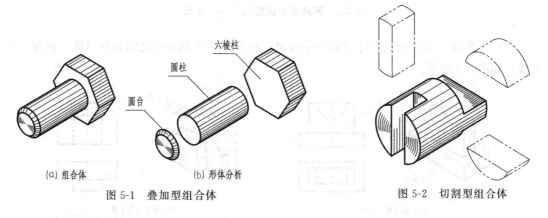

六棱柱
圆柱
圆台

(a) 组合体　　　　(b) 形体分析

图 5-1　叠加型组合体　　　　图 5-2　切割型组合体

3. 混合型组合体

形状比较复杂的形体，组合体的各个组成部分之间既有叠加又有切割特征的混合型组合体。如图 5-3 所示组合体，可看成由上部、中部、下部各一个基本体叠加而成。上部是一个铅垂圆柱体，中部是一个具有圆柱孔的拱形柱，在其上方切挖一个圆柱孔；下部是一个四棱柱。

二、形体分析与线面分析

在分析组合体的视图时，最常用的方法有如下两种。

（1）**形体分析法**　将组合体分解为若干个基本体，分析这些基本体的形状和它们的相对

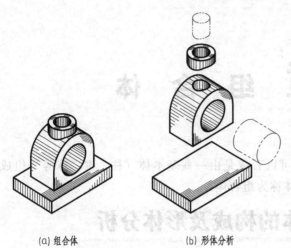

(a) 组合体　　　　　(b) 形体分析

图 5-3　混合型组合体

位置，并想象出组合体的完整形状，这种方法称为形体分析法，如图 5-1～图 5-3所示。

（2）线面分析法　应用线、面的投影规律，分析视图中的某些图线和线框，构思出它们的空间形状和相对位置，在此基础上归纳想象获得组合体的形状，这种方法称为线面分析法，如图 5-2、图 5-3所示。

三、组合体相邻表面之间的连接关系

1. 平行

（1）共面　当两个基本体表面平齐时，它们之间没有分界线，在视图上不应画线，如图 5-4 所示。

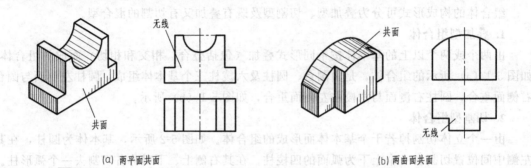

(a) 两平面共面　　　　　　　　　　(b) 两曲面共面

图 5-4　形体表面连接关系——共面

（2）不共面　当两个基本体表面不平齐时，视图中两个基本体之间有分界线，视图上应画线，如图 5-5 所示。

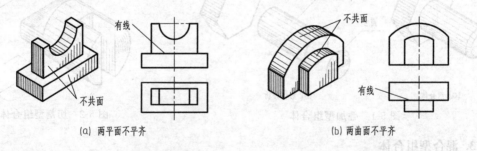

(a) 两平面不平齐　　　　　　　　　(b) 两曲面不平齐

图 5-5　形体表面连接关系——不共面

2. 相切

当两个基本体的连接表面（平面与曲面或曲面与曲面）光滑过渡时称相切。相切处没有分界线，如图 5-6 所示。

3. 相交

当两基本体相交，则在立体的表面产生交线，画图时应画出交线的投影，如图 5-7所示。

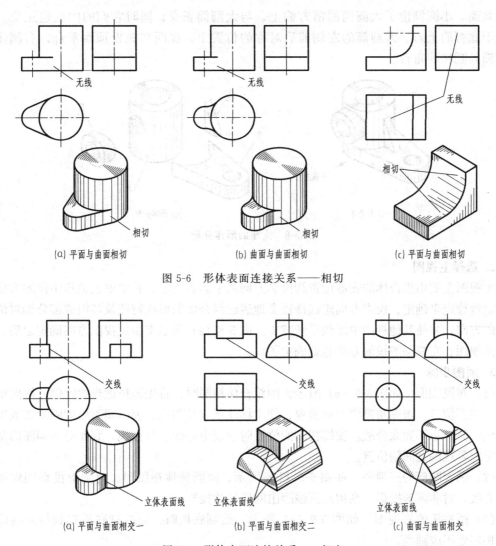

图 5-6 形体表面连接关系——相切

（a）平面与曲面相切 （b）曲面与曲面相切 （c）平面与曲面相切

图 5-7 形体表面连接关系——相交

（a）平面与曲面相交一 （b）平面与曲面相交二 （c）曲面与曲面相交

第二节　组合体三视图的画法

　　画组合体三视图时，首先要运用形体分析法，将组合体分解为若干个基本体，分析组成组合体的各个基本体的组合形式和相对位置，判断形体间相邻表面是否处于共面、相切或相交的关系，然后逐一绘制其三视图。必要时还要对组合体中投影面的垂直面或一般位置平面及其相邻表面关系进行线面分析。

一、以叠加为主的组合体三视图的绘图方法和步骤

　　【例 5-1】　绘制如图 5-8（a）所示支座的三视图。

1. 形体分析

　　图 5-8（a）所示支座是由直立大圆筒Ⅰ、底板Ⅱ、小圆筒Ⅲ及肋板Ⅳ四个基本体所组成，如图 5-8（b）所示。底板位于大筒的左侧，与大圆筒相切，底板的底面与大圆筒的

底面共面。小圆筒位于大圆筒的前方偏上，与大圆筒正交，同时它们的内孔也正交。肋板位于底板的上方、大圆筒的左侧前后对称的位置上，底面与底板顶面重合，右侧面与大圆筒外圆柱面重合。

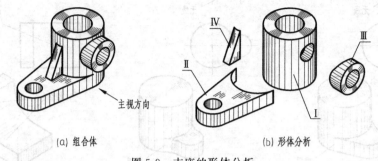

(a) 组合体　　　　　　　　　　　　　(b) 形体分析

图 5-8　支座的形体分析

2. 选择主视图

主视图主要由组合体的安放位置和投影方向两个因素决定。其中安放位置由作图方便与形体放置稳定来确定；投影方向应选择较多地表达组合体的形状特征及各组成部分相对位置关系的方向，并使其他视图中虚线尽量减少。图 5-8 (a) 所示支座主视图方向确定之后，相应的俯视图、左视图的投射方向也就确定了。

3. 画图步骤

(1) 布置图面　如图 5-9 (a) 所示，画组合体视图时，首先选择适当的比例，按图纸幅面布置视图位置。视图布置要匀称美观，便于标注尺寸及阅读，视图间不应间隔太密或集中于图纸一侧，也不要太分散。安排视图的位置时应以中心线、对称线、底面等为画图的基准线，定出各视图之间的位置。

(2) 画大圆筒的三视图　如图 5-9 (b) 所示，画回转体视图时，对圆形投影则应画出其中心线，对非圆形投影，则用点画线画出回转轴的投影。

(3) 画底板的三视图　如图 5-9 (c) 所示，绘制底板时，应注意底板右侧与大圆筒相切，相切处不应画线。

(4) 画小圆筒的三视图　如图 5-9 (d) 所示，大圆筒的外圆柱面与小圆筒的外圆柱面相交，生成外相贯线；大圆筒的内圆柱面与小圆筒的内圆柱面相交，生成内相贯线。可根据第三章介绍的正交圆柱体相贯线的近似画法，画出外、内相贯线的投影。注意，内相贯线为不可见，画图时应画成虚线。

由于小圆筒位于底板之上，因此在俯视图中底板被小圆筒遮挡部分应画成虚线。见图 5-9 (d) 中虚线。

(5) 画肋板的三视图　如图 5-9 (e) 所示，肋板前后表面与大圆柱面相交，其交线可由俯视图求出。肋板上斜面与圆柱面的交线是一段椭圆弧，可利用其共有性求出 A、B、C 三点的投影，光滑连接各点即为所求，结果如图 5-9 (d) 所示。

(6) 最后校核、修正，加深图线，如图 5-9 (f) 所示。

4. 注意事项

(1) 绘制组合体的各组成部分时，应将各基本体的三视图联系起来，同时作图，不仅能保证各基本体的三视图符合"长对正，高平齐，宽相等"的投影关系，而且能够提高画图速度。

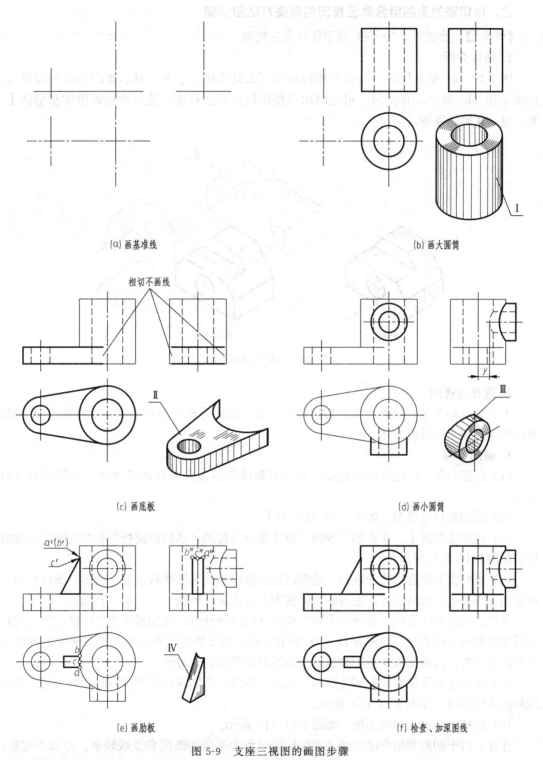

(a) 画基准线　　　　　　　　　　　　　　　(b) 画大圆筒

相切不画线

(c) 画底板　　　　　　　　　　　　　　　(d) 画小圆筒

(e) 画肋板　　　　　　　　　　　　　　　(f) 检查、加深图线

图 5-9　支座三视图的画图步骤

（2）在画基本体的三视图时，一般应先画反映形状特征的视图，而对于切口、槽、孔等被切割部分的表面，则应先从反映切割特征的投影画起。

（3）注意叠合、相切、相交时表面连接关系的画法。

二、以切割为主的组合体三视图的画图方法和步骤

【例 5-2】　绘制图 5-10（a）所示压块的三视图。

1. 形体分析

图 5-10（a）所示压块，是由四棱柱分别切去基本体Ⅰ、Ⅱ、Ⅲ、Ⅳ四个部分而形成，如图 5-10（b）所示。作图时，可先画出完整四棱柱的三视图，然后分别画出切割形体Ⅰ、Ⅱ、Ⅲ、Ⅳ后的视图。

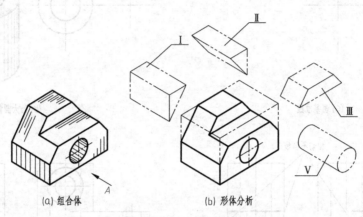

(a) 组合体　　　　　　　(b) 形体分析

图 5-10　压块的形体分析

2. 选择主视图

A 方向能较多地表达组合体的形状特征及各组成部分相对位置关系，选择箭头 A 所指方向作为主视图的投射方向。

3. 画图步骤

(1) 图面布置　以组合体的底面、左右对称线和后表面为作图基准线，如图 5-11（a）所示。

(2) 画四棱柱三视图　如图 5-11（b）所示。

(3) 画切去形体Ⅰ、Ⅱ后的三视图　应先画出主视图，然后画俯视图和左视图中交线的投影如图 5-11（c）所示。

(4) 画切去形体Ⅲ后的三视图　绘图时应先画出反映其形状特征的左视图，然后利用三视图的三等关系分别画出其在主视图和俯视图上的投影。如图 5-11（d）所示。

注意：切去形体Ⅲ后，应对组合体左侧面进行线面分析，以便视图交互印证，完成对复杂局部结构的正确表达。如图 5-11（d）所示右侧面是投影面的垂直面，该表面除主视图中具有积聚性外，俯视图和左视图都表现为与原形状类似的六边形。

(5) 画切去形体Ⅳ形成的圆柱孔的三视图　注意：绘制回转体的视图时，必须画出其轴线和圆的中心线。如图 5-11（e）所示。

(6) 校核、修正，加深图线　如图 5-11（f）所示。

注意：对于切割型组合体来说，在挖切的过程中形成的断面和交线较多，形体不完整。绘制切割型组合体三视图时，对需要在用形体分析法分析形体的基础上，根据线、面的空间性质和投影规律，分析形体的表面或表面间交线的投影。作图时，一般先画出组合体被切割前的原形，然后按切割顺序，画切割后形成的各个表面。注意应先画有积聚性的线、面的投影，然后再按投影规律画出其他投影。

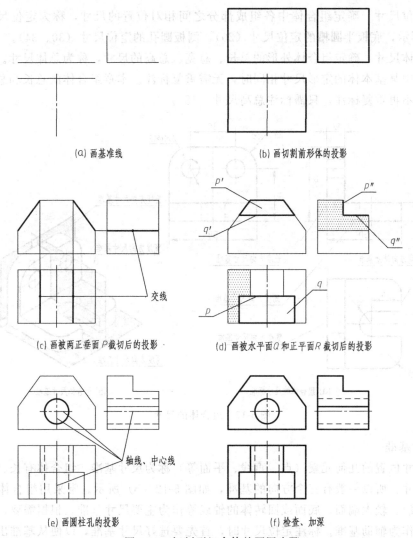

(a) 画基准线　　　　　　　　　　(b) 画切割前形体的投影

(c) 画被两正垂面 P 截切后的投影　　　(d) 画被水平面 Q 和正平面 R 截切后的投影

(e) 画圆柱孔的投影　　　　　　　　(f) 检查、加深

图 5-11　切割型组合体的画图步骤

第三节　组合体的尺寸标注

　　组合体的三视图只能表达物体的结构和形状，它的各组成部分的真实大小及相对位置，必须通过尺寸标注来确定。对组合体尺寸标注的基本要求如下。

　　(1) 正确　尺寸标注应符合制图标准中的相关规定（参见第一章）。

　　(2) 完整　标注的尺寸要完整，不遗漏，不重复。

　　(3) 清晰　尺寸的布置应清楚、整齐、匀称，便于查找和阅读。

一、尺寸的种类及尺寸基准

1. 尺寸的种类

　　(1) 定形尺寸　确定组合体中各组成部分形状大小的尺寸，称为定形尺寸。如图 5-12 (a) 所示，底板的长、宽、高尺寸（50、58、12），底板上半圆槽尺寸（R8），侧板的厚度尺寸（12），侧板上圆孔尺寸（2×ϕ12），各圆角尺寸（R10、R14）等。

（2）定位尺寸　确定组合体中各组成部分之间相对位置的尺寸，称为定位尺寸。如图5-12（a）所示，底板半圆槽的定位尺寸（20），侧板圆孔的定位尺寸（30、34）。

（3）总体尺寸　确定组合体外形的总长、总宽、总高的尺寸，称为总体尺寸。当总体尺寸与组合体中某基本体的定形尺寸相同时，无需重复标注。本章组合体的总长和总宽与底板相同，在此不再重复标注，只需标注总高尺寸（48）。

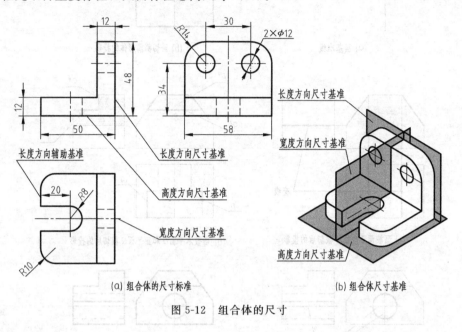

图 5-12　组合体的尺寸

2. 尺寸基准

确定尺寸位置的几何元素（点、直线、平面等）称为尺寸基准。组合体有长、宽、高三个方向的尺寸，所以一般有三个方向的基准，如图5-12（b）所示。常采用组合体的对称面（中心对称线）、较大端面、底面或回转体的轴线等作为主要尺寸基准，根据需要，还可选其他几何元素作为辅助基准。标注定位尺寸时，首先要选好尺寸基准，以便从基准出发确定各基本体之间的定位尺寸。

二、组合体的尺寸标注

1. 基本体的尺寸标注

标注基本体的尺寸，一般要注出长、宽、高三个方向的尺寸，常见的几种基本体的尺寸标注如图5-13所示。

图5-13中（a）、（b）、（c）、（d）为平面立体，其长、宽尺寸宜注写在能反映其底面实形的俯视图上。高度尺寸宜写在反映高度方向的主视图上。

图5-13中（e）、（f）、（g）、（h）为回转体，对于回转体，可在其非圆视图上注出直径方向（简称"径向"）尺寸"ϕ"，这样不仅可以减少一个方向的尺寸，而且还可以省略一个视图。球的尺寸应在直径或半径符号前加注球的符号"S"，即$S\phi$ 或SR，如图5-13（h）所示。

2. 常见底板的尺寸标注

常见形体的尺寸标注有其一定的标注形式和规律。图5-14所示是零件中常见的一些底板的尺寸标注形式。当遇到图中所示的底板时，应按图中所示的标注形式进行标注。

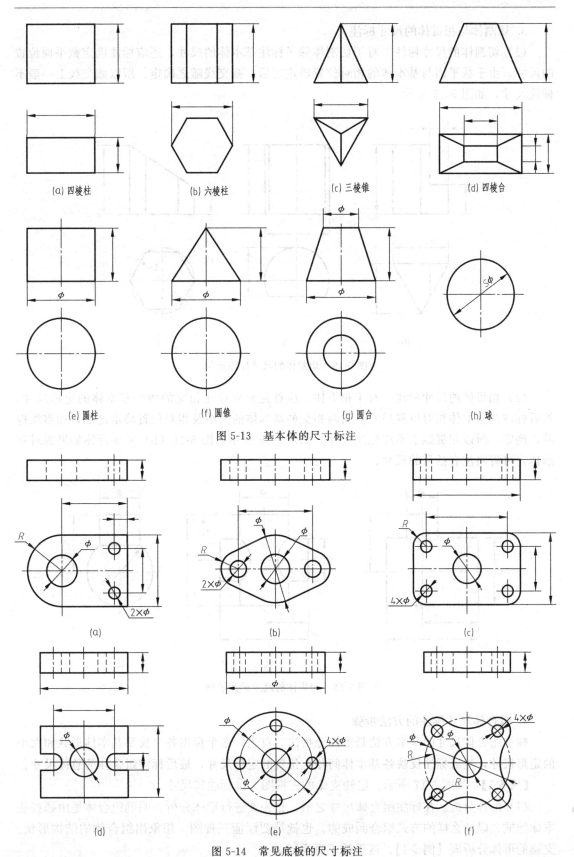

(a) 四棱柱   (b) 六棱柱   (c) 三棱锥   (d) 四棱台

(e) 圆柱   (f) 圆锥   (g) 圆台   (h) 球

图 5-13 基本体的尺寸标注

(a)   (b)   (c)

(d)   (e)   (f)

图 5-14 常见底板的尺寸标注

3. 切割体与相贯体的尺寸标注

（1）切割体的尺寸标注　对于切割体除了标注基本体的尺寸，还应标注确定截平面位置的尺寸。由于截平面与基本体的相对位置确定之后，截交线随之确定，所以截交线上一般不标注尺寸，如图 5-15 所示。

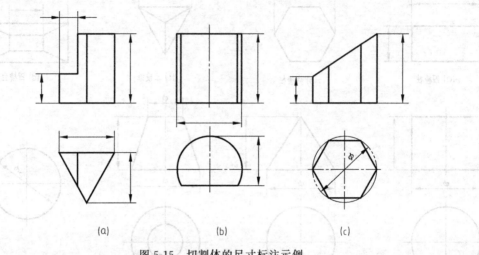

图 5-15　切割体的尺寸标注示例

（2）相贯体的尺寸标注　对于相贯体，应首先分别标注相交的两个基本体的定形尺寸，然后标注两基本体相对位置尺寸。当两相交的基本体的大小及相对位置确定之后，相贯线也随之确定，所以相贯线上不应标注尺寸，如图 5-16 所示。图 5-16（b）所示形体如果为对称形体，可省略注有括号的尺寸。

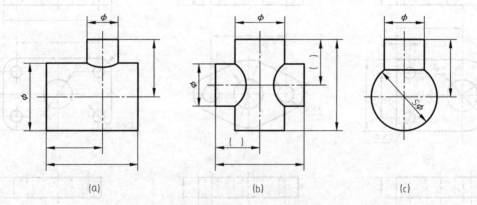

图 5-16　相贯体的尺寸标注示例

4. 组合体尺寸标注的方法步骤

标注组合体尺寸的基本方法是形体分析法。首先，逐个标出各个反映基本体形状和大小的定形尺寸，然后标注反映各基本体间相对位置的定位尺寸，最后标注组合体的总体尺寸。

【例 5-3】　如图 5-17 所示，已知支座的三视图，试标注其尺寸。

（1）形体分析。在标注组合体尺寸之前，首先要进行形体分析，明确组合体是由哪些基本体组成，以什么样的方式组合而成的，也就是要读懂三视图，想象出组合体的结构形状。支座的形体分析同【例 5-1】，这里就不再重复。

（2）选择尺寸基准。选用底板的底面为高度方向的尺寸基准；支座前后基本对称，选用基本对称面为宽度方向的尺寸基准；选用大圆筒和小圆筒轴线所在的平面可作为长度方向的尺寸基准，如图 5-17（a）所示。

（3）逐个标出组成支座各基本体的尺寸。

① 标注大圆筒的尺寸，如图 5-17（b）所示。

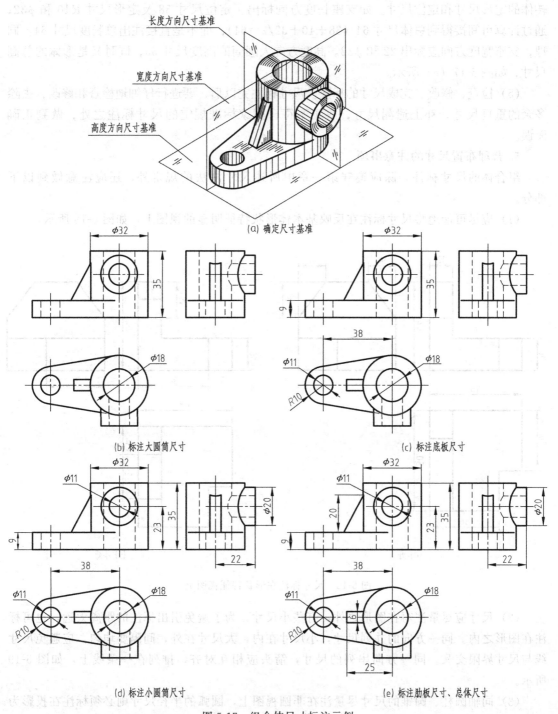

(a) 确定尺寸基准

(b) 标注大圆筒尺寸

(c) 标注底板尺寸

(d) 标注小圆筒尺寸

(e) 标注肋板尺寸、总体尺寸

图 5-17 组合体尺寸标注示例

② 标注底板的尺寸，如图 5-17（c）所示。

③ 标注小圆筒的尺寸，如图 5-17（d）所示。

④ 标注肋板的尺寸，如图 5-17（e）所示。

（4）标出组合体的总体尺寸，并进行必要的尺寸调整。一般应直接标出组合体长、宽、高三个方向的总体尺寸，但当在某个方向上组合体的一端或两端为回转体时，则应该标出回转体的定形尺寸和定位尺寸。如支座长度方向标出了定位尺寸 38 及定形尺寸 $R10$ 和 $\phi32$，通过计算可间接得到总体尺寸 64（38＋10＋32/2＝64），而不是直接注出总长度尺寸 64。同理，支座宽度方向应标出 22 和 $\phi32$。高度方向大圆筒的高度尺寸 35，同时又是形体的总高尺寸，如图 5-17（e）所示。

（5）检查、修改、完成尺寸的标注。尺寸标注完以后，要进行仔细地检查和修改，去除多余的重复尺寸，补上遗漏尺寸，改正不符合国家标准规定的尺寸标注之处，做到正确无误。

5. 合理布置尺寸的注意事项

组合体的尺寸标注，除应遵守第一章中所述尺寸注法的规定外，还应注意做到以下部分。

（1）应尽可能地将尺寸标注在反映基本体形状特征明显的视图上，如图 5-18 所示。

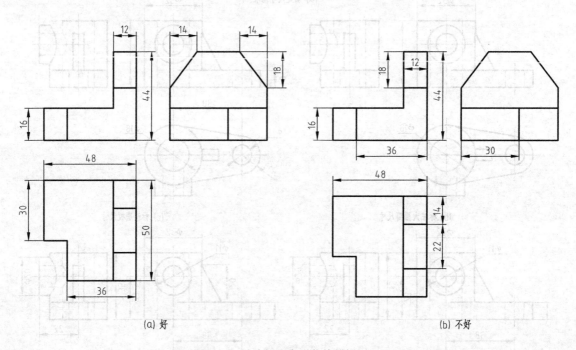

图 5-18　尺寸标注在形状特征视图上

（2）尺寸应尽量注写在图形之外，有些小尺寸，为了避免引出标注的距离太远，也可标注在图形之内。同一方向的并列尺寸，小尺寸在内，大尺寸在外，间隔要均匀，应避免尺寸线与尺寸界限交叉。同一方向串列的尺寸，箭头应相互对齐，排列在一条线上，如图 5-19所示。

（3）同轴圆柱、圆锥的尺寸尽量注在非圆视图上，圆弧的半径尺寸则必须标注在投影为圆弧的视图上，如图 5-20 所示。

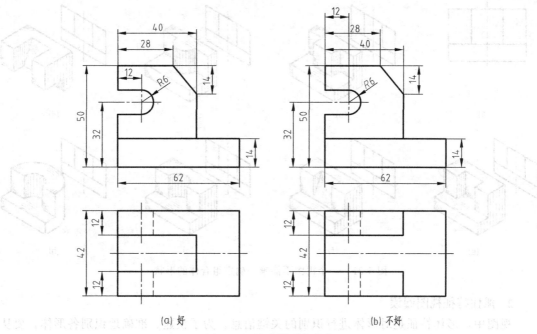

图 5-19 尺寸排列应整齐

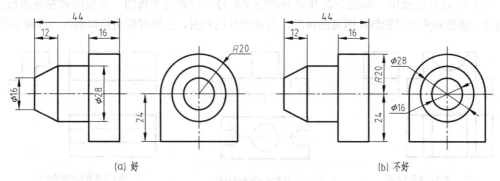

图 5-20 组合体上直径、半径尺寸的标注

第四节 组合体视图的识读

读图和画图是学习机械制图的两个主要内容。画图是将形体用正投影的方法表达在平面上，即实现空间到平面的转换；而读图则是根据视图想象出形体的空间形状，即实现平面到空间的转换。为了正确而迅速地读懂视图，想象出物体的空间形状，必须掌握读图的基本要领和基本方法，并通过反复实践，不断培养空间想象力，才能提高读图能力。

一、读图要点

1. 将几个视图联系起来读图

组合体的三视图中，每个视图只能表达物体长、宽、高三个方向中的两个方向，读图时，不能只看一个视图，要把各个视图按三等关系联系起来看图，切忌看了一个视图就下结论。如图 5-21 所示，各形体形状不相同，却具有完全相同的主视图。

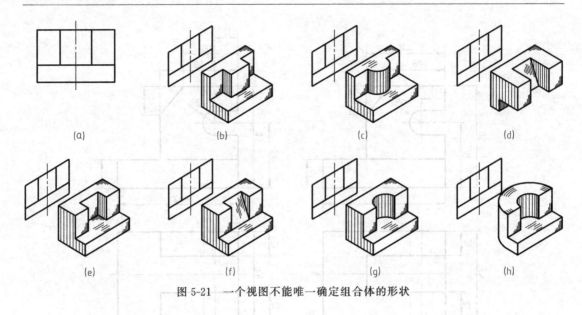

图 5-21　一个视图不能唯一确定组合体的形状

2. 抓住特征视图阅读

视图中，形体特征是对形体进行识别的关键信息。为了快速、准确地识别各形体，要从反映形体特征的视图入手，联系其他视图来看图。

（1）形状特征投影　如图 5-22 中所示的三个形体，分别是主视图、俯视图和左视图形状特征明显。读图时先看形状特征明显的视图，再对照其他视图，这样可较快地识别组合体的形状。

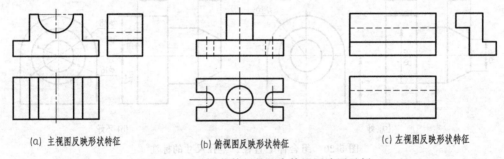

(a) 主视图反映形状特征　　　　(b) 俯视图反映形状特征　　　　(c) 左视图反映形状特征

图 5-22　反映形状特征的组合体视图读图示例

（2）位置特征投影　如图 5-23（a）所示，如只看组合体的主视图和俯视图，不能确定其唯一形状。如图 5-23（b）所示，是根据给出的主视图和俯视图画出的形状不同的两个左视图。若给出主视图和左视图，则根据主视图和左视图，就可以确定组合体的形状，其立体图如图 5-23（c）、图 5-23（d）所示。因此，主视图是反映形状特征的视图，而左视图是反映位置特征的视图。

3. 分析视图中的图线和线框

（1）视图中的每条图线和每个线框所代表的含义　视图是由图线及线框构成的，读图时要正确读懂每条图线和每个线框所代表的含义，如图 5-24 所示。

视图中的图线有下述几种含义：①表示投影有积聚性的平面或曲面；②表示两个面的交线；③表示回转体的转向轮廓素线。

视图中的线框有下述几种含义：①表示一个投影为实形或类似形的平面；②表示一个曲面；③表示一个平面立体或曲面立体；④表示某一形体上的一个孔洞或坑槽。

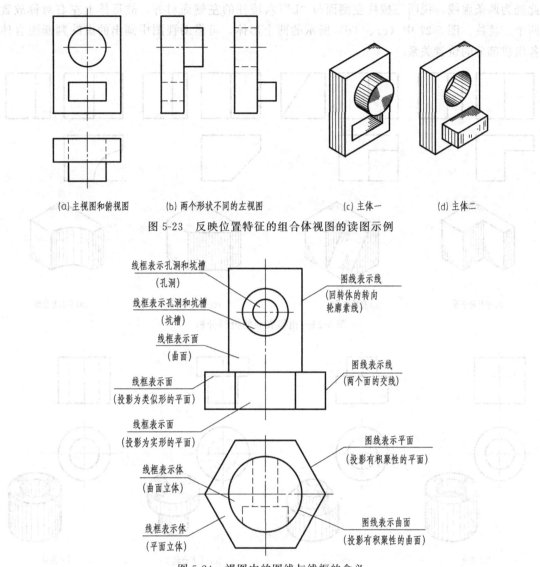

(a)主视图和俯视图　　(b)两个形状不同的左视图　　(c)主体一　　(d)主体二

图 5-23　反映位置特征的组合体视图的读图示例

图 5-24　视图中的图线与线框的含义

（2）分析视图中的线框，识别形体表面的相对位置关系

① 相邻的两个封闭线框，表示物体上两个面的投影。两个线框的公共边线，表示错位两个面之间的第三面的积聚投影，如图 5-25 中（a）、（b）所示，或者表示两个面的交线的投影如图 5-25 中（c）、（d）所示。由于不同的线框代表不同的面，相邻的线框可能表示平行的两个面，如图 5-25（a）所示。也可能是相交的两个面，如图 5-25（c）所示；或者是交错的两个面，如图 5-25（b）所示；也有可能分别是不相切的平面和曲面，如图 5-25（d）所示。

② 两个同心圆，一般情况下表示凸起、凹槽面，或通孔，如图 5-26 所示。

（3）视图中虚线的分析　虚线在视图中表示不可见的结构，通过虚线投影可确定几个表面的位置关系。如图 5-27 所示。图 5-27 中（a）、（b）所示两个组合体的主视图和俯视图完全相同，均为左右对称形体。图 5-27（a）的左视图内部的两条粗实线，表示三棱柱左侧面与"L"六棱柱的左侧面是错位的，故三棱柱放置在形体正中位置。图 5-27（b）的左视图在此处为两条虚线，说明三棱柱左侧面与"L"六棱柱的左侧面对齐，故形体上左右对称放置两个三棱柱。图 5-27 中（c）、（d）所示的两个形体，可借助视图中画出的虚线判断组合体各组成部分的位置关系。

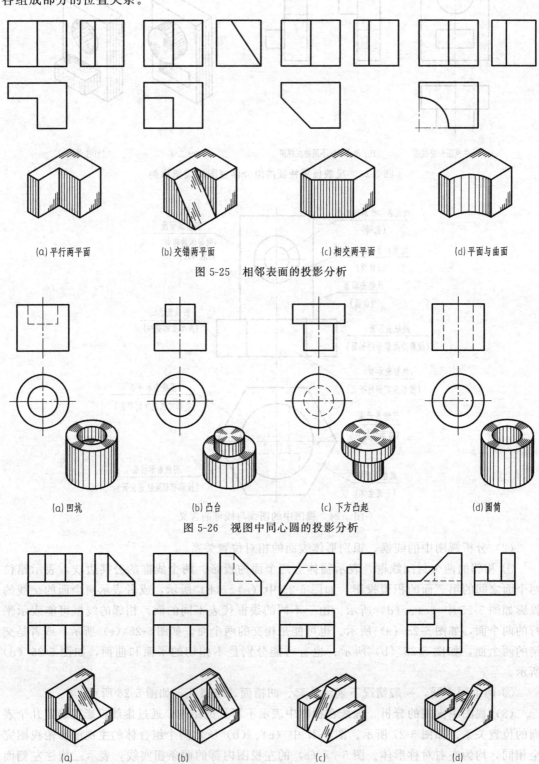

(a) 平行两平面　　　　(b) 交错两平面　　　　(c) 相交两平面　　　　(d) 平面与曲面

图 5-25　相邻表面的投影分析

(a) 凹坑　　　　(b) 凸台　　　　(c) 下方凸起　　　　(d) 圆筒

图 5-26　视图中同心圆的投影分析

(a)　　　　(b)　　　　(c)　　　　(d)

图 5-27　视图中虚线的投影分析

（4）分析面的形状，找出类似形投影 当基本体被投影面垂直面截切时，根据投影面垂直面的投影特性，断面在与截平面垂直的投影面上的投影积聚成直线，而在另两个与截平面倾斜的投影面上的投影则是类似形。如图 5-28 中（a）、（b）、（c）中，分别有"L"型铅垂面、"工"字型正垂面、"凹"字型侧垂面。在三视图中，断面除了在与其垂直的投影面上的投影积聚成一直线外，在其他两个视图中都是类似形。图 5-28（d）中平行四边形为一般位置面，其在三视图中的投影均为类似形。

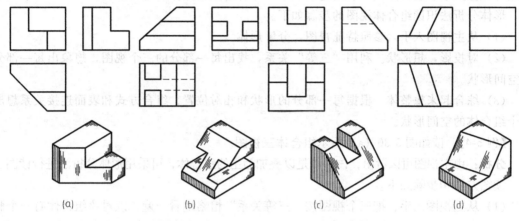

(a)　　　　　　(b)　　　　　　(c)　　　　　　(d)

图 5-28　倾斜于投影面的断面的投影分析

（5）注意画出切割体与相贯体中交线的投影 图 5-29 中（a）、（b）为切割体，图 5-29

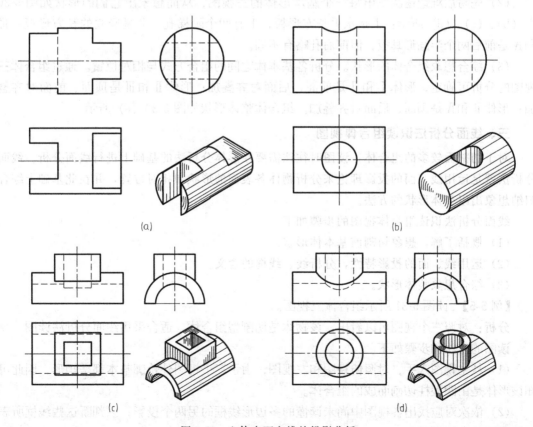

(a)　　　　　　　　　　　　(b)

(c)　　　　　　　　　　　　(d)

图 5-29　立体表面交线的投影分析

中（c）、（d）为相贯体，其表面交线的求作方法在第三章中已作详细介绍。一般在绘制组合体三视图时，均可采用简化画法作图。

二、形体分析法识读组合体视图

形体分析法是读图的基本方法。形体分析法是根据视图特点，把比较复杂的组合体视图，按线框分成几个部分，应用三视图的投影规律，逐个想象出它们的形状，再根据各部分的相对位置关系、组合方式、表面连接关系，综合想象出整体的结构形状。

形体分析法识读组合体视图的步骤如下。

（1）从主视图入手，参照特征视图，分解形体。

（2）对投影，想形状。利用"三等"关系，找出每一部分的三个视图，想象出每一部分的空间形状。

（3）综合起来想整体。根据每一部分的形状和相对位置、组合方式和表面连接关系想出整个组合体的空间形状。

【例5-4】 读如图5-30（a）所示组合体三视图。

分析： 由主视图可以看出，该形体是以叠加为主的组合体，可采用形体分析法进行读图。

读图方法和步骤如下。

（1）从主视图入手，把三个视图按"三等关系"粗略地看一遍，以对该组合体有一个概括的了解。以特征明显、容易划分的视图为基础，结合其他视图把组合体视图分解为Ⅰ、Ⅱ、Ⅲ、Ⅳ四个部分，如图5-30（a）所示。

（2）先易后难地逐次找出每一个基本形体的三视图，从而想象出它们的形状如图5-30中（b）、（c）、（d）所示：Ⅰ是水平长方形板，上有两个阶梯孔；Ⅱ是竖立的长方形板；Ⅲ和Ⅳ是前后两个半圆形耳板，但前后孔略有不同。

（3）综合想象组合体的形状。分析各基本体之间的组合方式与相对位置。通过组合体三视图的分析可确定，形体Ⅰ和Ⅱ是前面、后面对齐叠加；形体Ⅱ和Ⅲ是顶面、前面对齐叠加；形体Ⅱ和Ⅳ是顶面、后面对齐叠加。组合体整体形状如图5-30（e）所示。

三、线面分析法识读组合体视图

对于切割面较多的组合体，读图时往往需要在形体分析法的基础上进行线面分析。线面分析法就是运用线、面的投影理论来分析物体各表面的形状和相对位置，并在此基础上综合归纳想象出组合体形状的方法。

线面分析法识读组合体视图的步骤如下。

（1）概括了解，想象切割前基本体形状。

（2）运用线、面的投影特性，分析线、线框的含义。

（3）综合想象整体形状。

【例5-5】 读图5-31所示组合体三视图。

分析： 对照三个视图可以看出，该物体是切割型组合体，适合采用线面分析法读图。

读图的方法和步骤如下。

（1）从主视图入手，对照俯视图和左视图，由于三个视图外轮廓基本都是矩形，因此可知该形体是由四棱柱切割而成的组合体。

（2）依次对应找出各视图中尚未读懂的多边形线框的另两个投影，以判断这些线框所表示的表面的空间情况。

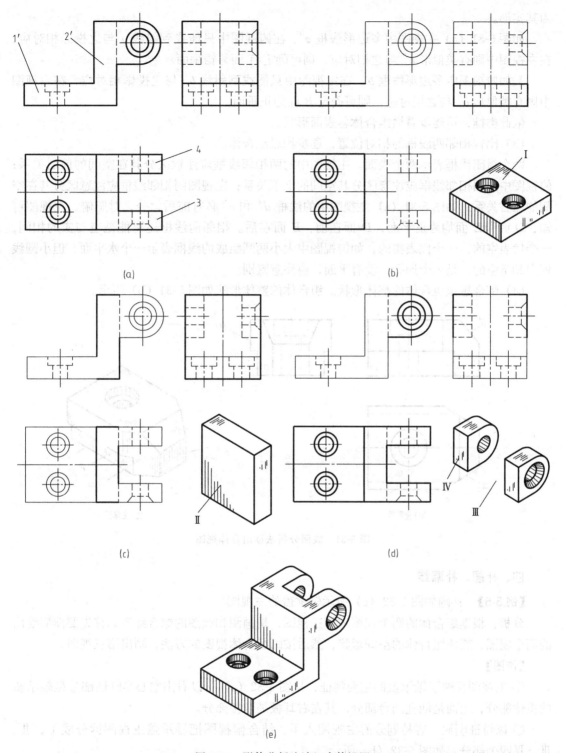

(a)

(b)

(c)

(d)

(e)

图 5-30 形体分析法读组合体视图

若一多边形线框在另两视图中投影均为类似形，则该面为投影面一般位置面；若一多边形线框在另两视图中，一投影积聚为斜线，另一投影为类似形，则该面为投影面垂直面；若一多边形线框在另两视图中，投影均积聚为直线，则该面为投影面平行面，此多边形线框即为其实形。

如图 5-31 (a) 主视图中多边形线框 a'，在俯视图中只能找到斜线 a 与之投影相对应，在左视图中则有类似形 a'' 与之相对应，则可确定 A 面为铅垂面。

又如俯视图中多边形线框 b，在主视图中只能找到斜线 b' 与之投影相对应，在左视图中则有类似形 b'' 与之相对应，则可确定 B 面为正垂面。

依此类推，可逐步看懂组合体各表面形状。

(3) 比较相邻两线框的相对位置，逐步构思组合体。

两个封闭线框表示两个表面。主视图中的两相邻线框应注意区分其在空间的前后关系；俯视图中的两相邻线框应注意区分其空间的上下关系；左视图两相邻线框应注意区分其在空间的左右关系。如图 5-31 (a) 主视图中的线框 d' 和 e' 必有前后之分，对照俯、左视图可知，D 面和 E 面均为正平面，D 面在前，E 面在后。相邻两线框还可能是空与实的相间，一个代表空的，一个代表实的，如俯视图中大小两圆组成的线框表示一个水平面，但小圆线框内却是空的，是一个通孔，没有平面，应注意鉴别。

(4) 综合想象组合体的整体形状。组合体的整体形状如图 5-31 (b) 所示。

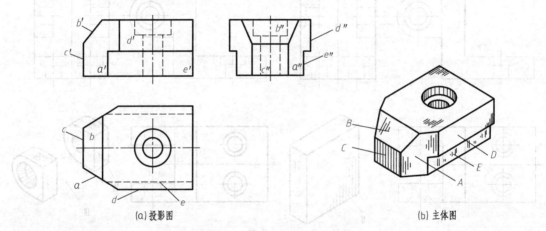

图 5-31 线面分析法读组合体视图

四、补图、补漏线

【例 5-6】 补画如图 5-32 (a) 所示轴承盖的左视图。

分析： 根据组合体的两个视图求第三视图，是画图和读图的综合练习。首先要读懂给出的两个视图，想象组合体的空间形状，然后按画组合体视图的方法，画出第三视图。

【作图】

① 主视图反映了轴承盖的主要特征，从图 5-32 (a) 可以看出空心半圆柱部分是轴承座的主体部分，上面是油孔凸台部分，其左右耳板是连接部分。

② 以特征明显、容易划分的主视图入手，结合俯视图把轴承盖主视图拆分成Ⅰ、Ⅱ、Ⅲ、Ⅳ四个部分，如图 5-32 (b) 所示。

③ 对照两个视图，想象出各组成部分的形状，依次补画其左视图，如图 5-32 中 (c)、(d)、(e) 所示。补画左视图时，应注意分析各基本体之间的组合方式与相对位置，明确表面的连接关系。如：形体Ⅱ、Ⅲ（左右耳板）相对形体Ⅰ（空心半圆柱）是前后，左右对称放置；形体Ⅳ（空心小圆柱体）在形体Ⅰ（空心半圆柱）的上方，与形体Ⅰ正交，应画出其

上外相贯线和内相贯线在左视图上的投影。

④ 检查、加深轮廓线。如图 5-32（f）所示。

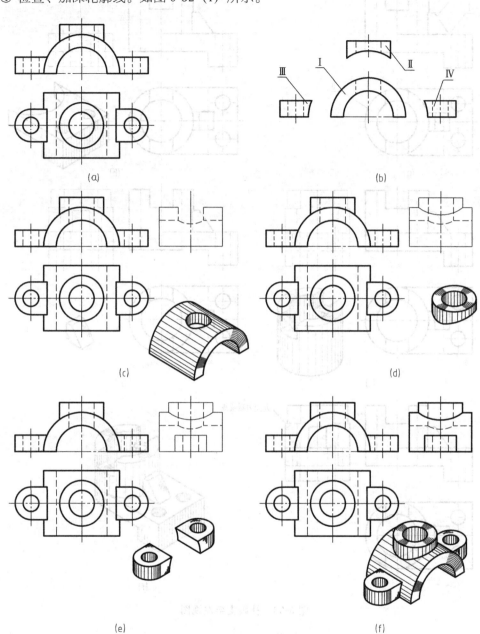

图 5-32 补画轴承盖左视图

【例 5-7】 补画图 5-33（a）所示支架左视图。

分析： 读图时应善于抓住反映各组成部分的特征投影，如图 5-33（a）所示，主视图中放倒的"L"形、直角梯形和俯视图中的同心圆，可以初步确定其基本体的形状分别为"L"形柱、梯形柱和圆筒，然后对照其他视图进一步确定其形状。

【作图】

① 根据支架的特征投影，将该形体拆分成Ⅰ、Ⅱ、Ⅲ三个部分，如图 5-33（a）所示。

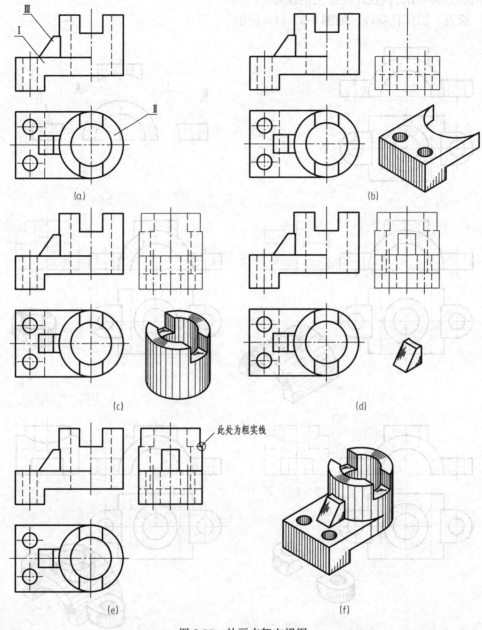

图 5-33 补画支架左视图

② 补画各组成部分的左视图，如图 5-33 中（b）、（c）、（d）所示。注意在形体Ⅱ上截交线的画法。

③ 检查、加深轮廓线，如图 5-33（e）所示。

组合体的整体结构，如图 5-33（f）所示。

【例 5-8】 已知组合体三视图如图 5-34（a）所示，补画其主视图和左视图中的漏线。

分析：补全组合体视图中漏画的图线是提高读图能力，检验读、画图效果常用的方法。将主、俯、左三个视图联系起来看，利用"三等"规律和形体分析法，找出视图中各线框对应的结构并想出空间立体形状，从而补全漏画的图线。

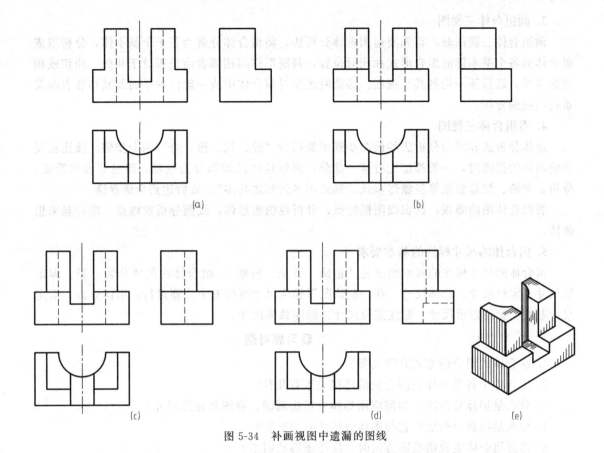

图 5-34　补画视图中遗漏的图线

（1）由三个视图中对应的矩形线框可知，该组合体是由四棱柱上下叠加而成，故主、左视图均漏画接合部分图线，补画结果如图 5-34（b）所示。

（2）由主视图中的两条虚线与俯视图中与其对应的半圆可知，在组合体后面挖掉一个轴线铅垂的半圆柱槽，需补画其左视图中漏画的图线，补画结果如图 5-34（c）所示。

（3）由主视图和俯视图中间对应的矩形线框可知，该处自前向后切掉一个矩形槽，并与半圆柱相交，左视图漏画其交线，补画结果如图 5-34（d）所示。

（4）构思组合体的整体结构，如图 5-34（e）所示。

本 章 小 结

组合体可看成是由一些简单的基本体如棱柱、棱锥、圆柱、圆锥、球等组合而成。

1. 组合体的组合方式

组合体的组合方式有叠加型、切割型和混合型三种；它们表面的连接方式有不共面、共面、相切和相交四种情况。

2. 用形体分析法和线面分析法

（1）形体分析法　将组合体分解为若干基本体，分析这些基本体的形状和它们的相对位置，并想象出组合体的完整形状，这种方法称为形体分析法。

（2）线面分析法　应用线、面的投影规律，分析视图中的某些图线和线框，构思出它们的空间形状和相对位置，在此基础上归纳想象获得组合体的形状，这种方法称为线面分析法。

3. 画组合体三视图

画组合体三视图时，首先要运用形体分析法，将组合体分解为若干个基本体，分析组成组合体的各个基本体的组合形式和相对位置，判断形体间相邻表面是否处于共面、相切或相交的关系，然后逐一绘制其三视图。必要时还要对组合体中或一般位置平面及其相邻表面关系进行线面分析。

4. 看组合体三视图

形体分析法和线面分析法的读图步骤可概括为"分、找、想、合"四个步骤。读比较复杂的物体的视图时，一般都是先看懂一部分，再以这些已知部分为基础，经过假设和验证、分析、判断、综合想象等步骤逐步从"知之不多到知之甚多"，最后达到全部看懂。

看组合体图的要领：认识视图抓特征，分析视图想形体，线面分析攻难点，综合起来想整体。

5. 组合体的尺寸标注的基本要求

组合体的尺寸标注的基本要求是"正确、齐全、清晰"。组合体的尺寸分为三类，即定形尺寸、定位尺寸、总体尺寸。在一般情况下标注尺寸可按五个步骤进行：形体分析、选定尺寸基准、标注定形尺寸、标注定位尺寸、标注总体尺寸。

复习思考题

1. 组合体的组合的方式有哪几类？
2. 组合体中各基本体表面之间的连接关系有几种？
3. 什么是形体分析法？如何应用形体分析法画图、看图和标注尺寸？
4. 什么是线面分析法？它与形体分析法有何区别？
5. 选择组合体主视图投影方向时，应考虑哪些因素？
6. 简述画组合体视图的方法和步骤。
7. 简述组合体三视图之间的位置关系、投影关系和方位关系。
8. 读组合体视图的基本要领是什么？
9. 标注组合体尺寸的基本要求是什么？组合体的尺寸分几类？
10. 什么叫尺寸基准？应该如何确定尺寸基准？
11. 简述根据组合体两个视图补画第三视图的步骤？
12. 补画组合体视图中遗漏的图线应考虑哪些问题？

第六章　机件的表达方法

在生产实践中，机件的形状和结构复杂多样，为了正确、完整、清晰地表达机件的内外结构和形状，国家标准《技术制图　图样画法》《机械制图　图样画法》及《技术制图　简化表示法》规定了各种表达方法。在绘制工程图样时，应选用适当的表达方法，用尽可能少的视图，将机件的内外结构和形状表达清楚。本章将介绍视图、剖视图、断面图、局部放大图以及规定画法和简化画法。

第一节　视　　图

视图是指根据有关标准和规定用正投影法所绘制出物体的图形，它包括剖视图、断面图等。但本节中，"视图"这一术语专指主要用于表达机件外部结构和形状的图形。包括基本视图、向视图、斜视图和局部视图。

一、基本视图

机件向基本投影面投影所得到的视图，称为基本视图。

为了表达形状比较复杂的机件，制图标准规定，以正六面体的六个面作为基本投影面，将机件置于六面体中间，分别向各投影面进行投射，得到六个基本视图，如图 6-1（a）所示。

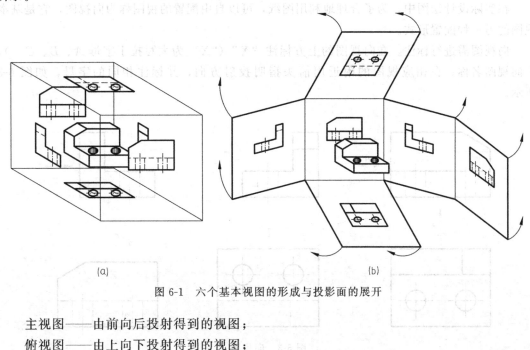

(a)　　　　　　　　　　　　　　(b)

图 6-1　六个基本视图的形成与投影面的展开

主视图——由前向后投射得到的视图；

俯视图——由上向下投射得到的视图；

左视图——由左向右投射得到的视图；

后视图——由后向前投射得到的视图；

仰视图——由下向上投射得到的视图；

右视图——由右向左投射得到的视图。

六个投影面展开时，规定正立投影面不动，其余各投影面按图 6-1（b）所示的方向，展开到与正立投影面在同一平面上。

在同一张图纸内，六个基本视图的配置关系如图 6-2 所示。此时，可不标注视图的名称。

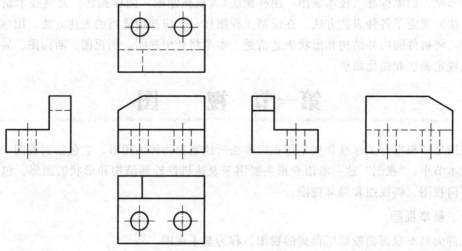

图 6-2　六个基本视图的配置

二、向视图

在实际设计绘图中，为了合理地利用图纸，可以自由配置的视图称为向视图，它是基本视图的另一种配置形式。

向视图需进行标注。在向视图的上方标注"X"（"X"为大写拉丁字母 A、B、C…），为向视图名称。在相应视图的附近用箭头指明投射方向，并标注相同的字母，如图 6-3 所示。

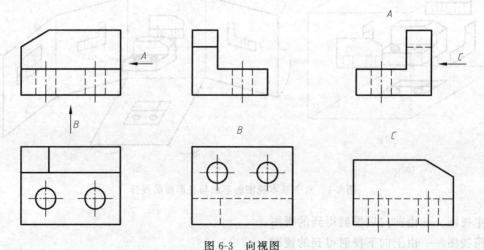

图 6-3　向视图

第一节 视图

三、局部视图和斜视图

1. 局部视图

当机件在平行于某基本投影面的方向上仅有局部结构形状需要表达，而又没有必要画出其完整的基本视图时，可将机件的局部结构形状向基本投影面投射，这样得到的视图，称为局部视图。如图 6-4 所示，机件的左右凸缘的形状在主视图中没有表达清楚，也没必要画出左视图和右视图。将左右凸缘向基本投影面投射，便得到"A"和"B"局部视图。

局部视图的画法和标注应符合如下规定。

（1）局部视图的断裂边界应以波浪线表示，如图 6-4（b）"A"局部视图。

（2）当表达的局部结构是完整的，且外轮廓线呈封闭时，波浪线省略不画，如图 6-4（b）中"B"局部视图。

（3）局部视图尽量配置在箭头所指的投射方向上，并画在有关视图附近，以便于看图，如图 6-4（b）中"A"局部视图。必要时也允许配置在其他位置，以便于布置图面，如图6-4（b）中"B"局部视图。

（4）画局部视图时，一般要在局部视图上方标注视图名称，如"A""B"等。在相应视图附近用箭头指明投射方向，并标注同样的字母。若局部视图按基本视图位置配置，中间又没有其他视图隔开时，可省略标注，如图 6-4（b）中"A"局部视图的标注就可以省略。

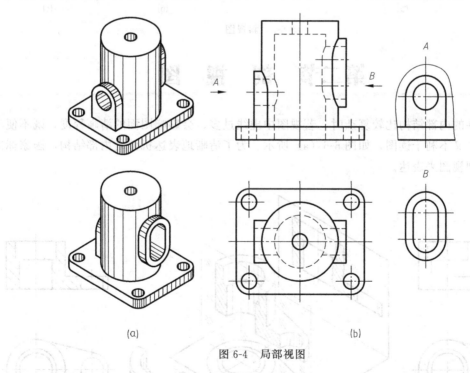

图 6-4　局部视图

2. 斜视图

当机件具有倾斜结构，如图 6-5（a）所示，该部分在基本投影面上既不反映实形，又不便于标注尺寸。为了表达倾斜部分的真实形状，设置一个与倾斜部分平行且与基本投影面垂直的新投影面（P 投影面），将该倾斜部分向新投影面进行投射，这样得到的视图，称为斜视图。如图 6-5（b）中的"A"视图。

斜视图的画法和标注应符合如下规定。

（1）斜视图只表达机件上倾斜结构的局部形状，而不需表达的部分不必画出，用波浪线表示断裂边界，如图 6-5（b）中的"A"视图。

（2）画斜视图时，必须在视图上方标注视图的名称"X"，在相应的视图附近用箭头指明投射方向，并标注上同样的字母。字母一律水平书写。

（3）斜视图一般按投影关系配置，如图 6-5（b）中"A"视图。必要时也可以配置在其他适当的位置，为了便于画图，允许将图形旋转放正，旋转配置的斜视图名称要加注旋转符号"⌒"或"⌒"，且旋转符号的箭头要靠近表示该视图名称的字母。旋转符号表示的旋转方向应与图形的旋转方向相同，如图 6-5（c）中的"A⌒"视图。

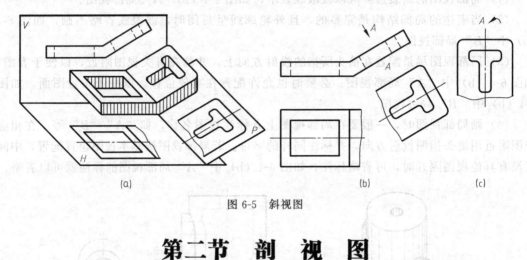

(a)   (b)   (c)

图 6-5 斜视图

第二节 剖 视 图

当机件的内部结构比较复杂时，若视图中虚线过多，会影响图面的清晰程度，既不便于标注尺寸，又不利于读图，如图 6-6（a）所示。为了清晰地表达机件的内部结构，国家标准规定采用剖视图来表达。

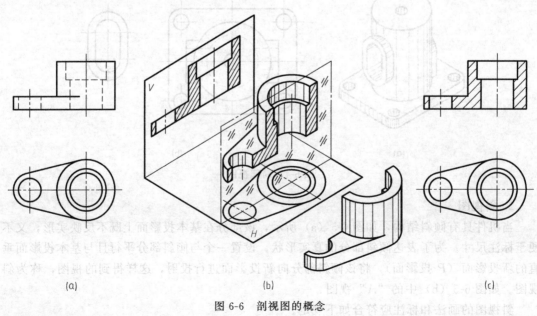

(a)   (b)   (c)

图 6-6 剖视图的概念

一、剖视图的概念

假想用剖切面（平面或柱面）在适当的位置剖开机件，将处于观察者和剖切面之间的部分移去，而将剩余部分向投影面进行投射所得到的图形，称为剖视图，简称剖视，如图 6-6 中（b）、（c）所示。

二、剖视图的画法

1. 剖视图的画法

（1）确定剖切平面的位置　为了表达机件内部的真实形状，剖切平面应平行于投影面并通过机件对称面或孔的轴线。

（2）画剖视图　剖切平面剖切到的机件断面轮廓和其后面的可见轮廓线，都用粗实线画出。不可见部分不能省略的轮廓画成虚线。

（3）画剖面符号　在剖切平面与机件接触面区域画出剖面符号。剖面符号与材料有关，表 6-1 是国家标准规定常用材料的图例。其中金属材料的剖面符号称为剖面线。剖面线一般应画成与主要轮廓线或剖面区域对称线成 45°的平行细实线。同一机件在各个视图中的剖面线间隔、角度及倾斜方向均应一致。特殊情况剖面线的角度可画成 30°或 60°。

表 6-1　常用材料、图例

材　料	图　例	材　料	图　例
金属材料（已有规定剖面符号除外）	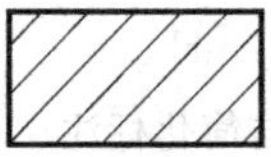	基础周围的泥土	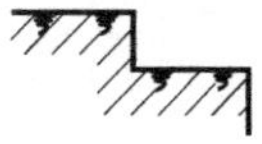
非金属材料（已有规定剖面符号除外）		混凝土	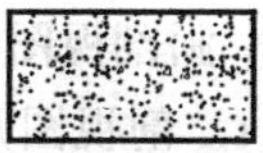
固体材料	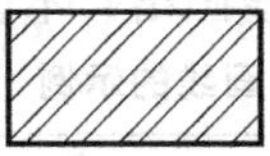	钢筋混凝土	
液体材料	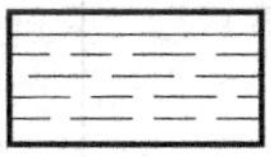	型砂、填砂、粉末冶金、砂轮、陶瓷刀片等	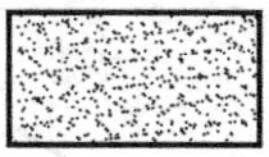
木质胶合板	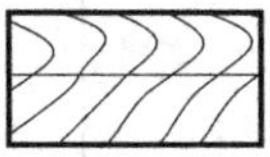	玻璃及其他透明材料	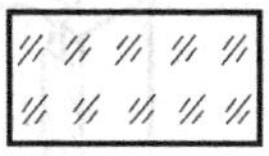
木材　纵剖面	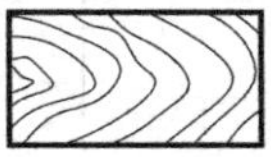	转子、电枢、变压器和电抗器等叠钢片	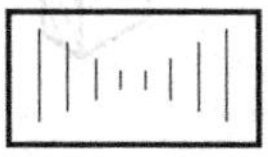
木材　横剖面		线圈绕组元件	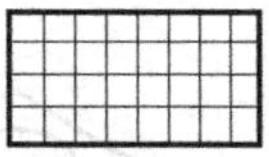

（4）剖视图的标注　为了便于看图，在画剖视图时，应标注剖切位置、投射方向和剖视图名称，如图 6-7（a）所示。

① 剖切符号　用以表示剖切面的位置。剖切符号长为 5~10mm 的粗短线，并尽量避免与图形轮廓线相交。

② 投射方向　在剖切符号的外侧用与其垂直的箭头，表示剖切后的投射方向。

③ 剖视图名称　在剖视图上方用大写拉丁字母标注剖视图的名称"X—X"。并在剖切符号的起止及转折处的外侧注写同样的字母。

④ 简化标注　用单一剖切平面通过机件的对称平面或基本对称平面，且剖视图按投射关系配置，而中间又没有其他视图隔开时，可省略标注，如图 6-7（b）所示。当剖切平面处图形不对称，剖视图按投影关系配置，而中间又没有其他视图隔开，可省略箭头，如图 6-7（c）所示。

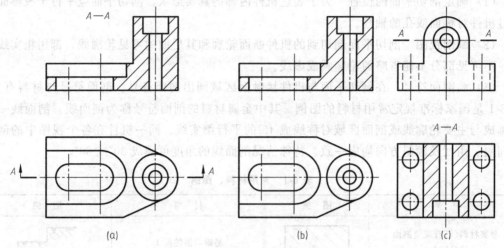

图 6-7　剖视图的标注与简化标注

2. 画剖视图应注意的问题

（1）剖视图是假想把机件剖切后画出的投影，其余未剖切视图仍按完整机件画出。

（2）在剖切面后的可见轮廓线，应全部用粗实线画出，不能遗漏，见表 6-2。

表 6-2　剖视图中容易漏画线的示例

轴测图	错　误	正　确

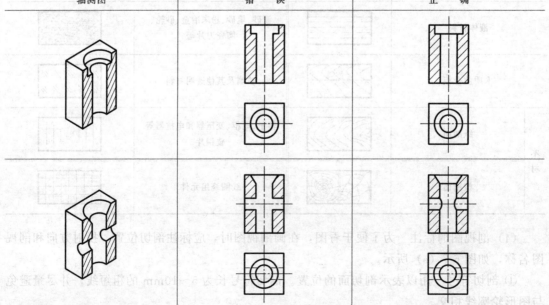

续表

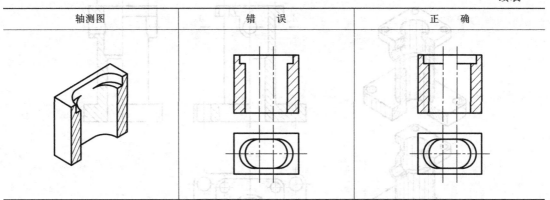

轴测图	错 误	正 确

（3）在剖视图中，一般应省略虚线，只有当机件形状没有表达清楚，尚可在视图中画出少量虚线。

三、剖视图的种类

剖视图按机件被剖切的范围可分为全剖视图、半剖视图和局部剖视图。

1. 全剖视图

用剖切面完全地剖开机件所得到的剖视图，称为全剖视图，如图 6-8 所示。

全剖视图适用于内部结构复杂而外形简单的机件。

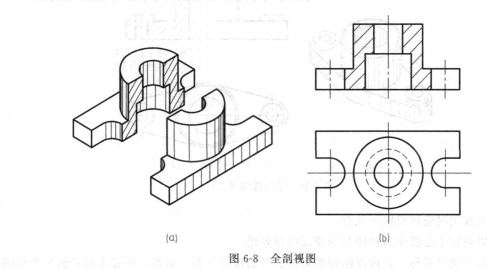

(a)   (b)

图 6-8 全剖视图

2. 半剖视图

当机件具有对称平面时，在垂直于机件对称平面的投影面上投射所得到的图形，以对称中心线（细点画线）为界，一半画成剖视以表达内部结构，另一半画成视图以表达外形，这种图形称为半剖视图，如图 6-9 所示。

半剖视图适用于内外结构都需要表达且具有对称平面的机件。如图 6-9（b）中的主、俯、左视图所示。

当机件形状接近对称［如图 6-10（a）所示］，且不对称部分已另有视图表达清楚时，也可画成半剖视图，如图 6-10（b）所示。

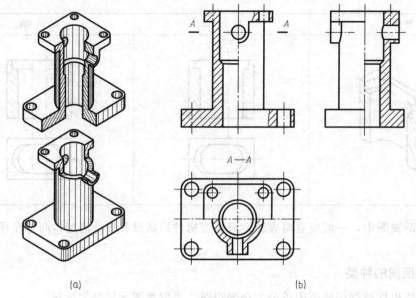

(a)   (b)

图 6-9 半剖视图（一）

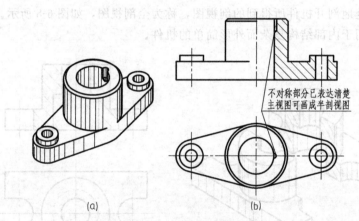

不对称部分已表达清楚
主视图可画成半剖视图

(a)   (b)

图 6-10 半剖视图（二）

画半剖视图时应注意以下几点。

（1）以对称中心线作为视图与剖视图的分界线。

（2）由于机件对称，其内部结构如果在剖开的视图中表达清楚，则在未剖开的半个视图中不再画细虚线。

3. 局部剖视图

用剖切面将机件局部地剖开，以波浪线（或双折线）为分界线，一部分画成视图以表达外形，其余部分画成剖视图以表达内部结构，这样所得到的剖视图，称为局部剖视图，如图 6-11 所示。

局部剖视图主要用于以下几种情况。

（1）机件上只有局部的内部结构形状需要表达，而不必画成全剖视图。

（2）机件具有对称面，但不宜采用半剖视图表达内部形状。

（3）不对称机件的内、外形状都需表达。

对称平面的外形或内部结构上有轮廓线时，不能画成半剖视图，只能用局部剖视图表达，如图 6-12 所示。

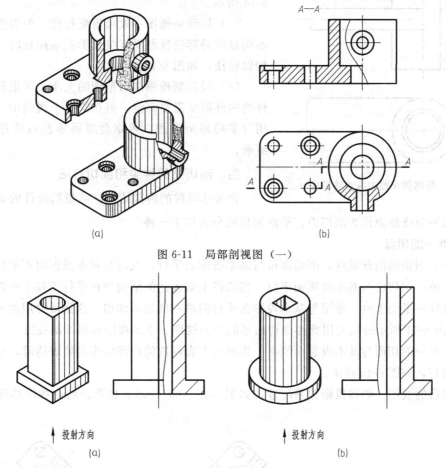

图 6-11 局部剖视图 （一）

图 6-12 局部剖视图 （二）

局部剖视图中，剖视图部分与视图部分之间应以波浪线为界，波浪线表示机件断裂处的边界线。

画局部剖视图时应注意以下几点。

（1）波浪线不能超出图形轮廓线，波浪线不应穿空而过，波浪线不应与其他图线重合，也不要画在其他图线的延长线上，如图 6-13 所示。

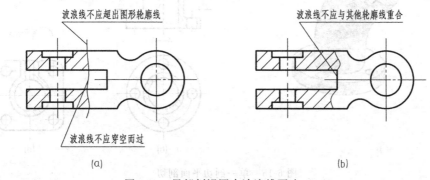

图 6-13 局部剖视图中波浪线画法 （一）

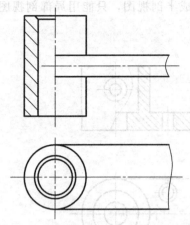

图 6-14 局部剖视图中波浪线画法（二）

（2）当被剖切的局部结构为回转体时，允许以该结构的中心线作为局部剖视图与视图的分界线，如图 6-14 所示。

（3）局部剖视图一般可省略标注，但当剖切位置不明显或局部剖视图没有按投影关系配置时，则必须加以标注，如图 6-11 所示。

（4）局部剖视图剖切范围的大小，可根据表达机件的内外形状需要而定。但在同一个视图中，不宜采用过多局部剖视图，否则会显得零乱以致影响图形清晰。

四、剖切面的种类和剖切方法

为表达机件的内部结构，可根据机件的结构与特点，选用平面或曲面作为剖切面。平面剖切面分为以下三种。

1. 单一剖切面

用一个剖切面剖开机件。剖切面可与基本投影面平行，也可与基本投影面不平行。

（1）单一剖切面与基本投影面平行　当机件上需表达的结构均在平行于基本投影面的同一轴线或同一平面上时，常用与基本投影面平行的单一剖切面剖切，这是最常用的画法。如图 6-8～图 6-11 所示分别为用此类剖切面画的全剖视图、半剖视图和局部剖视图。

（2）单一剖切面与基本投影面倾斜　当机件上有倾斜的内部结构需要表达时，常用此类剖切面剖切，如图 6-15 所示。

剖切后的视图一般按投影关系配置，如图 6-15（b）所示。也可以将剖视图移至其他适

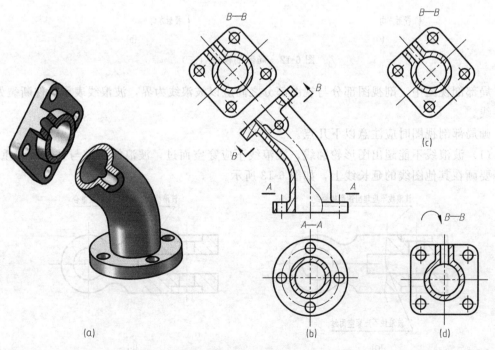

图 6-15 单一剖切平面剖切

当位置，如图 6-15（c）所示。有时为了绘图简便，允许把剖视图旋转摆正画出，此时还应加注旋转符号"⌒"或"⌢"，如图 6-15（d）中"⌒B-B"所示。

用此剖切面剖切必须标注剖切平面位置、投射方向及视图名称。

2. 几个平行剖切平面

用两个或多个平行的剖切平面剖开机件。当机件需表达的结构层次较多，且又相互平行时，常用此类剖切面剖切，如图 6-16 所示。

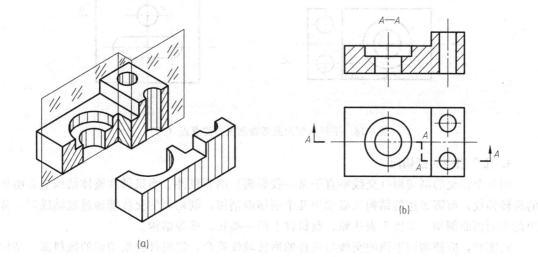

图 6-16 两平行剖切平面剖切

画剖视图时，在剖切平面起讫和转折处应标注剖切符号、表示投射方向的箭头，并在剖视图的上方注明剖视图的名称，并应注意以下几点。

（1）不应画出剖切平面转折处的分界面的投影，如图 6-17（a）所示。

（2）剖切面的转折处不应与图中的轮廓线重合，如图 6-17（b）所示。

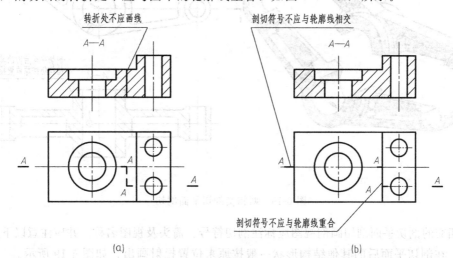

图 6-17 平行剖切面剖切画剖视图注意点（一）

（3）在图形内不应出现不完整的要素，如图 6-18（a）所示。只有当两个要素在图形上具有公共对称中心线时，才可以出现不完整要素。这时，应以对称中心线或轴线为界，各画一半，如图 6-18（b）所示。

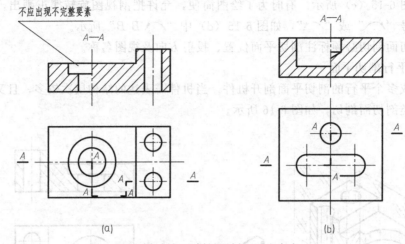

图 6-18　平行剖切面剖切画剖视图注意点（二）

3. 几个相交的剖切面

用几个相交的剖切面（交线垂直于某一投影面）剖开机件。当机件在整体结构上有明显的旋转轴线，而需表达的结构又必须用几个剖切面剖切，剖切面的交线能通过这轴线时，常用此类剖切面剖切。如用于表达轮、盘机件上的一些孔、槽等结构。

画图时，应使剖切平面的交线与机件的回转轴线重合，将机件被剖切到的倾斜部分结构旋转到与选定的投影面平行，再进行投射画图，如图 6-19 所示。

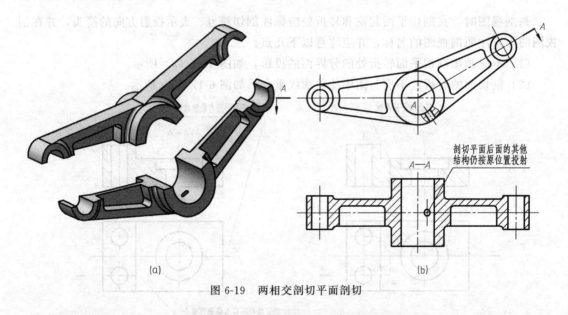

图 6-19　两相交剖切平面剖切

用相交的剖切平面剖切画剖视图应标注剖切符号、箭头及视图名称。并应注意以下几点。

（1）在剖切平面后的其他结构形状一般按原来位置投射画出，如图 6-19 所示。

（2）当两相交剖切平面剖到机件上的结构出现不完整要素时，这部分结构按不剖来画出，如图 6-20 所示。

图 6-21、图 6-22 均为采用多个相交的剖切面剖切画出的全剖视图，图 6-22 中的剖视图采用了展开画法。

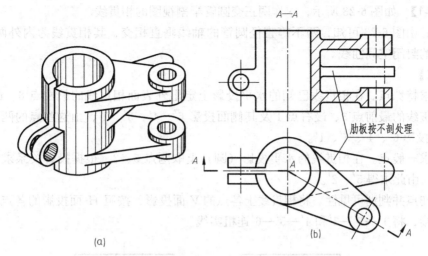

(a)

(b)

肋板按不剖处理

图 6-20 两相交剖切平面画剖视图注意点

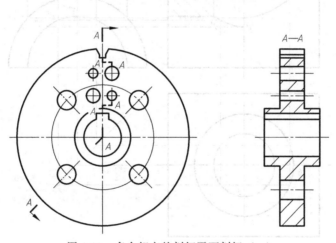

A—A

图 6-21 多个相交的剖切平面剖切（一）

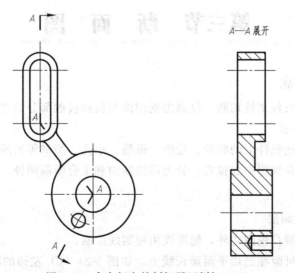

A—A展开

图 6-22 多个相交的剖切平面剖切（二）

【例 6-1】 如图 6-23 所示，求作两正交圆管半剖视图的相贯线。

分析： 由图 6-23 可知，两不等直径圆管的轴线垂直相交，其相贯线为内外两条前后、左右对称的封闭空间曲线。

【作图】

（1）求特殊点。在相贯线已知的水平投影上定出外表面相贯线的最左点 6、最前点 4，内表面相贯线的最前点 3、最右点 1 及其侧面投影 6′、4′、3′、1′，由这些点的两面投影求出其 V 面投影 6′、4′、3′、1′。

（2）求一般点。在相贯线的水平投影（圆）上取两点 5、2，根据投影关系求得侧面投影 5′、2′，由此求得 5′、2′。

（3）连点并判别可见性。将相贯线上各点的 V 面投影，按照 H 面投影的各点的排列顺序依次连接，将 1′—2′—3′和 4′—5′—6′连粗实线。

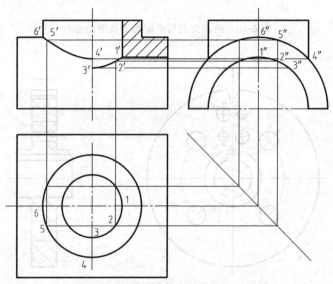

图 6-23 空心圆柱与半空心圆柱相贯

第三节 断 面 图

一、断面图的概念

假想用剖切面将机件某处切断，仅画出剖切面与机件接触部分的图形，称为断面图，简称断面，如图 6-24 所示。

断面图常用于表达机件上的肋板、轮辐、键槽、小孔、型材等的断面形状。

根据断面图配置在视图中的位置，分为移出断面和重合断面两种。

二、移出断面图

1. 移出断面图的画法

（1）移出断面图画在视图之外，轮廓线用粗实线绘制。

（2）移出断面图可画在剖切平面延长线上，如图 6-24（b）左边的断面图所示；可画在基本视图的位置，如图 6-24（b）中"B—B"所示；可画在视图中间断开处，如图 6-25

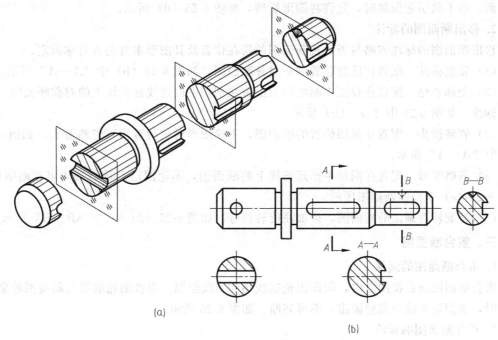

图 6-24　断面图的概念

（a）所示；以及其他适当位置上，如图 6-24（b）中 "$A—A$" 所示。

（3）当剖切平面通过回转面形成的孔或凹坑的轴线时，断面图中的这些结构按剖视图画出，如图 6-25（c）所示。

（4）由两个或多个剖切平面剖切机件得到的移出断面图，中间一般应断开绘制，如图 6-25（b）所示。

（5）当剖切平面通过非圆孔，会导致出现完全分离的两个断面时，则这些结构应按剖视

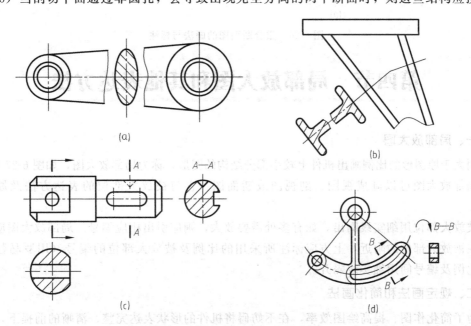

图 6-25　移出断面图的画法与标注

图绘制，在不致引起误解时，允许将图形旋转，如图 6-25（d）所示。

2. 移出断面图的标注

移出断面图的标注省略与否，视断面图的所在位置及其图形本身是否对称而定。

（1）完整标注　配置在任意位置的不对称断面图，如图 6-24（b）中"*A—A*"所示。

（2）全部省略　配置在视图中断处以及配置在剖切平面迹线延长线上的对称断面图，均不必标注，如图 6-25 中（a）、（b）所示。

（3）省略箭头　配置在视图位置的断面图，不论图形对称与否均可省略箭头，如图6-25（c）中"*A—A*"所示。

（4）省略字母　配置在剖切平面延长线上的断面图，不论图形对称与否均可省略字母，如图 6-25（c）下面的断面图所示。

（5）经旋转后画出的断面图，须加注旋转符号，如图 6-25（d）中"⌒*B—B*"所示。

三、重合断面图

1. 重合断面图的画法

重合断面图画在视图之内，断面图轮廓线用细实线绘制。当视图轮廓线与断面图轮廓线重叠时，视图轮廓线应完整画出，不可间断。如图 6-26 所示。

2. 重合断面图的标注

重合断面图图形对称时省略标注，如图 6-26（a）所示。图形不对称时可省略字母，如图 6-26（b）所示。

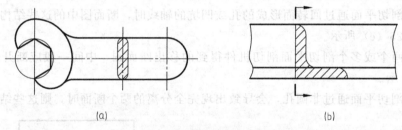

（a）　　　　　　　　　　　　　　　　　（b）

图 6-26　重合断面图的画法与标注

第四节　局部放大图和其他表达方法

一、局部放大图

用大于原图形的比例画出机件上较小部分结构的图形，称为局部放大图，如图 6-27 所示。

局部放大图可以画成视图、剖视图或断面图，它与被放大部位的表达方法及原比例无关。

被放大部位用细实线圈出，如有多处需要放大，则应引出相应编号。局部放大图应尽量配置在被放大部位的附近，上方应标注所采用的比例及被放大部位的编号（用罗马数字表示）比例及编号间用细实线隔开。

二、规定画法和简化画法

为了简化作图、提高绘图效率，在不妨碍将机件的形状表达完整、清晰的前提下，对机件的某些结构在图形表达上进行简化。现将一些常用的规定画法和简化画法介绍如下。

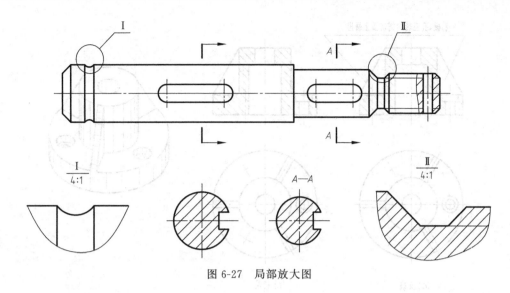

图 6-27　局部放大图

1. 肋、轮辐及薄壁的画法

对于机件上的肋、轮辐及薄壁等如按纵向剖切，这些结构都不画剖面符号，可用粗实线将它与邻接部分分开，如图 6-28 所示。

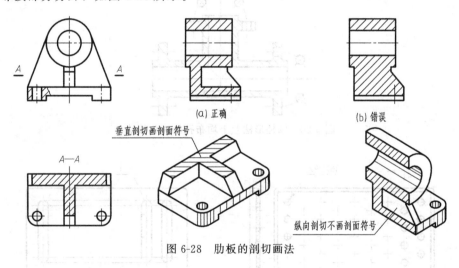

图 6-28　肋板的剖切画法

2. 均匀分布的肋板和孔的画法

当机件回转体上均匀分布的孔、肋和轮辐等结构不处于剖切平面上时，可将这些结构旋转到剖切平面上画出，如图 6-29 所示。圆柱形法兰盘上均匀分布的孔可按图 6-30 绘制。

3. 相同结构要素的画法

当机件上有相同的结构要素（如孔、槽等），并按一定规律分布时，只需画出几个完整的结构，其余的可用细实线连接，或用点画线表示其中心位置，并在图中注明其总数，如图 6-31 所示。

4. 断开画法

较长的机件（如轴、杆、型材等）沿长度方向的形状相同或按一定规律变化时，可断开后缩短绘制，断开后的结构应按实际长度标注尺寸。断裂边界用波浪线、细双点画线或双折线绘制，如图 6-32 所示。

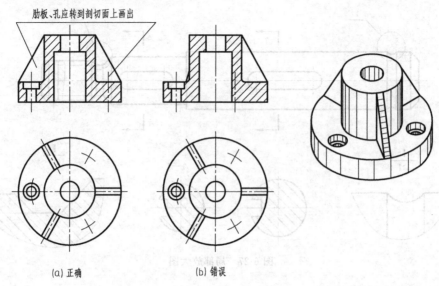

肋板、孔应转到剖切面上画出

(a) 正确　　　(b) 错误

图 6-29　均布肋板、孔的剖切画法

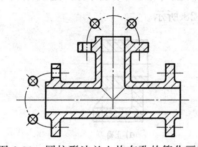

图 6-30　圆柱形法兰上均布孔的简化画法

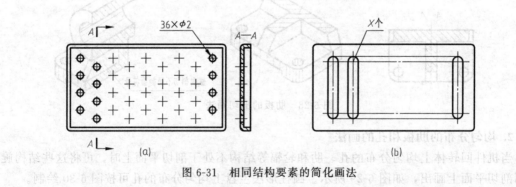

图 6-31　相同结构要素的简化画法

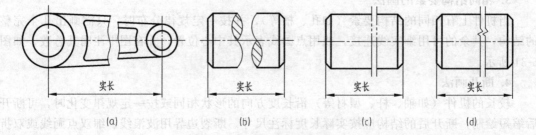

图 6-32　较长机件断开画法

5. 较小结构的画法

（1）回转体上的孔、键槽等较小结构产生的表面交线，其画法允许简化成直线，但必须有一个视图能表达清楚这些结构的形状，如图 6-33（a）主视图所示。

（2）与投影面倾斜角度小于或等于 30° 的圆或圆弧，其投影可用圆或圆弧代替，如图 6-33（b）所示。

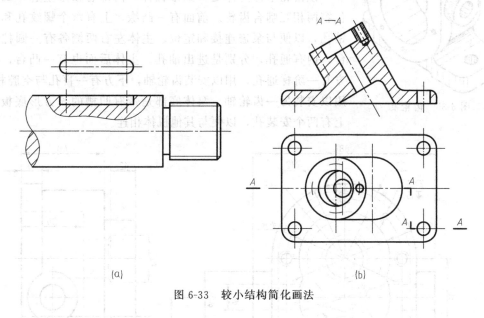

(a)　　　　　　　　　　　　　(b)

图 6-33　较小结构简化画法

6. 其他简化画法

（1）机件表面的滚花、网状物等不必画全，可在图上或技术要求中注明具体要求，如图 6-34（a）所示。

（2）机件表面上的平面，如果没有其他视图表达清楚时，可用平面符号（相交的两细实线）表达该平面，如图 6-34（b）所示。

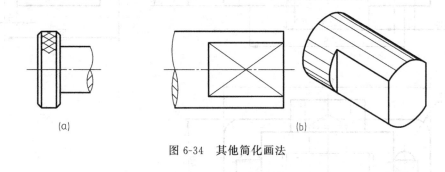

(a)　　　　　　　　　　　　　　(b)

图 6-34　其他简化画法

第五节　综合举例

　　前面介绍了机件常用的各种表达方法。在绘制机械图样时，应根据机件结构特点综合运用各种视图、剖视图、断面图和其他表达方法表达机件的结构形状。一个机件往往可以选用几种不同的表达方案，通过比较，使选用的方案既能完整、清晰地表达机件各部分内外结构形状，又便于绘图与读图。在选用视图时，要使每个视图都具有明确的表达目的，又要注意

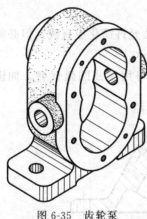

图 6-35 齿轮泵

它们之间的相互联系，避免过多的重复表达，力求简化作图。下面以如图 6-35 所示齿轮泵泵体轴测图为例，对其选用两种表达方案进行分析。

一、泵体的形体分析

该齿轮泵体主体是长圆形柱体，内部有腰形空腔，工作时包容两相互啮合齿轮。前面有一凸缘，上有六个螺纹孔和两个销孔，以便与泵盖连接和定位。主体左右两侧各有一圆柱形凸台，内有通孔，分别是进出油孔。主体后面也有一凸台，其上方有一阶梯通孔，用以安装齿轮轴，下方有一盲孔与空腔相连，用以安装另一齿轮轴。泵体底部是带有凹槽的长方形底板，其上有两个安装孔，以便与其他机体相连。

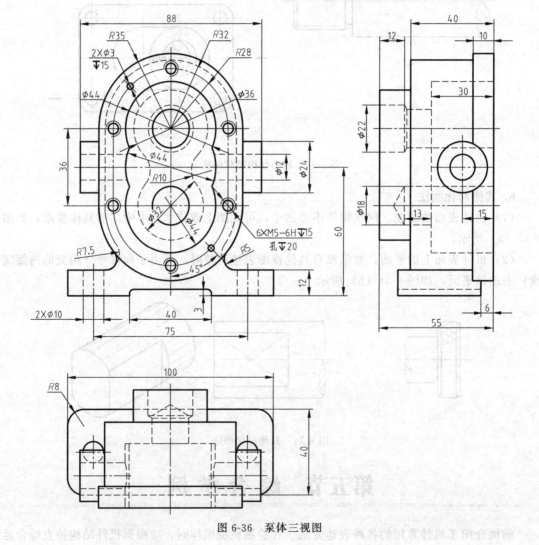

图 6-36 泵体三视图

二、分析两种表达方案

【方案一】该方案采用四个视图表达齿轮泵内外结构形状，如图 6-37 所示。

主视图较好地反映泵体的形状特征，采用局部剖视图分别表达主体左右进、出油孔和底板安装孔的内部结构。

左视图采用 $A—A$ 剖视图表达泵体内腔，并表达了连接螺纹孔和定位销孔的内部结构。

B 向局部视图表达底板形状和安装孔位置。

C 向局部视图表达后部凸缘形状。

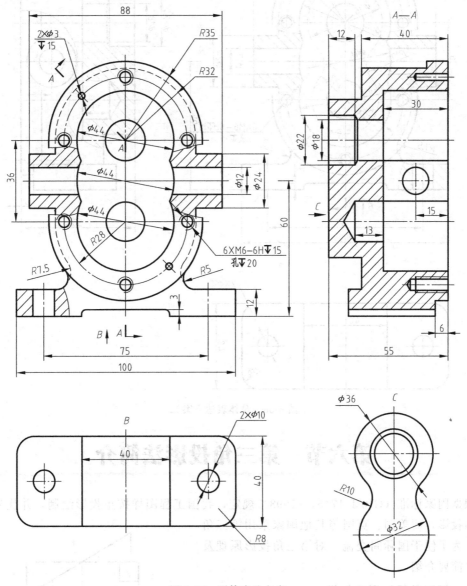

图 6-37　泵体表达方案一

【方案二】该方案采用三个视图表达齿轮泵内外结构形状，如图 6-38 所示。

主视图与方案一的区别在于虚线表达后部凸缘形状，可减少一个视图。

左视图采用局部剖视图表达泵体内腔，并表达泵体左端圆柱形凸台。

B 向局部视图同方案一。

以上两种方案各有特点，都是较好的表达方案。除此之外还可以选择其他表达方案。

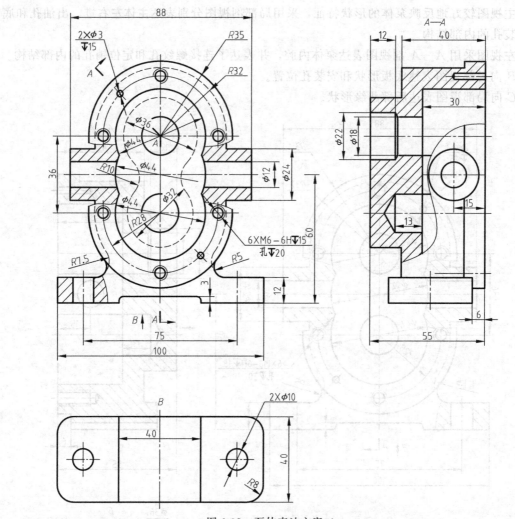

图 6-38 泵体表达方案二

第六节 第三角投影法简介

根据国家标准（GB/T 17451—1998）规定，我国工程图样按正投影绘制，并优先采用第一角投影，而美国、英国等其他国家采用第三角投影。为了便于国际间交流，对第三角投影原理及画法作简要介绍。

一、第三角投影基本知识

如图 6-39 所示，三个互相垂直的投影面 V、H、W 将空间分为八个区域，每个区域称为一个分角，若将物体放在 H 面之上，V 面之前和 W 面之左进行投射，则称为第一角投影。若将物体放在 H 面之下，V 面之后及 W 面之左进行投射，则称第三角投影，如图 6-40（a）所示。

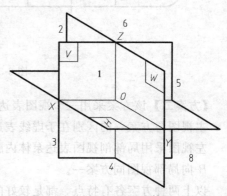

图 6-39 三面投影体系

在第一角投影中，物体放置在观察者与投影面之间，形成人-物-面的相互关系，得到的三视图是主视图、俯视图和左视图。在第三角投影中，投影面位于观察者和物体之间，如同观察者隔着玻璃观察物体并在玻璃上绘图一样，形成人-面-物的相互关系，得到的三视图是前视图、顶视图和右视图，如图 6-40（b）所示。

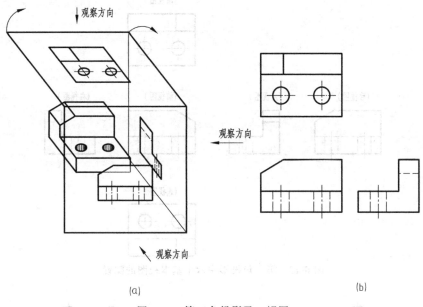

（a）

（b）

图 6-40　第三角投影及三视图

二、基本视图的配置

如同第一角投影一样，第三角投影也可以从物体的前、后、上、下、左、右六个方向，向基本投影面投射得到六个基本视图，它们分别是前视图、后视图、顶视图、底视图、左视图和右视图，六个基本投影面按图 6-41 展开，展开后各基本视图的配置如图6-42所示。

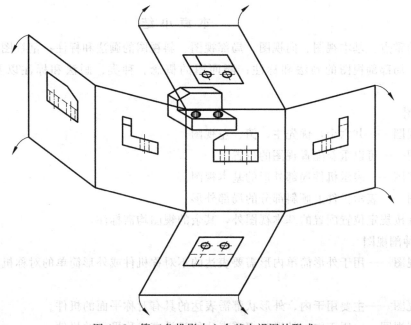

图 6-41　第三角投影中六个基本视图的形成

第三角投影法仍采用正投影，故"长对正、高平齐、宽相等"的投影规律仍然适用。

为了说明图样采用第三角画法或第一角画法，可在图样上用特征标记加以区别。特征标记如图 6-43 所示。

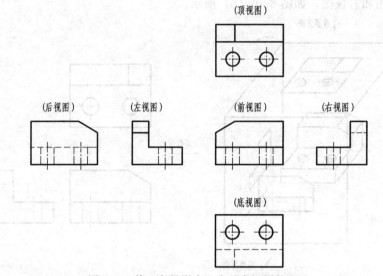

图 6-42　第三角投影中六个基本视图的配置

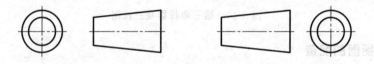

(a) 第三角画法标记　　　　　　　　(b) 第一角画法标记

图 6-43　特征标记

本 章 小 结

本章的重点：基本视图、向视图、局部视图、斜视图的画法和标注；剖视图的概念；全剖、半剖、局部剖视图的画法和标注；断面图的概念、种类、画法和标注以及肋的规定画法。

1. 视图

基本视图——共六个，优先主、俯、左视图。

向视图——可以重新配置视图的位置。

局部视图——表示机件局部外形的基本视图。

斜视图——表示机件上倾斜部分的局部外形。

以上除按规定位置配置的基本视图外，其余的视图均需标注。

2. 三种剖视图

全剖视图——用于外形简单内形需要表达的不对称机件或外形简单的对称机件（如套筒等）。

半剖视图——主要用于内、外形状都需表达的具有对称平面的机件。

局部剖视图——用于内、外形状都需表达的又没有对称平面的机件。

以上三种剖视图的统一之处在于剖视的概念上，即剖切面均为假想的，剖视图是剖切后机件的投影，剖切面与机件的接触部分画上剖面符号。主要不同之处是半剖视图的半个视图与半个剖视图之间一定以点画线分界，而局部剖视图则多以波浪线分界。

3. 剖视图的剖切方法

以一个投影面平行面剖切。

以几个投影面平行面剖切——阶梯剖，注意在剖视图中两剖切面的转折处不画线。

以投影面垂直面剖切——斜剖。

以两个相交平面剖切——旋转剖，注意倾斜剖切面剖切后的旋转处理。

以组合的剖切方式剖切——复合剖。

对用斜剖、阶梯剖、旋转剖、复合剖得到的剖视图必须标注。

以上每一种剖切方式都可有全、半、局部剖视图，例如阶梯全剖视图、阶梯半剖视图和阶梯局部剖视图等。剖视图中最基本的是以一个投影面平行面剖切得到的全剖视图。

4. 断面图——表示机件某局部处的断面实形。

移出断面——断面的轮廓线以粗实线表示。

重合断面——断面的轮廓线以细实线表示。

注意在哪些情况下断面按剖视画出。

5. 剖视图、断面图的标注

（1）标注的要素：表示剖切面起、止的短粗线、表示投射方向的箭头和表示视图名称的大写字母。

（2）剖切面的起、止和转折线不要与图中的粗实线、虚线相交，剖视图名称（如 $A—A$）必须写在剖视图的上方。

（3）省略标注：标注的要素中不注自明的要素可省略不注。

6. 画剖视图、断面图时，必须进行空间的想象和分析，分析哪些形体被剖到，断面的形状如何，剖切面后面有哪些形体可见等。初学者常漏画剖切面后的可见投影线，为此要牢固地建立剖切后形体的投影的概念，另外要设法多看有关实物和立体图，有针对性地增加内形的感性认识，并通过反复练习，加深印象。

复习思考题

1. 基本视图总共有几个？它们是如何排列的？它们的名称是什么？在视图中如何处理虚线问题？在图纸上是否标注出视图的名称？

2. 如果选用基本视图尚不能清楚地表达机件时，那么按国标规定尚有几种视图可以用来表达？

3. 斜视图和局部视图在图中如何配置和标注？

4. 局部视图和局部斜视图的断裂边界用什么线表示？画波浪线时要注意些什么？什么情况下可以省略波浪线？

5. 剖视图与断面图有何区别？

6. 剖视图有哪几种？要得到这些剖视图，按国标规定有哪几种剖切方法？

7. 在剖视图中，剖切面后的虚线应如何处理？剖切平面后面可见且不与剖切面接触的图线在剖切后，应不应该画出？

8. 在剖视图中，什么地方画上剖面符号？金属剖面符号的画法有什么规定？

9. 剖视图应如何进行标注？什么情况下可省略标注？

10. 剖切面纵向通过机件的肋、轮辐、筋板及薄壁时，这些结构该如何画出？

11. 半剖视图中，外形视图和剖视图之间的分界线为何种图线？能否画成粗实线？

12. 画阶梯剖视图要注意些什么？何谓"不完整要素"？在什么情况下，可在图中出现"不完整要素"？此时该如何画？

13. 剖面图有几种？剖面图在图中应如何配置？又应如何标注？何时可省略标注？什么情况下，某些结构应按剖视绘制？

14. 试述局部放大图的画法、配置与标注方法。

15. 本章介绍了国标所规定的绘制图样的哪些简化画法和规定画法？

第七章 机 械 图

在建筑工程的设计、施工和管理中，经常会遇到对各种机械设备的选型、安装和维修等问题，因此要求土建工程技术人员具有一定的绘制和阅读机械图样的能力。

机械图和建筑图一样，都是根据正投影原理绘制图样，采用多面正投影表示外部结构与形状，用剖切方法表示内部结构与形状，标注尺寸确定工程形体的大小并注写必要的文字说明。但由于机械图与建筑图的表达对象不同，在表达方法上国家标准有不同的规定画法。

第一节　标准件与常用件

螺栓、螺母、键、销是机器中广泛使用的零件，其结构、尺寸和加工要求国家标准都已经标准化了，称为标准件；对于齿轮、轴承、弹簧等零件只对其部分尺寸和参数标准化，称为常用件。为了方便制造和选用，绘图时可将这些零件按国家标准中的规定画法和简化画法绘制。本节主要介绍螺纹紧固件、键、销、齿轮及滚动轴承的规定画法、标记、尺寸标注等内容。

一、螺纹和螺纹紧固件

1. 螺纹要素

螺纹是零件上用来起连接或传动作用的一种结构。在圆柱外表面上所形成的螺纹称为外螺纹，在圆柱内表面上所形成的螺纹称为内螺纹。螺纹凸起的部分称为牙，凸起的顶端称为牙顶，沟槽的底部称为牙底。外螺纹的牙顶圆和内螺纹的牙底圆直径为螺纹的大径，外螺纹的牙底圆和内螺纹的牙顶圆直径为螺纹的小径，如图7-1所示。

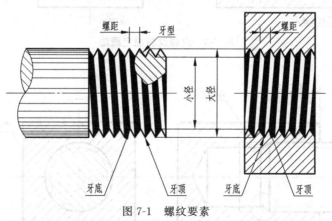

图 7-1　螺纹要素

螺纹有牙型、公称直径、螺距和导程、线数、旋向五个要素。螺纹的牙型是指在通过螺纹轴线的剖面区域上，螺纹的轮廓形状，常见螺纹牙型有三角形、梯形、锯齿形和方形。公称直径是螺纹的大径。相邻两牙间的距离称为螺距，同一条螺纹上相邻两牙间的距离称为导程。线数是指在圆柱面上切制螺纹的条数。螺纹旋入的方向称为旋向，顺时针旋入的螺纹，称为右旋螺纹；逆时针旋入的螺纹，称为左旋螺纹。

螺纹旋合连接的条件是螺纹五要素均相同。

2. 螺纹的规定画法

螺纹的牙顶用粗实线表示，牙底用细实线表示，倒角或倒圆部分均应画出，螺纹终止线用粗实线表示。在投影为圆的视图中，表示牙底的细实线圆只画约 3/4 圈，螺纹端部的倒角投影省略不画。

(1) 外螺纹的画法　如图 7-2 所示。

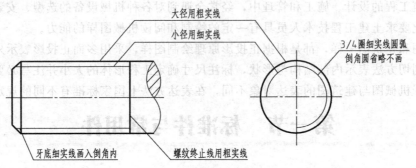

图 7-2　外螺纹的规定画法

(2) 内螺纹的画法　如图 7-3 所示。

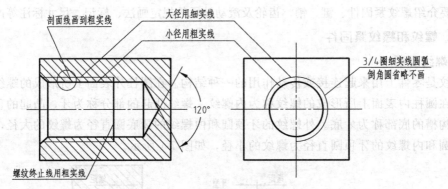

图 7-3　内螺纹的规定画法

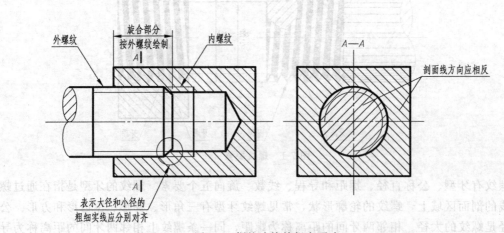

图 7-4　螺纹连接的规定画法

（3）螺纹连接的规定画法 内外螺纹连接时，旋合部分按外螺纹的画法绘制，其余部分仍按各自的画法表示，如图 7-4 所示。绘图时应注意大、小径的粗细实线要分别对齐。

3. 常用螺纹紧固件的规定画法和标注

常用的螺纹紧固件有螺栓、双头螺柱、螺钉、螺母和垫圈等。螺纹紧固件的结构、尺寸已标准化，对符合标准的螺纹紧固件，不需画零件图，根据规定标记就可在相应的国家标准中查出有关尺寸。《紧固件标记方法》（GB/T 1237—2000）规定了螺纹紧固件的标记方法，常用的螺纹紧固件的规定标记与比例画法见表 7-1。

表 7-1 常用螺纹紧固件的规定标记与比例画法

名　　称	规定标记示例	比例画法图例
螺栓	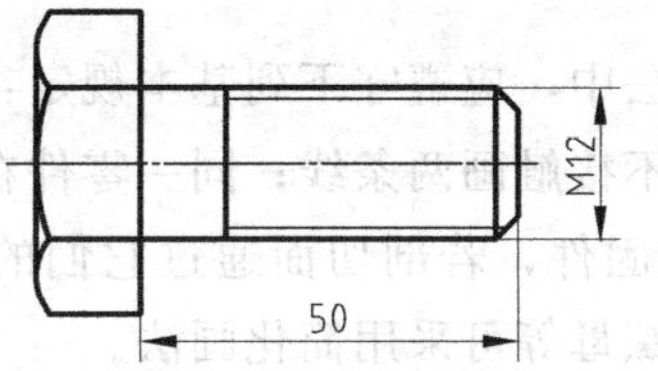 螺栓 GB/T 5782—2000 M12×50	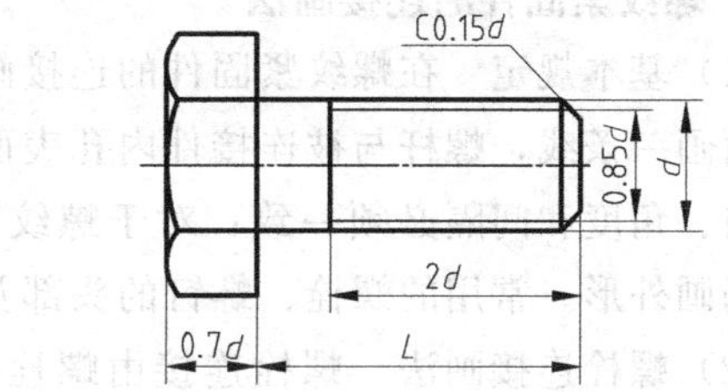
双头螺栓	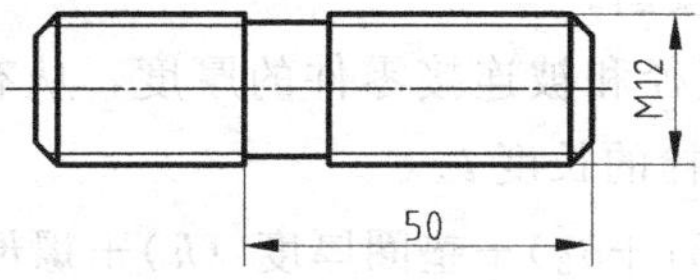 螺柱 GB/T 897—1998 M12×50	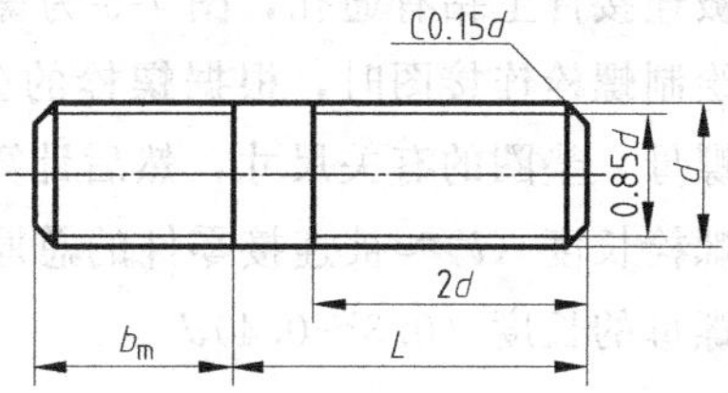
沉头螺钉	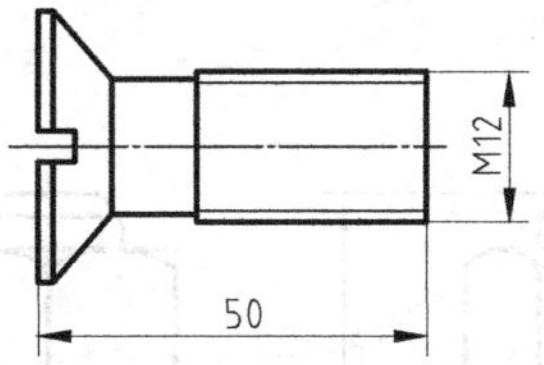 螺钉 GB/T 68—2000 M12×50	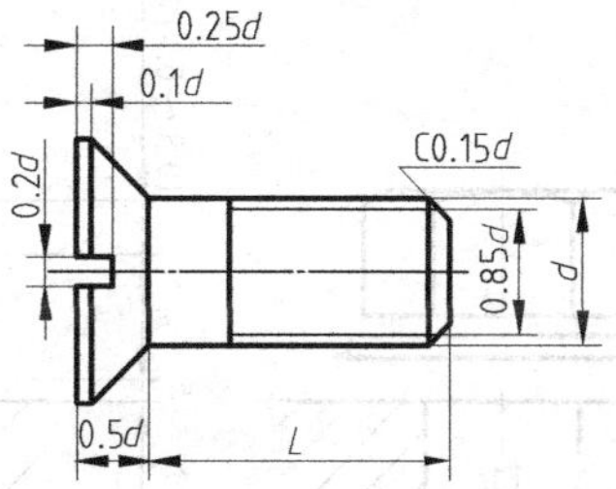
紧定螺钉	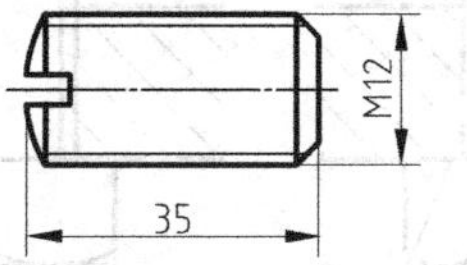 螺钉 GB/T 73—1985 M12×35	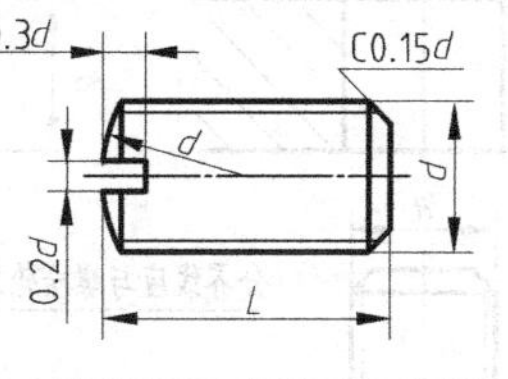
螺母	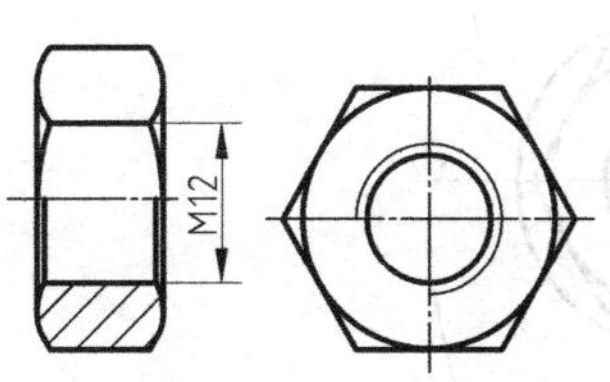 螺母 GB/T 6170—2000 M12	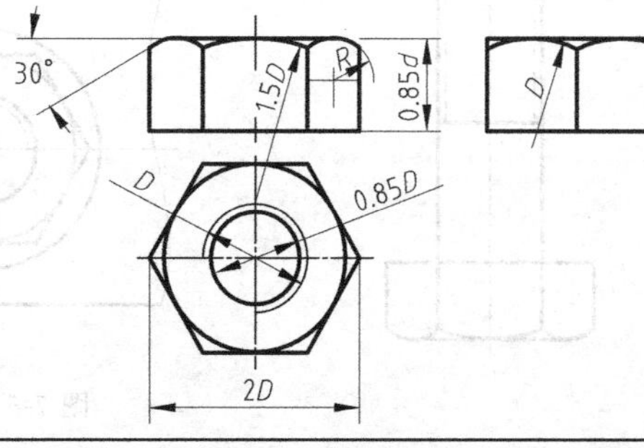

续表

名 称	规定标记示例	比例画法图例
垫圈	φ13 垫圈 GB/T 97.1—2002 12	1.1d 0.15d 2.2d

4. 螺纹紧固件的连接画法

（1）基本规定　在螺纹紧固件的连接画法中，应遵守下列基本规定：被连接两零件的接触表面画一条线，螺杆与被连接件内孔表面不接触画两条线；同一零件在各视图上的剖面线的方向、角度和间隔必须一致；对于螺纹紧固件，若剖切面通过它们的轴线时，按不剖绘制，仍画外形。常用的螺栓、螺钉的头部及螺母等可采用简化画法。

（2）螺栓连接画法　螺栓连接由螺栓、垫圈、螺母组成，常用于连接两个不太厚的零件，被连接件上钻有通孔，图 7-5 为螺栓连接图。

绘制螺栓连接图时，根据螺栓的公称直径和被连接零件的厚度，从有关标准中查出螺栓、螺母、垫圈的有关尺寸，然后计算出螺栓的长度 l。

螺栓长度（l）≈被连接零件的总厚度（$\delta_1+\delta_2$）+垫圈厚度（h）+螺母厚度（m）+螺栓伸出螺母的长度（$0.3\sim0.4$）d

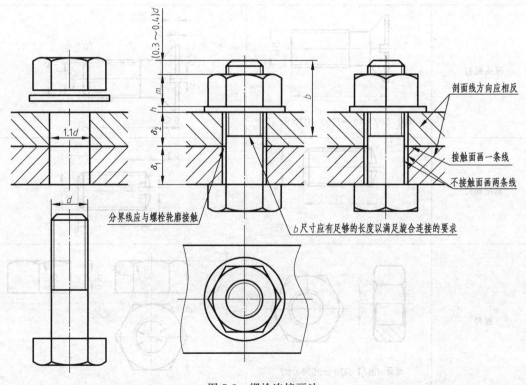

图 7-5　螺栓连接画法

　　根据上式算出的螺栓长度，再从相应的螺栓标准所规定的长度系列中选取接近的标准长度。

　　（3）螺柱连接画法　螺柱连接常用在被连接的两个零件中有一个较厚或不允许钻成通孔而不便用螺栓连接的情况，或因拆卸频繁不宜用螺钉的场合，见图7-6。

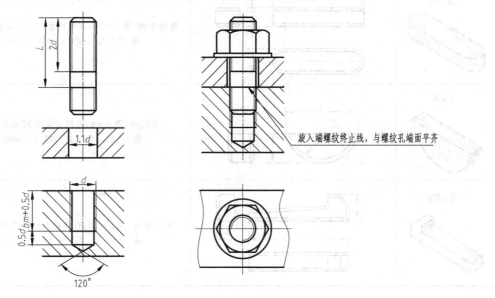

图 7-6　双头螺柱连接画法

　　（4）螺钉连接画法　螺钉连接常用在受力不太大且不经常拆卸的地方，它不需用螺母，而是将螺钉直接拧入螺孔。图 7-7（a）所示为沉头螺钉的连接画法，图 7-7（b）所示为紧定螺钉的连接画法。

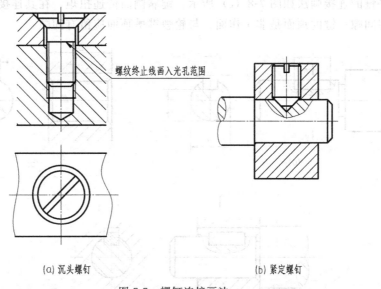

(a) 沉头螺钉　　　　　　　　　　(b) 紧定螺钉

图 7-7　螺钉连接画法

二、键连接

　　键是用来连接轴与轴上的传动件（如齿轮、皮带轮等），并通过它来传递扭矩的一种零件。常用的键有普通平键、半圆键和钩头楔键。常用键的形式和规定标记见表 7-2。

表 7-2　常用键的形式和规定标记

名　称	图　例	标记示例
普通平键	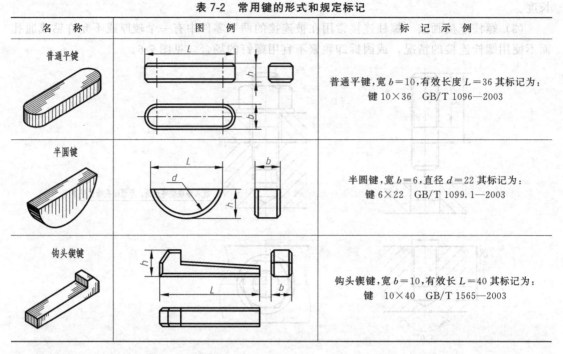	普通平键,宽 $b=10$,有效长度 $L=36$ 其标记为: 键 10×36　GB/T 1096—2003
半圆键		半圆键,宽 $b=6$,直径 $d=22$ 其标记为: 键 6×22　GB/T 1099.1—2003
钩头锲键		钩头锲键,宽 $b=10$,有效长 $L=40$ 其标记为: 键　10×40　GB/T 1565—2003

选用时,根据传动情况确定键的形式,根据轴径查标准手册,选定键宽 b 和键高 h,再根据轮毂长度选定长度 L 的标准值。

普通平键连接的画法:轴和轮毂上的键槽的画法和尺寸标注如图 7-8 中（a）、（b）所示,图中尺寸可根据轴径查阅 GB 1095—2003（平键键槽的剖面尺寸）。

普通平键的连接画法如图 7-8（c）所示。键靠侧面传递扭矩,在其连接画法中,键与键槽侧面不留间隙;键的顶面是非工作面,与轮毂键槽顶面应留有间隙。

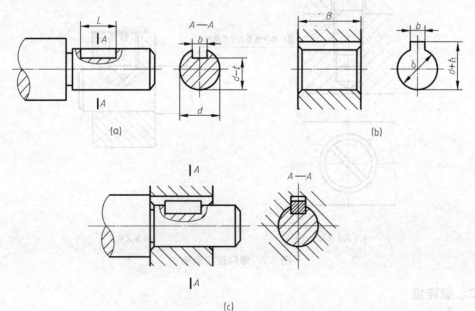

图 7-8　键连接画法

三、销连接

销是标准件，通常用于零件之间的连接和定位。常用的销有圆柱销、圆锥销和开口销，常用销的形式和规定标记见表 7-3。

表 7-3　常用销的形式和规定标记

名　称	图　例	标记示例
圆柱销		圆柱销，B 型，公称直径 $d=6$，有效长度 $l=30$ 其标记为： 　销 GB/T 119.1—2000　6×30
圆锥销	1:50	圆锥销，A 型，公称直径 $d=5$，有效长度 $l=30$ 其标记为： 　销　GB/T 117—2000　5×30
开口销		开口销，公称直径 $d=5$，有效长度 $l=30$ 其标记为： 　销　GB/T 91—2000　5×30

用销连接或定位的两个零件上的销孔，一般须一起加工。在零件图上应当注写"装配时作"或"与××件配作"。圆柱销连接画法如图 7-9 所示。

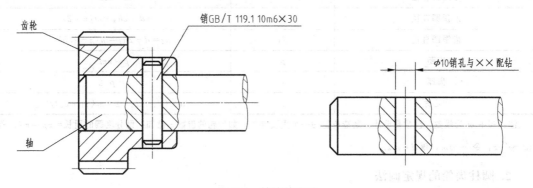

图 7-9　销连接画法

四、齿轮

齿轮是机械传动中应用最广泛的零件，用来传递运动和动力。一般利用一对齿轮将一根轴的转动传递到另一根轴上，并可改变转速和旋转方向。齿轮的种类很多。本节介绍直齿圆柱齿轮的基本概念和规定画法。

1. 直齿圆柱齿轮各部分的名称及尺寸关系

齿轮各部分名称和代号见图 7-10。

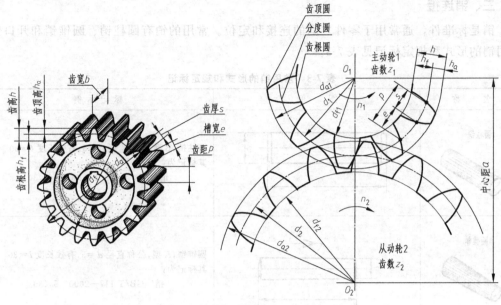

图 7-10　圆柱齿轮各部分名称和代号

标准直齿圆柱齿轮各部分的尺寸代号及计算公式见表 7-4。

表 7-4　标准直齿圆柱齿轮各部分的尺寸代号及计算公式

名　称	代　号	公　式
齿顶高	h_a	$h_a = m$
齿根高	h_f	$h_f = 1.25m$
齿高	h	$h = h_a + h_f = 2.25m$
分度圆直径	d	$d = mz$
齿顶圆直径	d_a	$d_a = d + 2h_a = m(z+2)$
齿根圆直径	d_f	$d_f = d - 2h_f = m(z-2.5)$
齿距	p	$p = \pi m$
齿厚	s	$s = p/2$
中心距	a	$a = (d_1 + d_2)/2 = m(z_1 + z_2)/2$

注：表中 m 为模数，模数是设计、制造齿轮的一个重要参数。如齿轮的齿数 z 已知，则分度圆的周长 $= zp = \pi d$，所以 $d = \dfrac{p}{\pi} z$，令 $\dfrac{p}{\pi} = m$，则 $d = mz$。

2. 圆柱齿轮的规定画法

国家标准对齿轮的画法做了统一的规定。单个圆柱齿轮的画法如图 7-11 所示。

（1）在端视图和非圆外形图中齿顶圆和齿顶线用粗实线绘制；齿根圆和齿根线用细实线绘制，也可省略不画；分度圆和分度线用点画线绘制。

（2）在齿轮的非圆投影上画剖视时，轮齿部分不画剖面线，齿根线用粗实线绘制。

3. 齿轮啮合画法

两标准齿轮相互啮合时，分度圆处于相切的位置，齿轮啮合画法如图 7-12 所示。

国家标准中对齿轮啮合画法规定如下。

（1）两个相互啮合的圆柱齿轮，在垂直于轴线的投影面的视图中，啮合区内齿顶圆均用

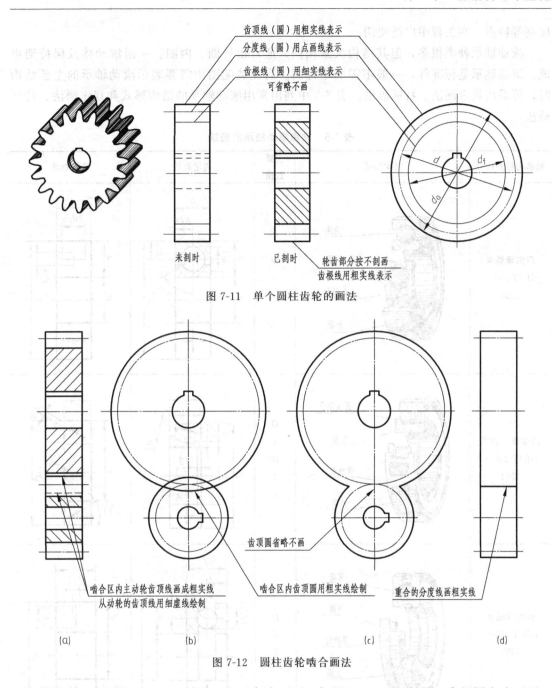

齿顶线（圆）用粗实线表示

分度线（圆）用点画线表示

齿根线（圆）用细实线表示
可省略不画

未剖时

已剖时

轮齿部分按不剖画
齿根线用粗实线表示

图 7-11 单个圆柱齿轮的画法

齿顶圆省略不画

啮合区内主动轮齿顶线画成粗实线
从动轮的齿顶线用细虚线绘制

啮合区内齿顶圆用粗实线绘制

重合的分度线画粗实线

(a)   (b)   (c)   (d)

图 7-12 圆柱齿轮啮合画法

粗实线绘制，如图 7-12（b）所示，也可省略不画，如图 7-12（c）所示，齿根圆省略不画。

（2）在平行于轴线的投影面的剖视图中，当剖切平面通过两啮合齿轮的轴线进行剖切时，啮合区内两分度线重合，用点画线画出，主动齿轮的齿顶线用粗实线绘制，被动齿轮齿顶线用虚线绘制，也可省略不画，见图 7-12（a）。

（3）在平行于轴线的投影面的视图中，啮合区内的齿顶线不需画出，分度圆线用粗实线绘制，如图 7-12（d）所示。

五、滚动轴承

滚动轴承是支承旋转轴的组件，因其具有摩擦阻力小、机械效率高、结构紧凑、旋转精度高等特点，在工程中广泛使用。

　　滚动轴承种类很多，但其结构大致相同，通常由外圈、内圈、一组滚动体及保持架组成。滚动轴承是标准件，一般不需画零件图。当在装配图中需要表示滚动轴承的主要结构时，可采用规定画法、特征画法。表 7-5 中列出常用滚动轴承的结构形式和规定画法、特征画法。

表 7-5　常用滚动轴承的画法

轴承名称和代号	结构形式	主要数据	规定画法	特征画法
深沟球轴承 GB/T 276—1994	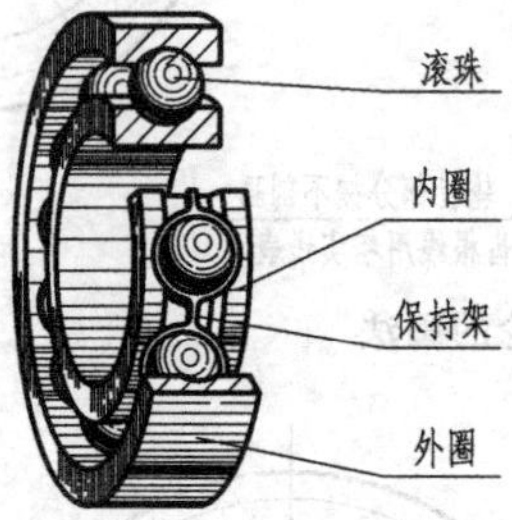 滚珠 内圈 保持架 外圈	D d B	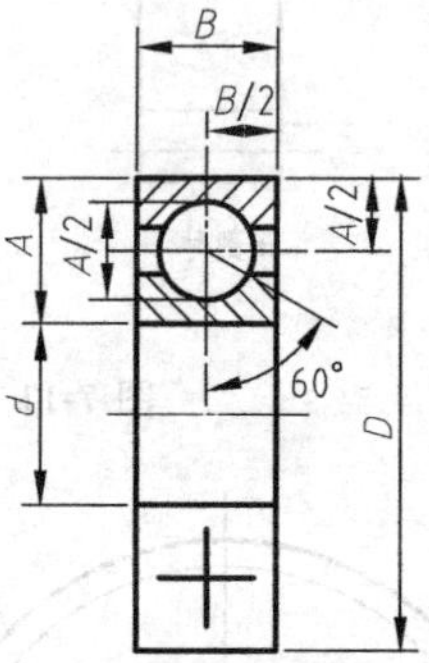	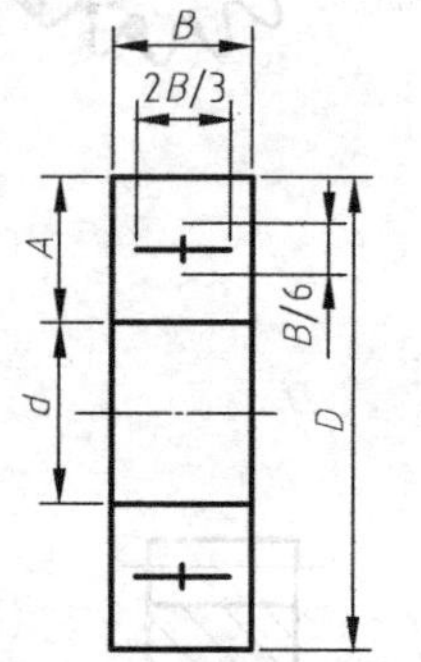
圆锥滚子轴承 GB/T 297—1994	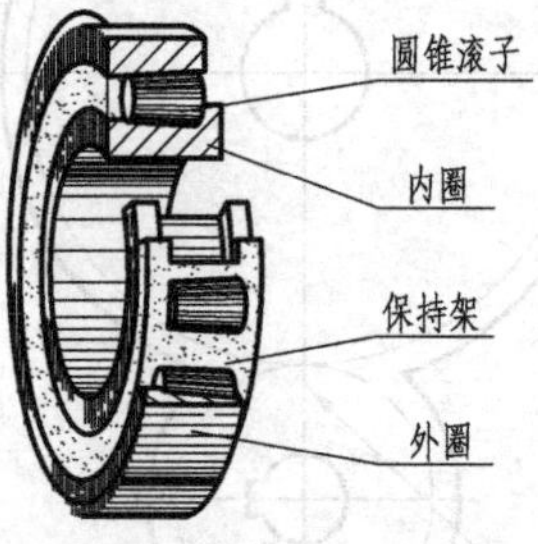 圆锥滚子 内圈 保持架 外圈	D d B T c	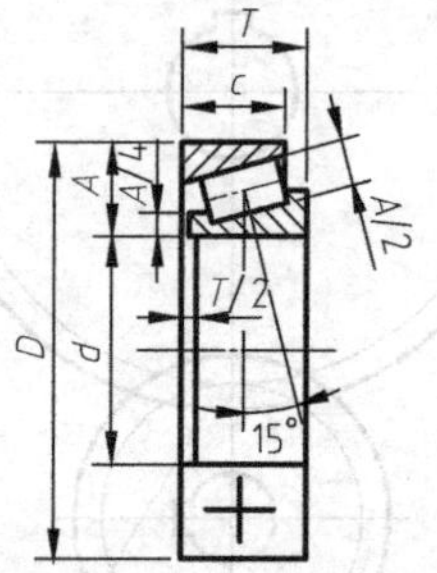	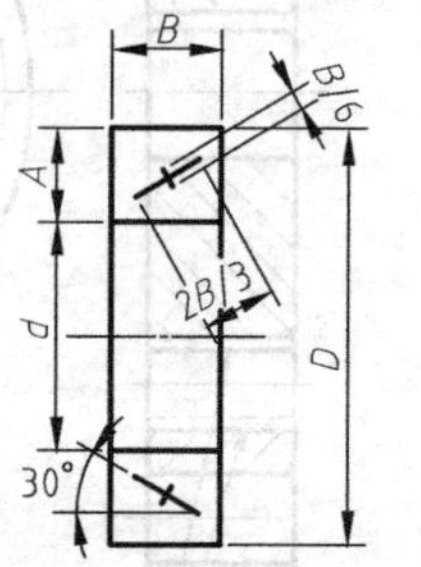
推力球轴承 GB/T 301—1995	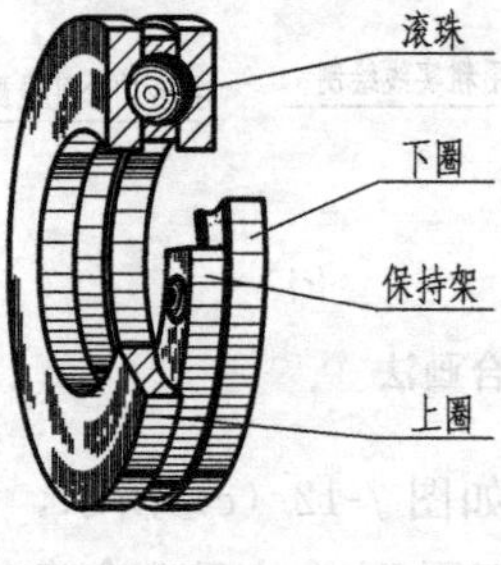 滚珠 下圈 保持架 上圈	D d T	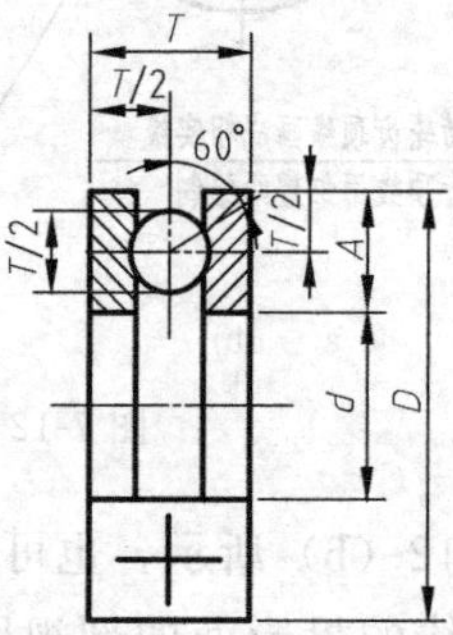	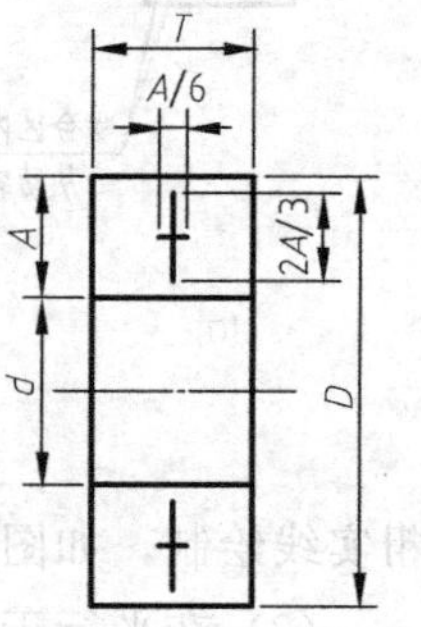

　　滚动轴承的代号由基本代号、前置代号和后置代号构成，其排列如下：

基本代号		后置代号		前置代号

　　轴承代号中，一般只标注基本代号。前置、后置代号是滚动轴承的结构形状、尺寸和技术要求有改变时，在基本代号前后添加的补充代号。补充代号的内容可由 GB/T 272—1993 查得。基本代号一般由 5 位数字组，它们的含义为：右数第一、第二位数字表示轴承内径

（当此两位数＜04 时，如 00、01、02、03 分别表示内径 d＝10mm、12mm、15mm、17mm；当此两位数≥04 时，用此数乘以 5 即为滚动轴承内径）。右起第三位数字表示轴承直径系列，右起第四位数字表示轴承的宽度系列（如 2 为轻窄、3 为中窄、4 为重窄）。右起第五位数字为轴承的类型代号，如 0 为深沟球轴承（可省略不写），7 为圆锥滚子轴承，8 为平底推力球轴承。

如：滚动轴承 208GB/T 276—2013，该标记表示轴承内径，d＝8×5＝40mm，2 表示轻窄系列深沟球轴承。

又如：滚动轴承 7306GB/T 297—1994，该标记表示轴承内径 d＝6×5＝30mm，3 表示中窄系列，7 表示圆锥滚子轴承。

第二节 零 件 图

任何机器或部件都是由若干个零件装配而成，表示零件结构、大小及技术要求的图样称为零件图，零件图是制造和检验零件的主要依据，是指导生产零件的重要技术文件之一。机械或部件中，除标准件外，其余零件一般均应绘制零件图。

如图 7-13 所示为轴的零件图。

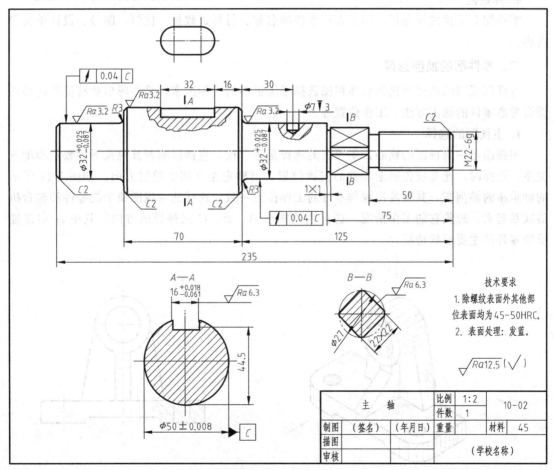

图 7-13 零件图

一、零件图的内容

1. 一组图形

综合运用基本视图、剖视图、断面图及其他表达方法，把零件的内、外形状和结构完整、正确、清晰地表达出来，视图应简单明了。

如图 7-13 所示主轴零件图，表达方案有主视图、局部视图和断面图，主视图表示轴的整体情况，用局部视图和 $A—A$ 断面图表示键槽形状，$B—B$ 断面表示方形轴部分的形状。

2. 完整合理的尺寸

正确、完整、清晰、合理地标注出制造和检验零件时所必需的全部尺寸。

零件图标注尺寸时，应恰当选择尺寸基准。零件的长、宽、高三个方向的尺寸各自至少要有一个尺寸基准，从尺寸基准出发标注定位尺寸、定形尺寸。常用的基准有：基准面——底板的安装面，重要的端面——零件的对称面等；基准线——回转体的轴线。

3. 技术要求

用规定的符号或文字说明零件在制造、检验中应达到的要求。如表面粗糙度、极限与配合公差、形位公差和热处理等要求。

4. 标题栏

零件图右下角的标题栏，用来表示零件的名称、材料、数量、比例、图号、设计单位等内容。

二、零件图的视图选择

零件图视图的选择应比组合体视图选择考虑更多的实际因素，除考虑形状特征外还必须综合考虑零件的加工方法、工作位置等。

1. 主视图的选择

主视图是一组视图的核心，主视图的选择是否合理，直接影响着其他视图的数量和配置关系，选择时，通常应先确定零件的安放位置，再确定主视图的投射方向。如图 7-14 所示的轴承座的轴测图，其安放位置与零件的工作位置一致，这样选主视图便于把零件和整台机器联系起来，想象它的工作情况。选择主视图有 A、B、C 三种投射方向，其中 A 向最能反映零件的主要形状特征。

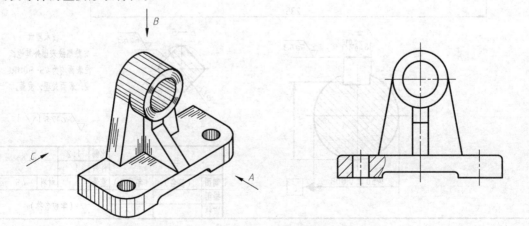

图 7-14　轴承座视图的选择

2. 其他视图的选择

主视图确定以后，应仔细分析零件在主视图中尚未表达清楚的部分，根据零件的结构特点及内、外形状的复杂程度来考虑增加其他视图、剖视图、断面图和局部放大图等。具体选用时，应注意以下几点。

（1）根据零件的复杂程度及内、外结构形状，全面地考虑还应补充的其他视图，使每个所选视图应具有独立存在的意义及明确的表达重点，注意避免不必要的细节重复，在明确表达零件的前提下，使视图数量为最少。

（2）优先考虑采用基本视图，当有内部结构时应尽量在基本视图上作剖视；对尚未表达清楚的局部结构和倾斜部分结构，可增加必要的局部（剖）视图和局部放大图；有关的视图应尽量保持投影关系，配置在相关视图附近。

（3）按照视图表达零件形状要正确、完整、清晰、简便的要求，进一步综合、比较、调整、完善，选出最佳的表达方案。

如图 7-15 是轴承座的最终表达方案。主视图确定之后，俯视图主要反映底板的形状特征和支撑部分的结构形式，左视图主要反映圆筒内腔的结构形状，并反映轴承座各组成部分的连接关系。

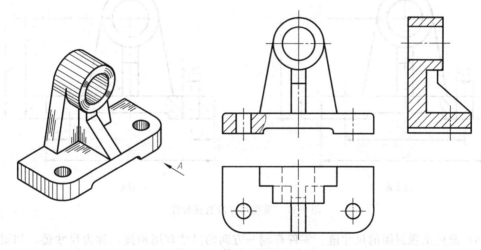

图 7-15　轴承座视图的选择

三、零件图的尺寸标注

零件图上标注的尺寸是加工和检验的重要依据。在零件图上标注尺寸，除了要符合正确、完整、清晰的要求外，还要考虑其合理性，所谓合理性就是标注的尺寸既要符合功能设计要求，又要满足制造、加工、测量和检验的要求。

零件图标注尺寸时应注意以下几点。

（1）合理选择尺寸标准　标注尺寸时，一般选零件的较大加工面，如端面、底面、两零件的结合面、零件的对称面等作为尺寸基准；线基准对回转体、对称形体一般以回旋轴线、对称中心线等作为尺寸基准，如图 7-16 所示。

（2）重要尺寸应直接注出　如图 7-17（a）所示尺寸 A 必须从基准（底面）直接注出，而不能用图 7-17（b）所示注出 B 和 C 来代替。同理，安装时为保证轴承上两个 $\phi6$ 孔与机座上的孔准确装配，两个 $\phi6$ 孔的定位尺寸应按图 7-17（a）所示直接注出中心距 D，而不

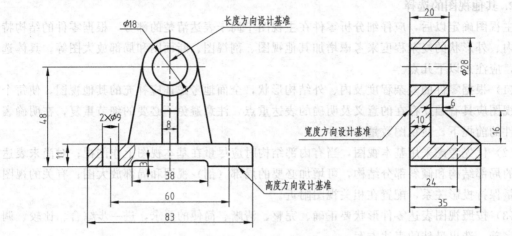

图 7-16　零件图的尺寸基准

用图 7-17（b）所示注出两个 E。

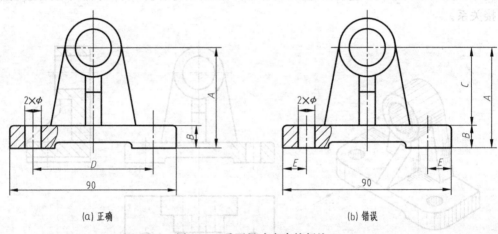

(a) 正确　　　　　　　　　　(b) 错误

图 7-17　重要尺寸应直接标注

（3）避免出现封闭的尺寸链　零件在同一方向的尺寸首尾相接，称为尺寸链。如图7-18
（a）所示，标注尺寸时应选择不太重要的一段不注尺寸，使所有的尺寸误差都积累在此处，
以保证重要尺寸的精度。当尺寸注成如图 7-18（b）所示的封闭形式时，会给加工带来困
难。例如尺寸 A 为尺寸 B、C、D 之和，在加工时，尺寸 B、C、D 产生的误差，便会积累
到尺寸 A 上，不能保证尺寸 A 的精度要求。

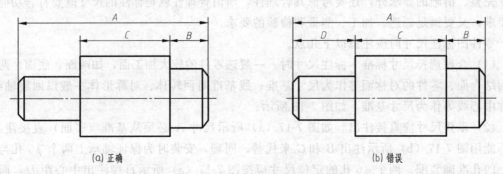

(a) 正确　　　　　　　　　　(b) 错误

图 7-18　避免注成封闭的尺寸链

（4）尺寸标注要便于测量　图 7-19 所示套筒，应按图 7-19（a）所示标注尺寸。图 7-19（b）所示尺寸 A 不便于测量。

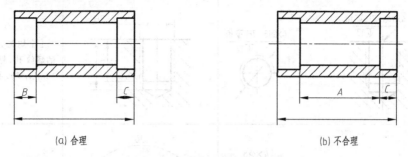

（a）合理	（b）不合理

图 7-19　尺寸标注要便于测量

（5）零件上常见孔的尺寸标注。零件上常有光孔、锥销孔、螺纹孔、沉孔等结构，国家《技术制图　简化表示法》中，规定了符号和缩写词，标注时见表 7-6。

表 7-6　零件上常见孔的尺寸标注方法

类型		旁注法	普通注法	说明
光孔	一般孔	4×φ8▽10　4×φ8▽10	4×φ8	"▽"为深度符号，4个均匀分布的 φ8 光孔，深度为 10mm
	精加工孔	4×φ8h7▽10　钻▽11　4×φ8h7▽10　钻▽11	4×φ8h7	"▽"为深度符号，4个均匀分布的 φ8 光孔，深度为 11mm，需加工 φ8h7 深 10mm
	锥销孔	锥销孔φ5 装配时作　锥销孔φ5 装配时作	锥销孔φ5 装配时作	φ5 为相配的圆锥销小头直径，锥销孔通常是将连接的两零件装在一起时加工
螺孔	通孔	4×M8-7H　4×M8-7H	4×M8-7H	4 个均匀分布的 M8-7H 的螺纹通孔
	不通孔	4×M8-7H▽10　4×M8-7H▽10	4×M8-7H	4 个均匀分布的 M8-7H 的螺纹孔，螺纹孔深为 10mm

续表

类型		旁注法	普通注法	说明
螺孔	不通孔	4×M8-7H ▽10 ▽12	4×M8-7H	4 个均匀分布的 M8-7H 的螺纹孔，钻光孔深度为 12mm，螺纹孔深为 10mm
沉孔	锥型沉孔	4×φ8 φ13×90°	90° φ13　4×φ8	"▽"为埋头孔符号，4 个均匀分布的 φ8 的孔，沉孔直径为 φ13，锥角 90°
	柱型沉孔	4×φ8 φ13	4×φ8 φ13　4×φ8	"凵"为锪平孔符号，4 个均匀分布的 φ8 孔，锪平孔 φ13

四、零件图技术要求的注写

1. 表面粗糙度

零件加工表面上具有较小间距的峰和谷所组成的微观几何形状特征称为表面粗糙度。

图 7-20 为表面粗糙度的标注示例。图中注有符号 $\sqrt{Ra\,3.2}$ 的表面表示用去除材料的方法获得的表面粗糙度，Ra（零件轮廓算术平均偏差）为 3.2μm，图中注有符号 $\sqrt{Ra\,50}$ 表示是用不去除材料的方法获得的表面粗糙度，Ra 为 50μm。

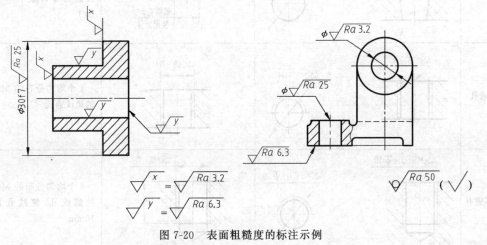

图 7-20　表面粗糙度的标注示例

在图样上标注表面粗糙度的基本规则如下。

① 标注表面粗糙度代号时，代号的尖端指向可见轮廓线、尺寸线、尺寸界线或它们的延长线上，必须从材料外指向零件表面。

② 表面粗糙度符号的注写方向应与尺寸标注的注写和读取方向一致，必要时可用带黑点或箭头的指引线引出标注，在不至于引起误解的情况下，表面粗糙度可标写在给定的尺寸线上。

③ 用细实线相连的不连续的同一表面只标注一次。当零件所有表面具有相同的粗糙度时，其代号可在图样的标题栏附近统一标注。

④ 多个表面有共同表面粗糙度要求或图纸空间有限，可采用简化标注，即用带字母的完整符号，以等式的形式在标题栏附近注明。

2. 极限与偏差

在零件的加工过程中，由于受机床、刀具、测量等因素的影响，零件的尺寸会有偏差，在满足零件使用要求的前提下，允许尺寸的变动量称为公差。

（1）术语及定义　下面以图 7-21 为例，说明尺寸公差的有关术语。

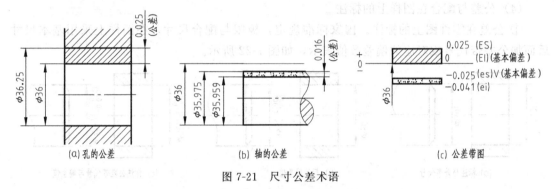

图 7-21　尺寸公差术语

① 基本尺寸。根据零件的强度、结构及工艺要求确定的设计尺寸，如图中尺寸 $\phi36$。

② 极限尺寸。以基本尺寸为基准，允许零件尺寸变动的两个界限值。分最大极限尺寸和最小极限尺寸，如图 7-21（a）所示，孔的最大极限尺寸为 $\phi36.25$，最小极限尺寸为 $\phi36$，图 7-21（b）中轴的极限尺寸请读者自行分析。

③ 实际尺寸通过测量所获得的尺寸。

④ 尺寸偏差（简称偏差）是极限尺寸减去基本尺寸所得的代数差。尺寸偏差有上偏差、下偏差。

上偏差＝最大极限尺寸－基本尺寸

下偏差＝最小极限尺寸－基本尺寸

⑤ 尺寸公差（简称公差）是允许尺寸的变动量。

尺寸公差＝最大极限尺寸－最小尺寸极限＝上偏差－下偏差

⑥ 公差带。表示公差大小的由上、下偏差的两条直线所限定的区域为公差带，如图 7-21（c）所示。

⑦ 公差值。公差值的大小应根据设计要求查阅相关标准（见附表）。

⑧ 基本偏差。用以确定公差带的相对零线位置的偏差，可根据设计要求查阅相关标准（见附表）。

（2）公差带代号　孔、轴的公差带代号用基本偏差代号和公差等级组成，基本偏差代号用拉丁字母表示，大写表示孔，小写代表轴。如 H7 为孔的公差带代号；h7 为轴的公差带代号。公差带代号的含义如下。

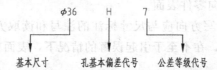

当孔或轴的基本尺寸和公差等级确定后，可在附表（优先配合中孔的极限偏差）附表（优先配合中轴的极限偏差）中查得孔或轴上偏差和下偏差数值。如 $\phi30H6$，查表得出其上偏差为 $+25\mu m$，下偏差为 $0\mu m$。$\phi36h7$，查表得出其上偏差为 $0\mu m$，下偏差为 $-0.025\mu m$。

（3）配合的基本概念 基本尺寸相同的相互结合的孔和轴公差带之间的关系称为配合。当孔的尺寸减去相配合的轴的尺寸之差为正，此时配合始终具有间隙（包括最小间隙等于零），为间隙配合；若孔的尺寸减去相配合的轴的尺寸之差为负，此时配合始终具有过盈（包括最小过盈等于零），如果孔的尺寸减去相配合的轴的尺寸之差可能为正，也可能为负，轴和孔之间可能具有间隙或具有过盈的配合为过渡配合。

（4）公差与配合在图样上的标注

① 公差在零件图上的标注。国家标准规定，极限与配合尺寸，在图样上采用基本尺寸后面加公差带代号或对应的偏差数值表示，如图 7-22 所示。

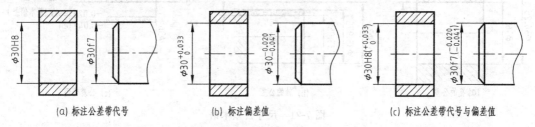

图 7-22　零件图上公差的标注

② 配合代号在装配图中的标注。国家标准规定，配合尺寸在装配图上采用分数形式标注，见图 7-23 中（a）、（b）。分子为孔的公差带代号，分母为轴的公差带代号。标注标准件、外购件与零件（轴或孔）的配合代号时，可以仅标注相配合零件的公差带代号，如图 7-23（c）所示。

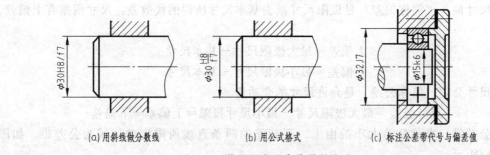

图 7-23　装配图中配合代号的注法

3. 形状和位置公差

形位公差是指零件要素的实际形状位置、方向等对于理想形状、位置、方向的允许的偏差。形位公差的项目及符号见表 7-7。

表 7-7 几何公差的项目及符号

公差类型	几何特征	符号	有无基准要求	公差类型	几何特征	符号	有无基准要求
形状公差	直线度	—	无	位置公差	位置度	⊕	有或无
	平面度	▱	无		同心度（用于中心点）	◎	有
	圆度	○	无				
	圆柱度	⌀	无		同轴度（用于轴线）	◎	有
	线轮廓度	⌒	无				
	圆轮廓度	⌒	无		对称度	=	有
方向公差	平行度	//	有		线轮廓度	⌒	有
	垂直度	⊥	有		圆轮廓度	⌒	有
	倾斜度	∠	有	跳动公差	圆跳动	↗	有
	线轮廓度	⌒	有		全跳动	↗↗	有
	圆轮廓度	⌒	有				

几何公差代号由公差框格和带箭头的指引线组成，如图 7-24 所示。

公差框格由两格或多格组成，用细实线绘制，可水平或垂直放置。框格中的内容从左到右填写几何公差符号、公差数值、基准要素的代号及有关符号。

指引线用细实线绘制，一端与公差框格相连，另一端用箭头指向被测要素。

基准代号由基准符号（等腰三角形）、正方形框格、连线和字母组成。基准符号用细实线与正方形框格连接，连接线一端垂直于基准符号底边，另一端应垂直框格一边且过其中点，基准符号在图例上应靠近基准要素。

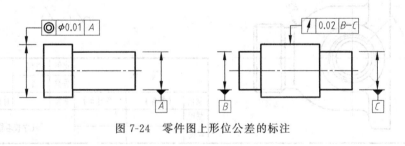

图 7-24 零件图上形位公差的标注

五、读零件图

本节结合零件的结构分析、视图选择、尺寸标注和技术要求，以图 7-25 阀体零件图为例说明阅读零件图的方法和步骤。

（1）概括了解 由标题栏中可知零件名称为阀体，选用的材料为 ZG230—450。阀体的内、外表面都有加工部分。绘图比例为 1：1。

（2）分析视图，想象零件的结构形状 读图时从主视图入手，确定各视图的名称及相对位置关系、表达方法和图示内容。

图 7-25 所示阀体采用三个基本视图表达阀体内外结构形状。主视图采用全剖视，主要表达内部结构形状。俯视图表达外形。左视图采用 A—A 半剖视，补充表达内部形状及连接板的形状。

对照阀体的主、俯、左视图分析可知，阀体的主体结构为球形，在其左端是方形法兰盘，法兰盘上有 4 个 M12 的螺纹孔，中间有一个 $\phi50H11$ 圆柱形凹孔；阀体的右端是一圆

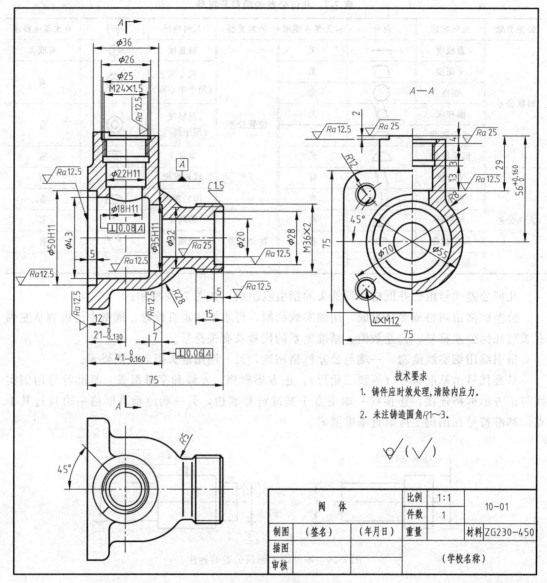

图 7-25　阀体零件图

柱形凸缘，用于连接的外螺纹 M36×2，内部阶梯孔 $\phi28$、$\phi20$ 与空腔相通；在阀体上部的 $\phi36$ 圆柱体中，有 $\phi26$、$\phi22H11$、$\phi18H11$ 的阶梯孔与空腔相通，阶梯孔顶端 90°扇形限位凸台，对照俯视图可知其位置相对阀体前后对称。

（3）分析尺寸和技术要求　阀体的结构形状比较复杂，标注尺寸很多，这里仅分析其中主要尺寸。以阀体水平轴线为高度方向尺寸基准，标注 $\phi50H11$、$\phi35H11$、$\phi20$ 和 M36，轴线定位尺寸 56 等尺寸；以阀体竖直孔的轴线为长度方向的尺寸基准，标注 $\phi26$、M24×1.5、$\phi20H11$、$\phi18H11$，轴线定位尺寸 21 等尺寸；以阀体前后对称面为宽度方向尺寸基准，标注阀体的外形尺寸 $\phi55$、左侧法兰盘外形尺寸 75×75，4 个螺孔的定位尺寸 $\phi70$，以及扇形凸台的定位尺寸 45°等尺寸。

从上述尺寸分析可以看出，阀体中的一些主要尺寸都标注了公差带代号，相应的表面粗糙度要求都较高，阀体空腔 $\phi35H11$ 圆柱孔的右端面与其轴线的垂直度公差为 0.06，

$\phi 18H11$ 圆柱孔轴线与阀体左端面平行度公差为 0.08。

（4）综合上述分析，想象零件形状，轴测图如图 7-26 所示。

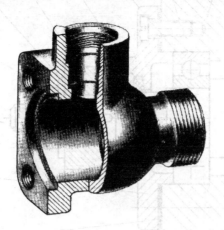

图 7-26 阀体轴测图

第三节 装 配 图

装配图是用来表达机器或部件的工作原理，各部件之间以及各零件之间装配关系的图样。

一、装配图的内容

一张完整的装配图应包括下列内容。

1. 一组图形

用以表达机器和部件的工作原理，各主要零件的结构形状，各个零件间的相对位置和装配关系。其表达方法除第六章学习的机件表达方法外，还采用了一些特殊的表达方法。

（1）规定画法　两相邻零件的接触表面只画一条线。两相邻零件的剖面线方向相反，或剖面线间隔不同，如图 7-27 所示，端盖与箱体剖面线方向相反，端盖与轴承剖面线间隔不同。对于较薄的垫片、较小间隙、细丝弹簧等零件，可采用夸大画法画出，如图 7-27 中的垫片，采用了夸大画法，且由于尺寸较薄，其剖面可以涂黑表示；对标准件和实心杆件等，当剖切平面通过它们的轴线时按不剖处理，如图 7-27 中螺钉、螺母、轴等。

（2）特殊表达方法　装配图中可以假想拆除某些零件进行投影，称之为拆卸画法。如图 7-28 左视图是拆除 13 号零件扳手后画出的。也可沿几个零件之间的结合面进行剖切，结合面处不画剖面符号，如图 7-28 中的俯视图，就是沿 13 号零件扳手和 1 号阀体的结合面剖切画出的。

（3）简化画法　在装配图中，常见工艺结构，如圆角、倒角和退刀槽等可不画出。对若干相同的零件组，如螺栓连接组件等，可详细地画出一组或几组，其余只用中心线表示其位置。见图 7-27 中下方的点画线，表示螺钉连接的简化画法。

2. 必要的尺寸

装配图中应标注该装配体的规格性能尺寸、配合尺寸、安装尺寸、总体尺寸和检验尺寸等必要的尺寸。

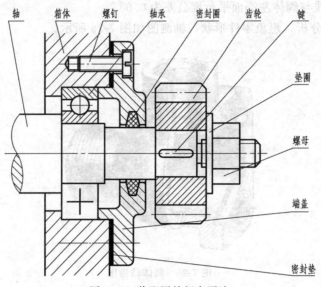

图 7-27　装配图的规定画法

3. 技术要求

技术要求是用文字或规定的代号、符号说明在装配、调试、检验、搬运或使用时应达到的要求和注意事项。

4. 零部件序号、明细表和标题栏

为便于看装配图和生产管理，装配图中应对每个零件进行编号，称为零件序号，如图7-28所示。编号可按顺时针或逆时针顺序整齐排列。编号数字要比尺寸数字大一号或两号。

在明细表中依次填写各零件的序号、名称、件数、材料以及备注等内容。

标题栏应包含部件的名称、规格、绘图比例、图纸编号以及设计、制图和审核人员的签名等内容。

二、读装配图

下面以图 7-28 所示的球阀装配图为例，说明读装配图的方法步骤。

1. 概括了解

（1）通过标题栏了解部件的名称、性能及大致用途　从标题栏可知球阀是安装在管道系统中启闭和调节液体流量的部件。从明细栏及零件编号了解零件的名称、数量材料及所在位置。对照图形和明细表中可见，阀体共有 13 个零件。表达方法上以垂直于阀体两孔轴线所在平面的方向作为主视图的投射方向，采用全剖视图来表达球阀。阀体内两条主要装配干线，各个主要零件及其相互关系为：水平方向装配干线是阀体1、阀盖2、阀芯4、密封圈3等零件；垂直方向是阀杆8、填料压紧套12、上填料11、中填料10、填料垫9、阀芯4及上方的扳手13等零件。左视图采用半剖视图，进一步表达阀杆8与阀芯4的位置关系，并将阀体1与阀盖2的螺纹连接件的数量及分布位置表达清楚。球阀的俯视图以反映外形为主，同时采取了 B—B 局部剖视，反映扳手13与阀体1限定位凸块的关系，凸块的作用是限制扳手13的旋转位置。

（2）了解各零件的作用及连接关系　阀体1和阀盖2均带有方形的法兰盘，它们用四个双头螺柱6和螺母7连接，用调整垫片5调节阀芯4与密封圈3之间的松紧程度。在阀体上有阀杆8，阀杆下部有凸块，榫接阀芯4上的凹槽中。为了密封，在阀体与阀杆之间加进上

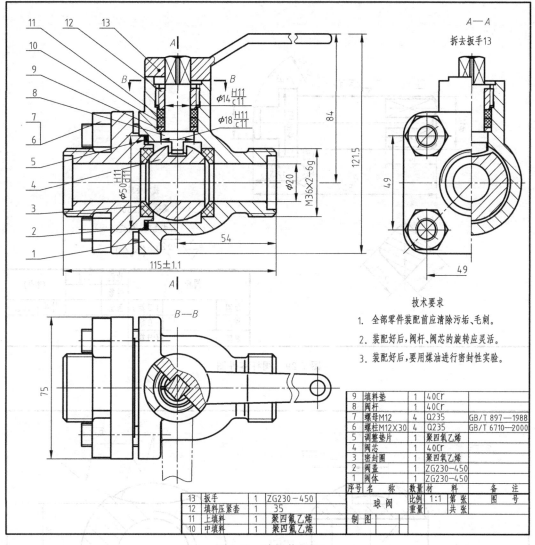

图 7-28 球阀装配图

填料 11 和中填料 10，旋入填料压紧套 12 压紧。扳手 13 的方孔套进阀杆 8 上部的四棱柱。当扳手处于图 7-28 所示的位置时，阀门全部开启，管道畅通；当扳手按顺时针方向旋转 90°时，阀门全部关闭，管道断流，如图 7-28 俯视图双点划线所示。

2. 分析装配图中的尺寸

如图 7-28 所示，M36×2-6g 为球阀的安装尺寸；$\phi20$ 为球阀性能尺寸；球阀的配合尺寸有阀杆与填料压盖间的 $\phi14H11/c11$ 配合、阀杆与阀体间的 $\phi18H11/c11$ 配合、阀盖与阀体间的 $\phi50H11/d11$ 配合；外形尺寸：总长 115（不包括扳手）、总宽 75、总高 121.5；检验尺寸有扳手到 $\phi20$ 圆柱孔轴线的定位尺寸 84，阀杆到阀体右端面的定位尺寸 54。

三、由零件图画装配图

本节以球阀为例说明画装配图的步骤。

图 7-29～图 7-33 是球阀的几个主要零件图，阀体零件图见图 7-25。

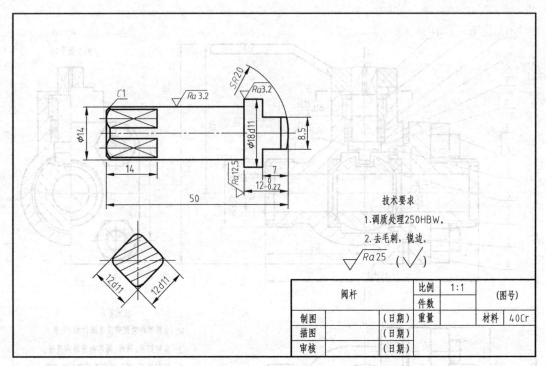

图 7-29　阀杆零件图

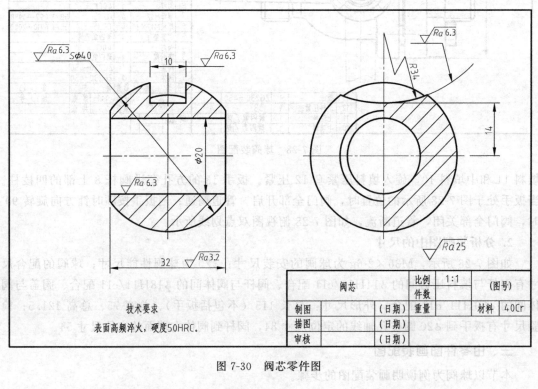

图 7-30　阀芯零件图

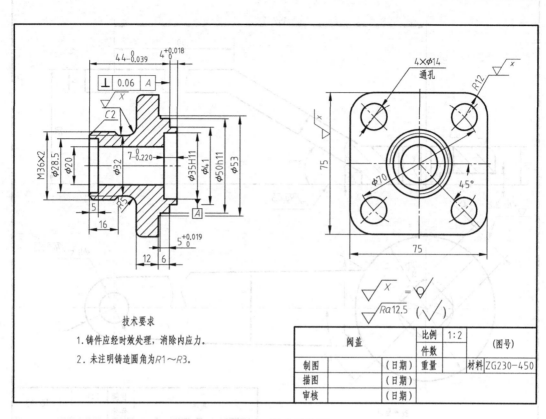

图 7-31 阀芯零件图

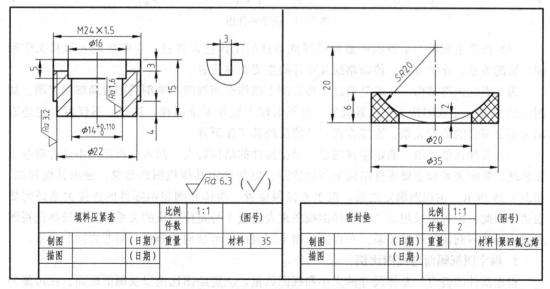

图 7-32 填料压紧套和密封垫零件图

1. 确定表达方案

选择装配图的表达方案应首先确定主视图，然后配合主视图选择其他视图。表达方案如图 7-29 所示。

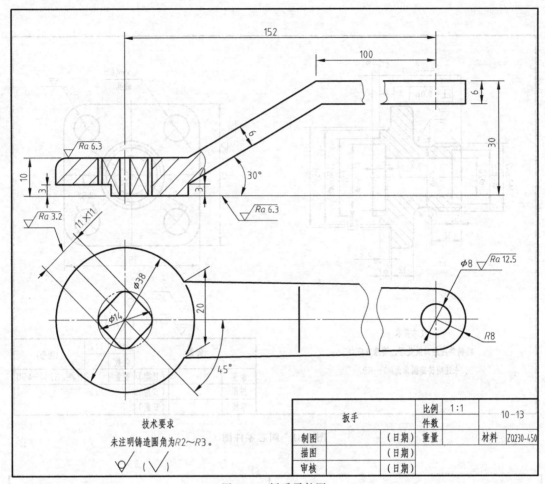

图 7-33 扳手零件图

（1）选择主视图。主视图一般按机器或部件的工作位置放置，应明显地表示其工作原理、装配关系、连接方式、传动路线及零件间主要相对位置。

为了表达内部结构，一般是通过主要装配干线作全剖视图、半剖视图或局部剖视图。如图 7-29 所示，主视图按工作位置放置，并沿装配干线作了全剖视。这样，不仅可清楚地看出大部分零件的装配关系、连接方式，还能反映其工作原理。

（2）选择其他视图。确定主视图后，根据部件的结构特点，深入分析部件中还有哪些工作原理、装配关系和主要零件结构未表达清楚，以便确定其他视图的数量，画出其他视图。如图 7-29 所示，主视图确定之后，扳手的极限位置、阀体和阀盖两零件的连接关系尚需要表达。因此，俯视图采用 B—B 局部剖视图来表达扳手与定位凸块的关系，采用局部剖视图来表达阀体与阀盖的连接关系。左视图采用半剖表达外形结构和阀杆、阀芯之间的关系。

2. 确定图纸幅面与画图比例

根据部件的特点、总体尺寸的大小和视图数量，决定绘图比例以及图纸幅面。在可能的情况下，尽量选取 1∶1 的比例。按视图投影关系配置各视图的位置，要注意留出注写零件编号、标注尺寸、绘制明细栏和注写技术要求的位置。

3. 画底稿

如图 7-34（a）所示，先布置图面，画出各视图的主要轴线和作图基线；如图 7-34（b）

所示，画主要零件阀体三视图的轮廓线；如图 7-34（c）所示，根据与阀体的相对位置画出阀盖的三视图；如图 7-34（d）所示，依次画出其他零件的三视图。

4. 检查加深图线，标注尺寸

完成各视图的底稿后，仔细检查有无遗漏，擦除多余线；画剖面线、标注尺寸。画剖面线时要注意装配图中剖面线的规定画法。

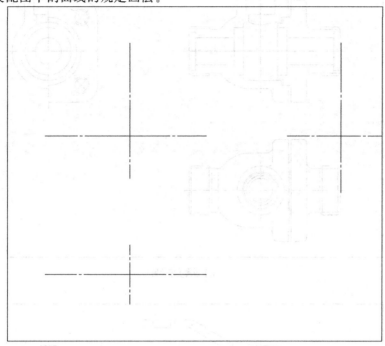

(a)布图，画基准线

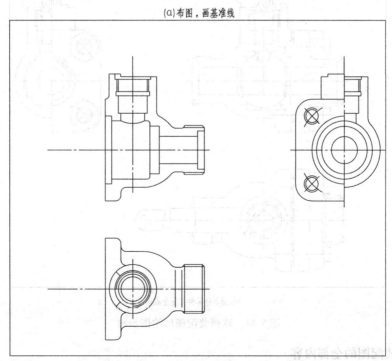

(b)画阀体零件图

图 7-34

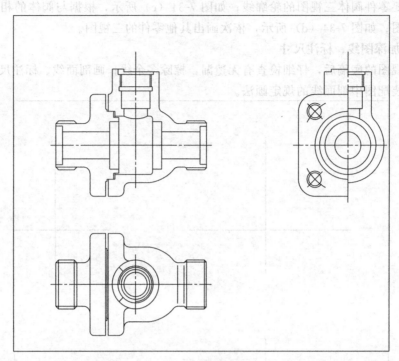

(c) 画阀盖零件图

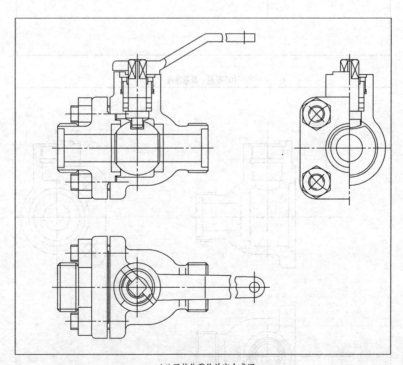

(d) 画其他零件并完全成图

图 7-34　球阀装配图的绘图步骤

5. 完成装配图的全部内容

编序号，填写标题栏、明细栏、技术要求等完成装配图的全部内容。如图 7-28 所示。

本 章 小 结

本章重点介绍标准件和常用件的结构、标记及规定画法；零件图、装配图的作用、内容及绘制和识读零件图、装配图的方法和步骤；查阅国家标准的基本方法。

1. 标准件与常用件

常用的标准件有螺纹紧固件、齿轮、键、销和滚动轴承。

（1）标准件和常用件的作用及分类；

（2）标准件和常用件的规定画法；

（3）标准件的规定标记及查阅国家标准的基本方法。

2. 零件图

零件图是加工和检验零件的依据，在视图选择、尺寸标注、技术要求等方面都比组合体视图有更进一步的要求。

（1）零件图的作用及内容；

（2）零件图的视图选择与尺寸标注；

（3）零件图的技术要求；

（4）绘制与阅读零件图的方法和步骤。

3. 装配图

装配图是表达机器或部件的各组成部分的相对位置、连接装配关系的图样。装配图表达的重点在于反映机器或部件的工作原理、装配连接关系和主要零件结构特征，因此装配图的表达方法、尺寸标注以及技术要求跟零件图有所区别。

（1）装配图的作用及内容；

（2）装配图的表达方法；

（3）绘制和识读装配图的方法和步骤。

复习思考题

1. 螺纹基本要素有哪些？

2. M20X1 LH-5g6g-L 的含义？

3. 螺栓、双头螺柱、螺钉这三种紧固连接，在结构和应用上有什么区别？

4. 绘制直齿圆柱齿轮需要哪几个参数？如何计算？

5. 如何确定普通平键的尺寸？绘制平键连接时有什么规定？

6. 滚动轴承 6206 的含义？

7. 零件图的作用是什么？包括哪些内容？

8. 零件视图选择总的原则是什么？选择主视图应考虑哪些问题？

9. 零件按其形体结构的特征一般可分为哪四类？它们通常具备哪些结构特点？

10. 零件图尺寸标注的基本要求有哪些？

11. 什么是零件的表面粗糙度？它对零件有何影响？

12. 什么叫配合？配合的种类有哪些？

13. 什么是几何公差？几何公差的种类和特征项目符号有哪些？

14. 装配图和零件图的作用有何不同之处？

15. 装配图的规定画法和特殊画法有哪些？

16. 在装配图中进行零件编号和填写明细栏时应注意什么？

第八章　建筑施工图

建筑工程图用来表达建筑物的规划位置、外部形状、内部布置以及内外装饰材料等内容。房屋工程图是用来指导房屋建造施工的依据，所以又称为建筑施工图。

第一节　概　述

一、房屋的组成及其作用

如图 8-1 所示为某住宅楼的剖切轴测图。各种功能不同的房屋建筑，一般都是主要由以下几部分组成。

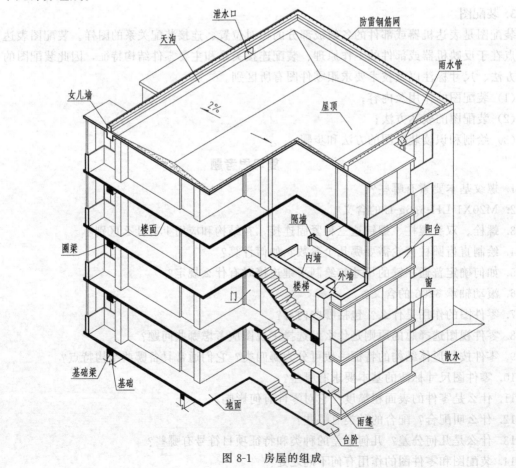

图 8-1　房屋的组成

（1）基础　室内地面以下的承重部分，承受上部传来的荷载并传给地基，起支撑房屋的作用。

（2）墙或柱　承受上部墙体及楼板、梁等传来的荷载并传给基础。外墙兼有维护作用，内墙兼有分隔作用。

（3）楼（地）面　房屋中水平方向的承重构件，将荷载传给墙、柱等，同时起分层作用。

（4）楼梯　房屋垂直方向的交通设施。

（5）屋顶　房屋顶部的承重结构，起着承重、围护、隔热（保温）和防水的作用。

（6）门窗　门主要起联系室内外交通作用；窗主要起采光、通风、分隔、围护作用。

另外，建筑物一般还有散水（明沟）、台阶、雨篷、阳台、女儿墙、雨水管、消防梯、水箱间、电梯间等其他构配件和设施。

二、房屋施工图的分类

房屋施工图是建造房屋的技术依据。为了方便工程技术人员设计和施工应用，按图纸的专业内容、作用不同，将完整的一套施工图进行如下分类。

（1）建筑施工图（简称建施）主要表示房屋的总体布局、外部装修、内部布置、细部构造以对施工要求的图样，是施工放线、砌墙、安装门窗以及编制预算的技术依据。建筑施工图包括首页图（图纸总说明、图纸目录）、总平面图、平面图、立面图、剖面图和建筑详图等。

（2）结构施工图（简称结施）主要表示房屋承重构件（如梁、板、柱等）的平面布置、形状、大小、材料、构造类型及其相互关系的图样，是挖基槽、绑扎钢筋、安装梁板柱以及编制预算的技术依据。结构施工图包括结构设计说明、基础图、结构平面布置图和结构构件详图等。

（3）设备施工图（简称设施）主要表示建筑物内给水排水、采暖、通风、电气照明等设施的布置和施工要求的图样。设备施工图包括给水排水、采暖通风、电气专业的平面布置图、系统图和详图，分别简称水施、暖施和电施。

三、建筑施工图的一般规定

1. 比例

《建筑制图标准》（GB/T 50104—2010）中，对建筑施工图的绘图比例作如下规定：总平面图常用的比例为1∶2000、1∶1000、1∶500；建筑平面图、立面图、剖面图常用的比例为1∶200、1∶150、1∶100、1∶50；详图常用的比例为1∶50、1∶30、1∶20、1∶10、1∶5、1∶2、1∶1、2∶1。

2. 图线

房屋建筑施工图中为了使所表达的图样层次分明，重点突出，采用不同的线型和线宽，《建筑制图标准》（GB/T 50104—2010）中对各种图线的应用有明确的规定，见表8-1。

表8-1　建筑专业图中常用的图线

名称	线　　型	线宽	一　般　用　途
粗实线	——————	b	①平、剖面图中被剖切的主要建筑构造（包括构配件）的轮廓线 ②建筑立面图或室内立面图的外轮廓线 ③建筑构造详图中被剖切的主要部分的轮廓线 ④建筑构配件详图中的外轮廓线 ⑤平、立、剖面的剖切符号
中粗实线	——————	$0.7b$	①平、剖面图中被剖切的次要建筑构造（包括构配件）的轮廓线 ②建筑平、立、剖面图中建筑构配件的轮廓线 ③建筑构造详图及建筑构配件详图中的一般轮廓线

续表

名称	线　型	线宽	一般用途
中实线		0.5b	小于0.7b的图形线、尺寸线、尺寸界线、索引符号、标高符号、详图材料做法引出线、粉刷线、保温层线、地面、墙面的高差分界线等
细实线		0.25b	图例填充线、家具线、纹样线等
中粗虚线		0.7b	①建筑构造详图及建筑构配件不可见的轮廓线 ②平面图中的起重机(吊车)轮廓线 ③拟建、扩建建筑物轮廓线
中虚线		0.5b	投影线、小于0.5b的不可见轮廓线
细虚线		0.25b	图例填充线、家具线等
粗点画线		b	起重机(吊车)轨道线
细点画线		0.25b	中心线、对称线、定位轴线
折断线		0.25b	不需要画全的断开界线
波浪线		0.25b	不需要画全的断开界线、构造层次的断开线

注：室外地坪线线宽可用1.4b。

3. 建筑施工图中常用的符号及图例

（1）定位轴线　定位轴线是确定主要承重构件如墙、柱、梁和屋架等结构构件位置的定位线。一般用细点画线绘制，端部加绘直径为8~10mm的细实线圆，如图8-2所示。

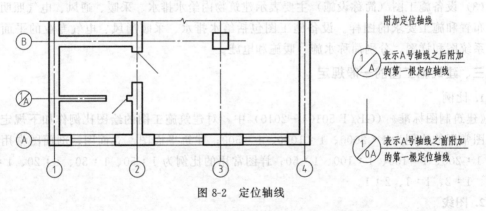

图8-2　定位轴线

轴线的编号应遵守如下规定：在平面图中定位轴线的编号宜标注在图样的下方与左侧。横向编号用阿拉伯数字，从左至右顺序编写；竖向编号用大写拉丁字母（I、O、Z除外），从下至上顺序编写。字母数量不够时，可增用双字母或单字母加数字注脚。对于次要构件可用附加定位轴线表示，详见图8-2。

（2）标高　标高是标注建筑物高度的一种尺寸形式。标高的尺寸单位为m，标注到小数点后3位（总平面图中标注到小数点后两位）。标高符号用细实线按图8-3（a）进行绘制，形状为等腰直角三角形。总平面图上的室外地坪标高符号宜用涂黑的三角形表示，见图8-3（b）。建筑平面图中标高的标注方法见图8-3（c）。立面图、剖面图等标注标高时，标高符号的尖端应指至被注高度的位置，尖端宜向下，也可向上，见图8-3（d）。零点标高记为"±0.000"，比零点低的加"－"，高的"+"号省略。在图样的同一位置表示几个不同标高时，标高数字可按图8-3（e）的形式注写。

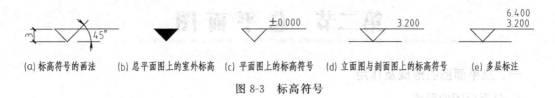

(a) 标高符号的画法　(b) 总平面图上的室外标高　(c) 平面图上的标高符号　(d) 立面图与剖面图上的标高符号　(e) 多层标注

图 8-3　标高符号

标高尺寸有绝对标高与相对标高之分。绝对标高是以我国青岛附近的黄海平均海平面为零点测出的高度尺寸；相对标高是以建筑物首层室内主要地面为零点确定的高度尺寸。

(3) 索引符号和详图符号

① 索引符号。图样中某一局部需要用较大比例绘制详图时，应以索引符号索引。索引符号由直径为 8~10mm 的圆和水平直径组成，均以细实线绘制，如图 8-4 (a) 所示。横线上部数字为详图的编号，下部数字为详图所在图纸的编号，如下部画一横线表示详图绘在本张图纸上。如详图采用标准图，应在水平直径的延长线上注明标准图集的编号。若索引符号用于索引剖视详图，应在被剖切的部位绘制剖切位置线，引出线所在的一侧为剖视方向，详见图 8-4 (b)。

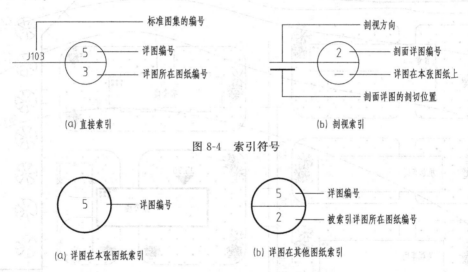

(a) 直接索引

(b) 剖视索引

图 8-4　索引符号

(a) 详图在本张图纸索引

(b) 详图在其他图纸索引

图 8-5　详图符号

② 详图符号。详图符号用来表示详图的编号和位置。详图符号用直径为 14mm 的粗实线圆表示，在圆内标注与索引符号相对应的详图编号。若详图从本页索引，可只注明详图的编号，如图 8-5 (a) 所示。若从其他图纸上引来尚需在圆内画一水平直径线，上部注明详图编号，下部注明被索引的图纸的编号，如图 8-5 (b) 所示。

③ 指北针。指北针用来确定建筑物的朝向，宜用直径为 24mm 的细实线圆加一涂黑指针表示，指针尖为北向，加注"北"或"N"字，尾部宽宜为 3mm，如图 8-6 所示。

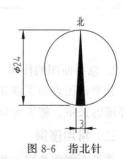

图 8-6　指北针

④ 建筑材料图例。《房屋建筑制图统一标准》(GB/T 50001—2010) 中规定了常用建筑材料的图例画法，常用材料图例见表 6-1。

第二节　总平面图

一、总平面图的形成及作用

1. 总平面图的形成

将新建建筑物周边一定范围内的新建、拟建、原有、拆除的建筑物、构筑物及其地形、地物等用水平投影的方法和相应的图例画出的图样，称为总平面图，见图 8-7。

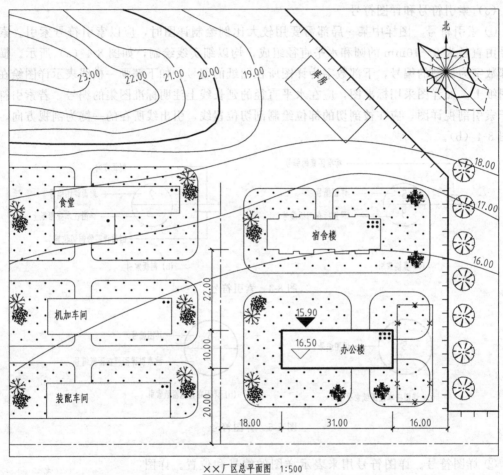

××厂区总平面图　1:500

图 8-7　××厂区总平面图

2. 总平面图的作用

总平面图表明了新建建筑物的平面形状、位置、朝向、外部尺寸、层数、标高以及与周围环境的关系、施工定位尺寸，是土方计算和水、暖、电等管线设计的依据。

二、常用图例

总平面图中常用一些图例表示建筑物及绿化等，见表 8-2。

三、总平面图的图示内容

1. 图名、比例

图名应标注在总平面图的正下方，在图名下方加画一条粗实线，比例标注在图名右侧，其字高比图名字高小一号或两号，如图 8-7 所示。因总平面图覆盖范围较大，所以一般采用 1∶2000、1∶1000、1∶500 等小比例绘制。本例绘图比例为 1∶500。

表 8-2　总平面图常用图例

名称	图例	备注	名称	图例	备注
新建建筑物	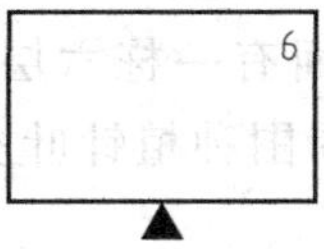 6 ▲	(1)用粗实线表示 (2)用▲表示出入口 (3)在图形内右上角用点数或数字表示层数	新建道路	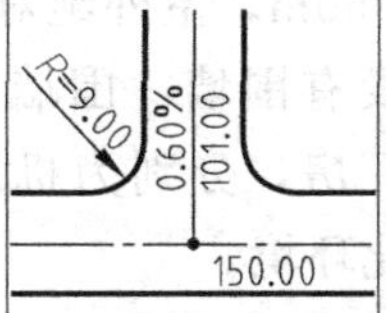 R=9.00　0.60%　101.00　150.00	"R9"表示道路转弯半径，"150.00"为道路中心控制点标高，"0.60%"表示0.6%的纵向坡度，"101.00"表示变坡点之间的距离
原有建筑物	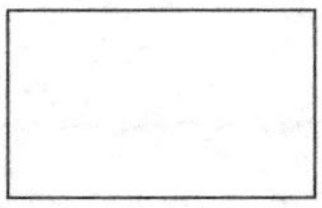	用细实线表示	原有道路		
计划扩建的建筑物或预留地		用中虚线表示	计划扩建道路	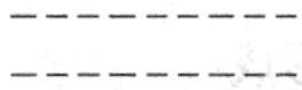	
拆除的建筑物		用细实线表示	填挖边坡	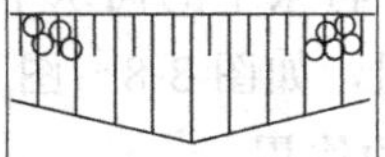	边坡较长时，可在一端或两端局部表示
坐标	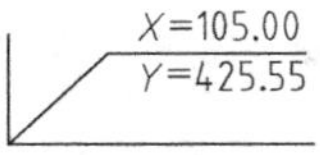 X=105.00 Y=425.55	表示测量坐标	围墙及大门	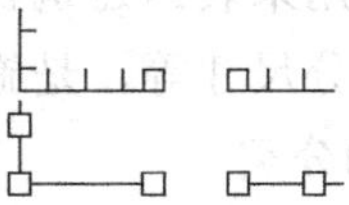	上图为实体性质的围墙 下图为通透性质的围墙
	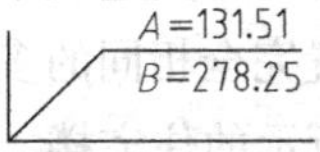 A=131.51 B=278.25	表示建筑坐标	树木	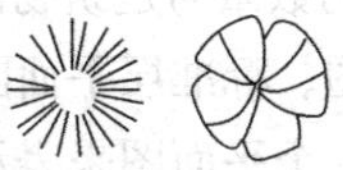	左图表示针叶类树木 右图表示阔叶类树木

2. 新建建筑物周围总体布局

以表 8-2 中规定的图例来表明新建、原有、拟建的建筑物，附近的地物环境、交通和绿化布置。地形复杂时需要画出等高线，如图 8-7 所示。

3. 新建建筑物的朝向、位置和标高

（1）定向　在总平面图中，首先应确定建筑物的朝向。朝向可用指北针或风向频率玫瑰图（图 8-7）表示。风向频率玫瑰图（简称风玫瑰）是根据当地气象部门提供的多年平均统计各个方向的吹风次数的百分数值按一定比例绘在十六罗盘方位线上连接而成，风向从外部吹向中心。粗实线为全年风向频率，虚线为夏季（6～8 月）风向频率。

（2）定位　房屋的位置可用定位尺寸或坐标确定。定位尺寸应注出与原有建筑物或道路中心线的联系尺寸。总平面图中应以 m 为单位，标出新建建筑物的总长、总宽尺寸，如图 8-7 所示。

（3）定高　在总平面图中，需注明新建建筑物室内地面±0.00 处和室外地面的绝对标高，如图 8-7 所示。

4. 补充图例或说明

必要时可在图中画出一些补充图例或文字说明以表达图样中的内容。

四、总平面图的识读

图 8-7 为××厂区总平面图，绘图比例 1∶500。从图中可以看到，厂区内新建一栋

六层的办公楼，朝向坐北朝南，长 31.00m，宽 10.00m，新建筑物是根据原有道路和建筑物来定位的，图中尺寸"20.00"是新建筑物与东西方向道路中心线间的距离尺寸；"18.00"为新建筑物与南北方向道路中心线间的距离尺寸；"22.00"是新建筑物与原有六层建筑（宿舍楼）间的距离，"16.00"是新建筑物到围墙的距离。室内±0.00 处地面相当于绝对标高 16.50m，室外绝对标高为 15.90m，可知室内外高差为 0.6m。东侧有一需拆除建筑物，并设有围墙，围墙外侧为绿化带。新建筑物北面有一栋六层的宿舍楼；西侧是两栋两层的厂房，分别为机加车间和装配车间。建筑物周围种植针叶类、阔叶类树木，有较好的绿化环境。

第三节　建筑平面图

一、建筑平面图的形成、作用及分类

1. 建筑平面图的形成

建筑平面图是用一个假想的水平剖切平面，沿建筑物窗台以上部位剖开整幢房屋，移去剖切平面以上部分，将余下的向水平投影面作正投影所得到的水平剖面图，习惯上称为建筑平面图，简称平面图，如图 8-8～图 8-10 所示。

2. 建筑平面图的作用

建筑平面图主要用来表达建筑物的平面形状、房间布置、门窗洞口位置、各细部构造位置、固定设施、各部分尺寸等，是施工放线和编制预算的主要依据。

3. 建筑平面图的分类

一般建筑平面图的数量与建筑物的层数有关。一幢三层或以上的房屋，其建筑平面图至少应有三张，即底层平面图、标准层平面图和顶层平面图。若各层房间布置完全相同的多层或高层建筑物，其中间层可用一个平面图来表示，称为标准层平面图。图 8-1 所示的住宅楼，房屋的底层和顶层平面布局不相同，应分别绘出。二层、三层平面相同，可合画一个标准层平面图。

二、建筑平面图中常用的图例

在建筑平面图中，各建筑配件如门窗、楼梯、坐便器、通风道、烟道等一般都用图例表示，下面将《建筑制图标准》（GB/T 50104—2010）和《建筑给水排水制图标准》（GB/T 50106—2010）中一些常用的图例摘录为表 8-3。

三、平面图的图示内容

建筑平面图应包含以下内容，如图 8-8～图 8-10 所示。

（1）图名、比例、朝向、定位轴线及编号。

（2）建筑物的平面布置，包括墙、柱的断面，门窗的位置、类型及编号，各房间的名称等。

按实际绘出外墙、内墙、隔墙和柱的位置，门窗的位置、类型及编号，各房间布局、大小和用途等。门的代号为 M，窗的代号为 C，代号后面是编号。同一编号表示同一类型的门窗，其构造和尺寸完全相同。

（3）其他构配件和固定设施的图例或轮廓形状。在平面图上应绘出楼（电）梯间、卫生器具、水池、橱柜、配电箱等。底层平面图还应画出入口（台阶或坡道）、散水、明沟、雨水管、花坛等，楼层平面图则应画出本层阳台、下一层的雨篷顶面和局部屋面等。

表 8-3 常用建筑构造及配件图例

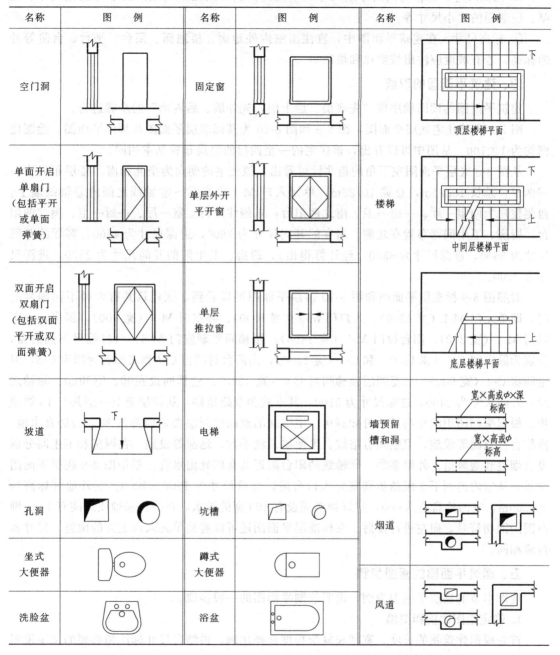

（4）各种有关的符号。在底层平面图上应画出指北针和剖切符号。在需要另画详图的局部结构或构件处，画出详图索引符号。

（5）平面尺寸和标高。建筑平面图上的尺寸分为外部尺寸和内部尺寸。

① 外部尺寸。为了便于读图和施工，外部通常标注三道尺寸：最外面一道是总尺寸，表示房屋外墙轮廓的总长、总宽；中间一道是定位轴线间的尺寸，一般表明房间的开间、进深（相邻横向定位轴线间的距离称为开间，相邻纵向定位轴线间的距离称为进深）；最靠近图形的一道是细部尺寸，表示房屋外墙上门窗洞口等构配件的大小和位置。

室外台阶或坡道、花池、散水等附属部分的尺寸，应在其附近单独标注。

② 内部尺寸。标注房间的净空尺寸，室内门窗洞口及固定设施的大小与位置尺寸、墙厚、柱断面的大小尺寸等。

③ 标高尺寸。在建筑平面图中，宜注出室内外地面、楼地面、阳台、平台、台阶等处的标高，若有坡度应注出坡度比和坡向。

四、建筑平面图的识读

建筑平面图的读图顺序按"先底层、后上层，先外墙、后内墙"的步骤进行。

图 8-8 为某住宅底层平面图，图 8-9 和图 8-10 为其标准层平面图和顶层平面图。绘图比例均为 1：100。从图中可以看出，该住宅的一至四层的格局布置基本相同。

从图 8-8 底层平面图左下角的指北针可看出，该住宅的朝向为坐北朝南。楼层布局为一梯两户，总长 18.74m，总宽 10.22m。单元入口 M-1 设在⑤～⑥轴线之间的Ⓓ轴线墙上。西侧住户为两室一厅、一厨一卫、南北两阳台；东侧住户为三室一厅、一厨一卫、南北两阳台，厨房、卫生间都布置在北侧。居室的开间尺寸为 3600，进深尺寸为 4500，客厅的开间尺寸为 3600，进深尺寸为 6300（经计算得出），厨房、卫生间的开间尺寸为 2100，进深尺寸为 2700。

对照图 8-9 标准层平面图和图 8-10 顶层平面图可以看到，该建筑共有六种不同编号的门，即单元门 M-1（宽 1300）、入户门 M-2（宽 1000）、卧室门 M-3（宽 900），厨房、卫生间门 M-4（宽 800），阳台拉门 M-5（宽 1400），楼梯间贮藏室门 M-6；六种编号不同的窗，分别为卧室窗 C-1（宽 1800）和 C-3（宽 1500），南阳台封闭窗 C-2 和北阳台封闭窗 C-5，卫生间窗 C-4（宽 900），二至四层楼梯间窗 C-6（宽 1300）。楼梯间设在Ⓑ、Ⓓ和⑤、⑥轴之间，开间尺寸为 2400，进深尺寸为 5100，其形式为双跑楼梯，从该层至上一层共上 18 级踏步。根据平面图中的标高尺寸可知厨房、卫生间的地面比同层楼地面都低 20，厨房有水池、操作台、地漏等设施，卫生间有浴缸、坐便器、洗手盆、地漏等设施，在厨房和卫生间分别设有烟道和通风道。外墙靠②、⑨轴线的阳台附近共有四处雨水管。根据图 8-8 底层平面图所示，从室内地面下 3 级踏步到室外入口台阶，台阶尺寸为 1900×1050。室外地坪标高为 −0.60m，室内外高差为 600，建筑物四周设有 400 宽的散水，在⑦、⑧轴线之间有 1—1 剖面图的剖切符号，向左进行投射。在标准层平面图还可以看到单元入口上方的雨篷，尺寸和台阶相同。

五、建筑平面图的画图步骤

现以本节的底层平面图为例，说明绘制平面图的一般步骤。

1. 确定绘图比例和图幅

首先根据建筑物的长度、宽度和复杂程度选择比例，再结合尺寸标注和必要的文字说明所占的位置，确定图纸的幅面。

2. 画底稿

（1）布置图面，确定画图位置，画定位轴线，如图 8-11 所示。

（2）绘制墙（柱）轮廓线及门窗洞口线、门窗图例符号等，如图 8-12 所示。

（3）绘制其他构配件，如台阶、楼梯、散水、卫生器具等构配件的轮廓线，如图 8-13 所示。

3. 加深图线

仔细检查，无误后，按照《建筑制图标准》（GB/T 50104—2010）中对各种图线的应用规定加深图线，如图 8-14 所示。

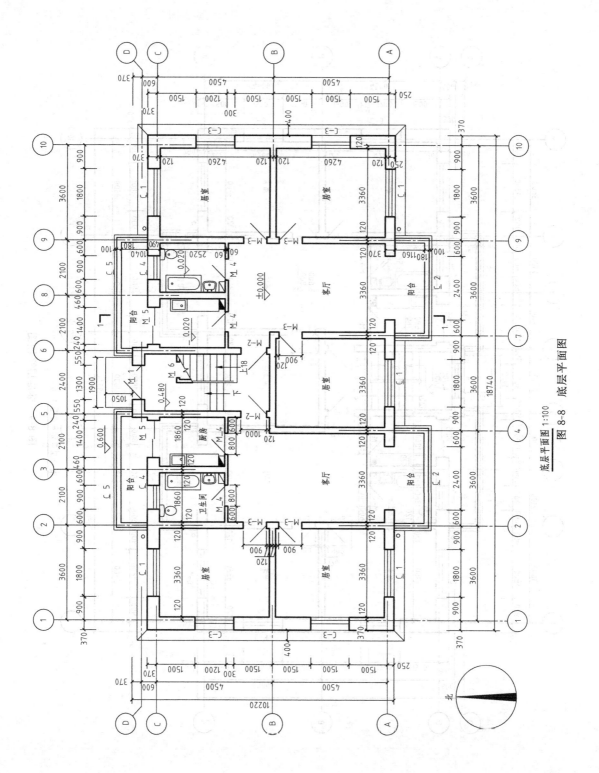

底层平面图 1:100

图 8-8　底层平面图

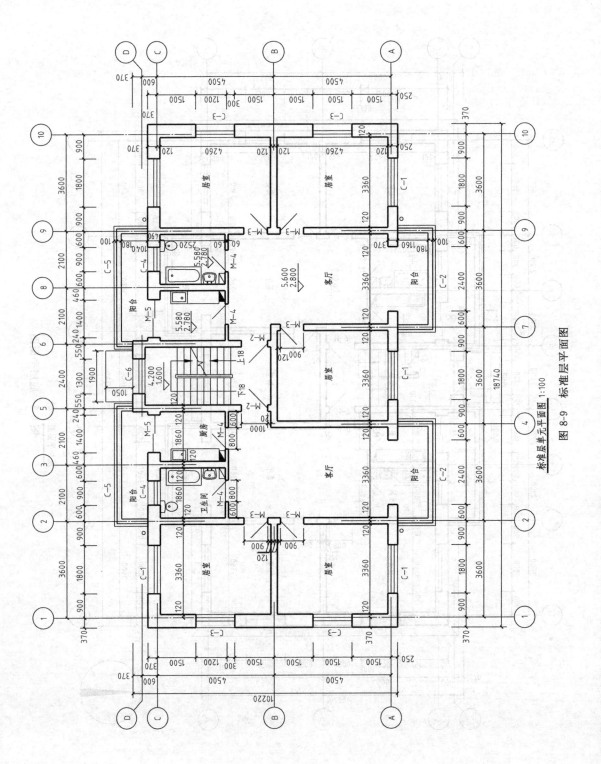

标准层单元平面图 1:100

标准层平面图

图 8-9

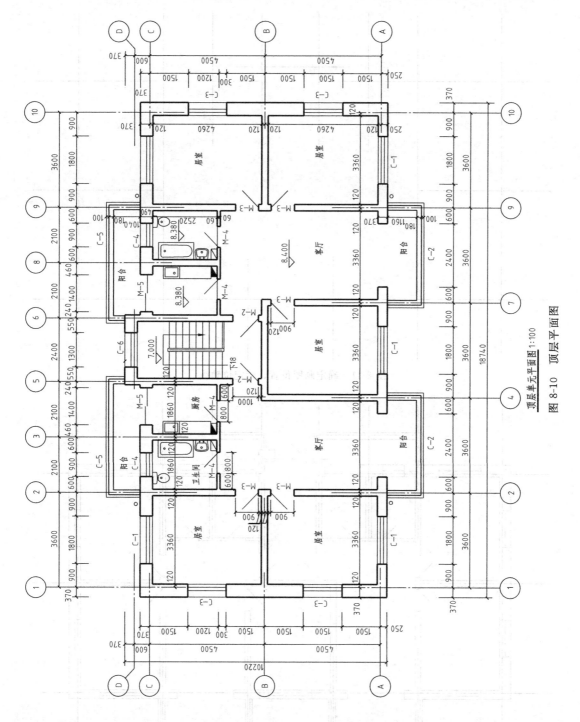

顶层单元平面图 1:100

图 8-10 顶层平面图

凡是被剖切到的主要建筑构造如墙、柱断面的轮廓线用粗实线（b）绘制；被剖切到的次要建筑构造如玻璃隔墙、门扇的开启线、窗的图例线以及未剖切到的建筑配件的可见轮廓线如楼梯、地面高低变化的分界线、台阶、散水、花池等用中实线（$0.5b$）绘制；图例线、

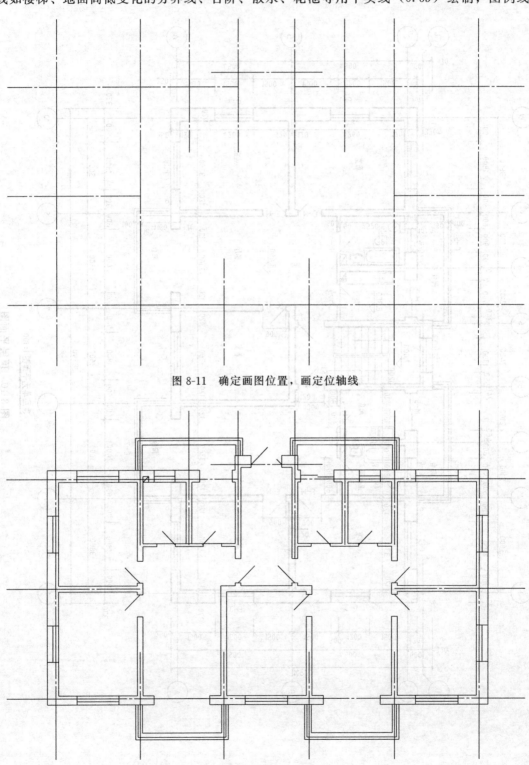

图 8-11　确定画图位置，画定位轴线

图 8-12　画墙、门窗

尺寸线、尺寸界线、标高、索引符号等用细实线（0.25b）绘制。如需表示高窗、洞口、通气孔、槽、地沟等不可见部分则用虚线绘制。

4. 注写尺寸、画图例符号、注写说明等，完成全图

根据平面图尺寸标注的要求，标出各部分尺寸，画出其他图例符号，如指北针、剖切符

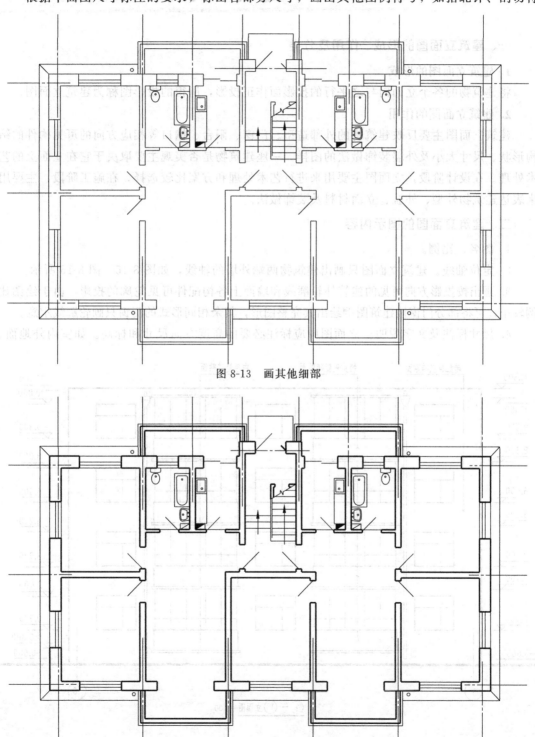

图 8-13　画其他细部

图 8-14　加深图线

号、索引符号、门窗编号、轴线编号等，注写图名、比例、说明等内容，汉字宜写成长仿宋体，最后完成全图，如图 8-8 所示。

第四节　建筑立面图

一、建筑立面图的形成、作用及分类

1. 建筑立面图的形成

将建筑物的各个立面向与之平行的投影面作正投影，所得的投影图称为建筑立面图。

2. 建筑立面图的作用

建筑立面图主要反映建筑物的外部造型、门窗、阳台、檐口等相应方向的可见构件的结构形状、尺寸大小及外墙装饰做法的图样。一座建筑物是否美观主要取决于它在立面上的艺术处理。在设计阶段，立面图主要用来进行艺术处理和方案比较选择。在施工阶段，主要用来表达建筑物外型、外貌、立面材料及装饰做法。

二、建筑立面图的图示内容

1. 图名、比例。

2. 定位轴线。建筑立面图只画出建筑物两端外墙的轴线，如图 8-15、图 8-16 所示。

3. 画出按投影方向可见的建筑外轮廓线和墙面上各构配件可见轮廓的投影，由于绘图比例较小，可将部分门窗按建筑图例绘出其完整图形，其余相同形式的门窗只画轮廓线示意。

4. 尺寸标注及文字说明。立面图中应标注必要的高度方向尺寸和标高。如室内外地面、

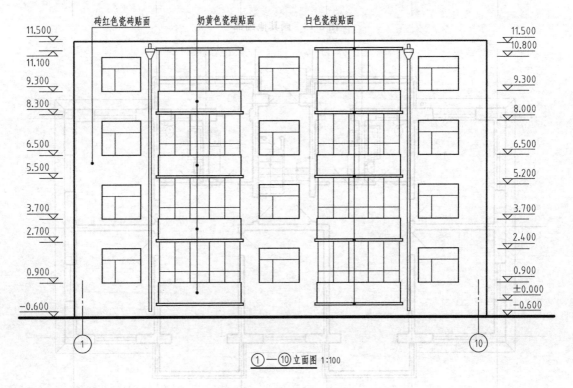

图 8-15　①—⑩立面图

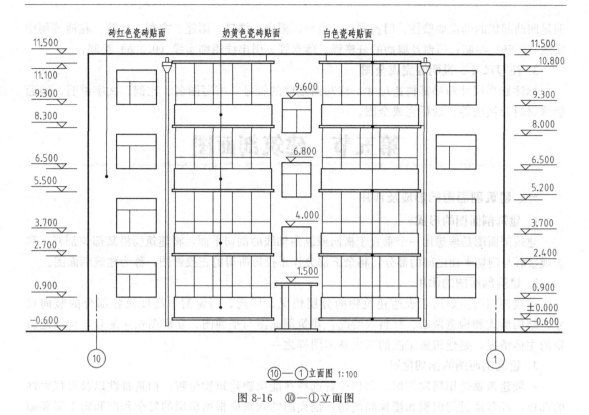

图 8-16 ⑩—①立面图

门窗洞口、阳台、雨篷、女儿墙、台阶等处的标高和尺寸。除了标高，有时还补充一些局部的建筑构造或构配件的尺寸，并用文字说明墙面的装饰材料、作法等。

三、建筑立面图的识读

图 8-15、图 8-16 为某住宅不同侧面的立面图，这些图都是采用与平面图相同的比例 1:100 绘制的，反映住宅相应立面的造型和外墙面的装修。从图中可以看出，该住宅为四层，总高为 12.10m。整个立面简洁、大方，入口处单元门为三七对开防盗门，门口有一步台阶，上方设有雨篷，靠阳台角处共设有四处雨水管。所有窗采用塑钢窗，分格形式如图。整栋住宅外墙面全部采用砖红色瓷砖贴面，阳台栏板上部采用奶黄色瓷砖贴面，阳台栏板下部采用白色瓷砖贴面，使整个建筑色彩协调、明快。图中还标注了楼梯间窗和雨篷顶面的标高。

四、建筑立面图的画图步骤

建筑立面图的画图步骤与平面图基本相同，同样经过选定比例和图幅、绘制底稿、加深图线、标注尺寸文字说明等几个步骤，现说明如下。

1. 打底稿

（1）画出两端轴线及室外地坪线、屋顶外形线和外墙的外形轮廓线。

（2）画各层门、窗洞口线。

（3）画立面细部，如台阶、窗台、阳台、雨篷、檐口等其他细部构配件的轮廓线。

2. 检查无误后按立面图规定的线型加深图线

为了使建筑立面图主次分明，有一定的立体感，通常室外地坪线用特粗实线（1.4b）绘制；建筑物外包轮廓线（俗称天际线）和较大转折处轮廓的投影用粗实线（b）绘制；外墙上明显凹凸起伏的部位如壁柱、门窗洞口、窗台、阳台、檐口、雨篷、窗楣、台阶、花池等用中实线（0.5b）绘制；门窗及墙面的分格线、落水管、引出线用细实线（0.25b）绘制。

3. 注写尺寸、说明等完成全图

标注标高尺寸和局部构造尺寸，注写两端墙的轴号，书写图名、比例、文字说明、墙面装修材料及做法等，最后完成全图。

第五节 建筑剖面图

一、建筑剖面图的形成及作用

1. 建筑剖面图的形成

建筑剖面图是假想用一个垂直于横向或纵向轴线的剖切平面，将建筑物沿某部位剖开，移去观察者与剖切平面之间的部分，将余下部分作正投影所得的正投影图，称为建筑剖面图。

2. 建筑剖面图的作用

建筑剖面图主要用于表达建筑物的分层情况、层高、门窗洞口高度及各部分的竖向尺寸，结构形式和构造做法、材料等情况。建筑剖面图与平面图、立面图相互配合，构成建筑物的主体情况，是建筑施工图的三大基本图样之一。

3. 建筑剖面图的剖切位置

一般建筑物选用横向剖切，剖切位置选择在能反映建筑物全貌、构造特性以及有代表性的部位，经常通过门窗洞和楼梯间剖切，剖面图的数量应根据房屋的复杂程度和施工需要而定，其剖切符号标注在底层平面图上。如图 8-17 所示 1—1 剖面图的剖切符号标注在图 8-8 底层平面图中。

二、建筑剖面图的图示内容

1. 图名、比例、轴线及编号

建筑剖面图一般采用与平面图相同的比例。凡是被剖切到的墙、柱都应标出定位轴线及其编号，以便与平面图进行对照，如图 8-17 所示。

2. 剖切到的构配件

剖面图上要绘制剖切到的构配件以表明其竖向的结构形式及内部构造。例如室内外地面、楼地面及散水、屋顶及其檐口、剖到的内墙、外墙、柱、门、窗等，剖到的各种梁、板、雨篷、阳台、楼梯等。剖面图中一般不画基础部分。

3. 未剖切到但可见的构配件

剖面图中要绘制未剖切到但可见构配件的投影，例如看到的墙、柱、门、窗、梁、阳台、楼梯段、装饰线等。

4. 尺寸标注

（1）标高尺寸 在室内外地面、各层楼地面、台阶、楼梯平台、檐口、女儿墙顶等处标注建筑标高；在门窗洞口等处标注结构标高。

（2）竖向构造尺寸 通常标注外墙的洞口尺寸、层高尺寸、总高尺寸三道尺寸，内部标注门窗洞口、其他构配件高度尺寸。

（3）轴线尺寸 标注轴线间的尺寸。

5. 其他图例、符号、文字说明

对于因比例较小不能表达的部分，可用图例表示，例如钢筋混凝土构件可涂黑。按需要注明详图索引符号。对于一些材料及作法，可用文字加以说明。

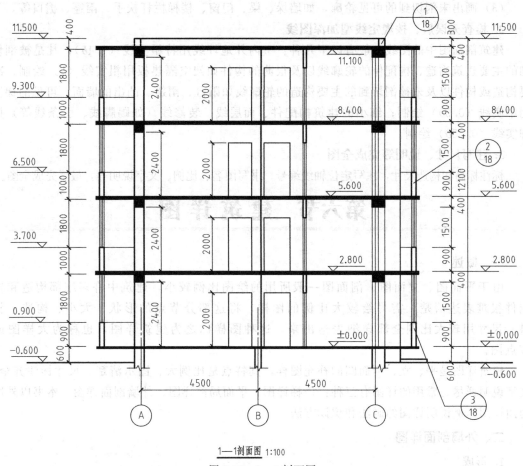

1—1剖面图 1:100

图 8-17 1—1 剖面图

三、建筑剖面图的识读

对照图 8-8 底层平面图，可知图 8-17 所示 1—1 剖面图是在⑦~⑧轴线间横向剖切，向左投射所得的剖面图，剖切到Ⓐ、Ⓑ、Ⓒ轴线的纵墙及其墙上的门窗，图中表达了住宅地面至屋顶的结构形式和构造内容。反映了剖切到的南阳台、Ⓐ轴墙上的门洞口、厨房 M-4 的门、Ⓒ轴墙上的 M-5 推拉门、北阳台的结构形式及散水、楼地面、屋顶、过梁、女儿墙的构造；同时表示了剖切后可见的居室门 M-3 及分户门 M-2 等构造。从图 8-17 中可以看出，住宅共四层，各层楼地面的标高分别±0.000、2.800m、5.600m、8.400m，层高 2.800m，女儿墙顶面的标高为 11.500m，室外地面标高为－0.600m。阳台窗 C-2 和 C-5 高 1800，窗台高 900，门洞高 2400，居室门 M-3 和分户门 M-2 高 2000 等。此住宅垂直方向的承重构件为砖墙，水平方向的承重构件为钢筋混凝土梁和楼板（图中涂黑断面），故为混合结构。在Ⓒ轴线外墙、阳台外墙和女儿墙上的部位，画出了详图索引符号。

四、建筑剖面图的画图步骤

建筑剖面图的比例、图幅的选择与建筑平面图和立面图相同，其画图步骤如下。

1. 打底稿

（1）画定位轴线、室内外地坪线、楼面线、屋面、楼梯踏步的起止点、休息平台面等。

（2）画出剖切到的墙身、门窗洞口、楼板、屋面、平台板、楼梯、梁等。

（3）画出未剖切到的可见轮廓，如墙垛、梁、门窗、楼梯栏杆扶手、雨篷、檐口等。

2. 检查无误后，按规定线型加深图线

建筑剖面图中的图线一般有以下几种：室内外地坪线用特粗实线（$1.4b$）；凡是被剖切到的主要建筑构造、构配件的轮廓线以及很薄的构件如架空隔热板用粗实线（b）绘制；次要构造或构件以及未被剖切到的主要构造的轮廓线如阳台、雨篷、凸出的墙面、可见的梯段用中实线（$0.5b$）绘制；细小的建筑构配件、面层线、装修线（如踢脚线、引条线等）用细实线（$0.25b$）绘制。

3. 注写尺寸、说明等完成全图

标注标高和构造尺寸，注写定位轴线编号，书写图名、比例、文字说明等，最后完成全图。

第六节　建筑详图

一、概述

由于平面图、立面图、剖面图一般所用的绘图比例较小，建筑中许多细部构造和构配件很难表达清楚，需另绘较大比例的图样，将这部分节点的形状、大小、构造、材料、尺寸用较大比例全部详细表达出来，这种图样称之为建筑详图，也称为大样图或节点图。

建筑详图是平、立、剖面图的补充图样，其特点是比例大、图示清楚、尺寸标注齐全、文字说明详尽。常用的详图有三种：楼梯详图、平面局部详图、外墙剖面详图。本书以外墙剖面详图为例说明详图的画法和识读方法。

二、外墙剖面详图

1. 形成

外墙剖面详图是用垂直于外墙的剖切平面将外墙沿某处剖开后投影所形成的。它主要表示外墙与地面、楼面、屋面的构造连接情况以及檐口、门窗顶、窗台、散水、明沟等处的构造情况，是施工的重要依据。

一般外墙剖面详图用较大的比例绘制，如 $1:50$、$1:20$、$1:10$ 等。图 8-18 中有 3 个详图 $\frac{1}{17}$、$\frac{2}{17}$、$\frac{3}{17}$，索引位置见图 8-17。

2. 图示内容

在多层房屋中，各层的构造情况基本相同，详图可只表示墙身底部、阳台与楼板、檐口三个节点，各节点在门窗洞口处断开，在各节点详图旁边注明详图符号和比例。其主要内容如下。

（1）墙身底部　外墙底部主要表示一层窗台及以下部分，包括室外地坪、散水（或明沟）、防潮层、勒脚、底层室内地面、踢脚、窗台等部分的形状、尺寸、材料和构造作法。

（2）阳台、楼面节点（中间部分）　主要表示楼面、门窗过梁、圈梁、阳台等处的形状、尺寸、材料和构造作法。此外，还应表示出楼板与外墙的关系。

（3）檐口节点　主要表示屋顶、檐口、女儿墙、屋顶圈梁的形状、尺寸、材料和构造作法。

3. 外墙剖面详图的识读

以图 8-18 所示内容为例，识读外墙剖面详图。

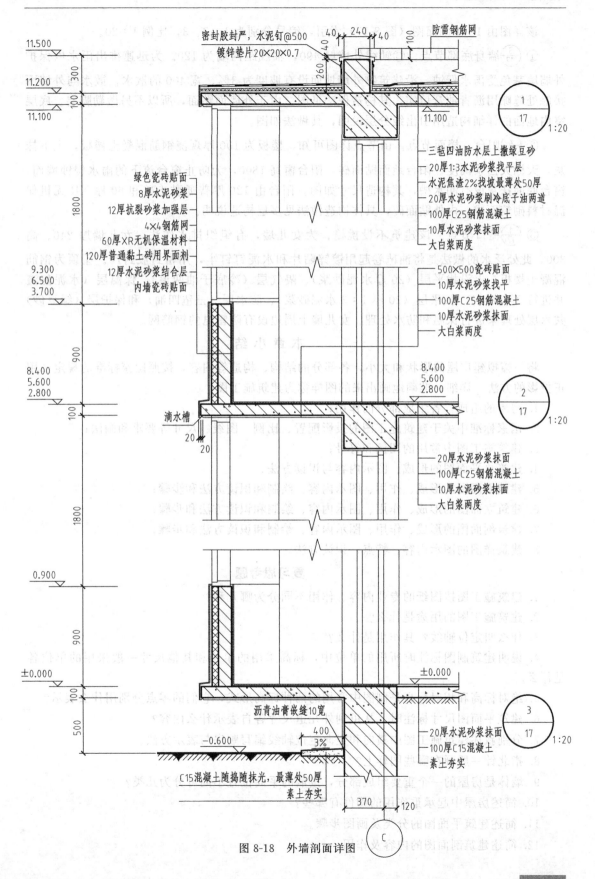

图8-18 外墙剖面详图

密封胶封严, 水泥钉@500
镀锌垫片20×20×0.7
防雷钢筋网

绿色瓷砖贴面
8厚水泥砂浆
12厚抗裂砂浆加强层
4×4钢筋网
60厚XR无机保温材料
120厚普通黏土砖用界面剂
12厚水泥砂浆结合层
内墙瓷砖贴面

三毡四油防水层上撒绿豆砂
20厚1:3水泥砂浆找平层
水泥焦渣2%找坡最薄处50厚
20厚水泥砂浆刷冷底子油两道
100厚C25钢筋混凝土
10厚水泥砂浆抹面
大白浆两度

500×500瓷砖贴面
10厚水泥砂浆找平
100厚C25钢筋混凝土
10厚水泥砂浆抹面
大白浆两度

滴水槽

20厚水泥砂浆抹面
100厚C25钢筋混凝土
10厚水泥砂浆抹面
大白浆两度

沥青油膏嵌缝10宽

20厚水泥砂浆抹面
100厚C15混凝土
素土夯实

C15混凝土随捣随抹光, 最薄处50厚
素土夯实

该详图由1—1剖面图（图8-17）索引，编号分别为1、2、3，比例1∶20。

①$\frac{3}{17}$墙身底部节点。ⓒ轴线外墙厚490，轴线距内墙为120。为迅速排出雨水以保护外墙墙基免受雨水侵蚀，沿建筑物外墙地面设有坡度为3%、宽400的散水，散水与外墙面接触处缝隙用沥青油膏填实，其构造做法见图。由于外墙面贴面，所以不另做勒脚层。底层室内地面的详细构造用引出线分层说明，其做法如图。

②$\frac{2}{17}$阳台、楼面节点。由节点详图可知，楼板为100厚现浇钢筋混凝土楼板，上下抹灰，天棚大白浆两度。阳台地面贴面砖，阳台窗高1800，为防止窗台流下的雨水侵蚀墙面，窗台底面抹灰设有滴水槽，其构造尺寸如图。阳台由120厚普通黏土砖和60厚XR无机保温材料砌筑而成，内外贴面砖，具体构造做法见多层构造说明。

③$\frac{1}{17}$檐口节点。该建筑不设挑檐，为女儿墙，有组织排水作法，女儿墙厚240、高300，此处泛水的做法是将油毡卷起用镀锌贴片和水泥钉钉牢，用密封胶封严。屋顶为钢筋混凝土楼板，上设找平层（20厚水泥砂浆）、隔气层（冷底子油两道）、保温层（水泥焦渣并进行2%找坡）、找平层（20厚1∶3水泥砂浆）、防水层（三毡四油）和保护层（绿豆砂）共六层处理来进行保温和防水处理。女儿墙上周边设有防雷电的钢筋网。

本 章 小 结

将一幢拟建房屋的形状和大小，各部分的结构、构造等内容，按照国家标准的规定，用正投影的方法，详细、准确地画出来的图样称为建筑施工图。

1. 房屋的组成，各组成部分的作用；
2. 国家标准中关于建筑施工图的投影配置、比例、图线、尺寸等要求和画法；
3. 建筑施工图中常用的图例和符号；
4. 建筑总平面图的形成、图示内容与识读方法；
5. 建筑平面图的形成、作用、图示内容、绘制和识读方法和步骤；
6. 建筑立面图的形成、作用、图示内容、绘制和识读方法和步骤；
7. 建筑剖面图的形成、作用、图示内容、绘制和识读方法和步骤；
8. 建筑详图的图示内容、特点、识读方法。

复 习 思 考 题

1. 建筑施工图按图纸的专业内容、作用不同分为哪几种？
2. 建筑施工图的用途是什么？
3. 什么叫定位轴线？其作用是什么？
4. 说明建筑制图标注时所用的单位中，标高采用的单位和其他尺寸一般采用的单位各是什么。
5. 绝对标高和相对标高是制图中常用的两种标高形式，它们的零点分别用什么表示？
6. 建筑平面图尺寸标注时，从里到外几道尺寸各自表示什么内容？
7. 分别叙述建筑施工图中横向和竖向定位轴线编写顺序与表示方法。
8. 指北针一般画在哪些图样上？
9. 墙体是房屋的一个重要组成部分，按墙的平面位置不同可分为几类？
10. 简述房屋中起承重作用的构件有哪些？
11. 简述建筑平面图的分类及画图步骤。
12. 简述建筑剖面图的内容及作用。

第九章 设备施工图

一套完整的房屋施工图除建筑施工图、结构施工图外，还包括设备施工图。设备施工图有给水排水施工图、采暖与通风施工图、电气施工图等。

第一节 给水排水施工图

给水排水工程分为给水工程和排水工程两个部分。给水工程是指水源取水、水质净化、净水输送、配水使用等工程。排水工程是指使用后污水的收集、输送、处理及处理后的污水排入自然水体的工程。给水、排水工程图均分为室内、室外两部分。本节只介绍室内给水排水施工图。

一、室内给水排水系统的组成

1. 室内给水系统

室内给水系统由给水引入管、室内给水管网及给水附件和设备等组成，见图9-1。给水引入管将水自室外给水管网引至室内给水管网，其上有水表、阀门和泄水口等装置。室内给水管网是由水平干管、立管和支管等组成的管道系统。给水附件和设备包括各种阀门、水龙头、水箱、水泵等。如图9-1（a）所示给水系统，给水干管敷设在首层地面下或地下室，称为下行上给式给水系统。如图9-1（b）所示给水系统，给水干管敷设在顶层顶棚上或阁楼中，称为上行下给式给水系统。

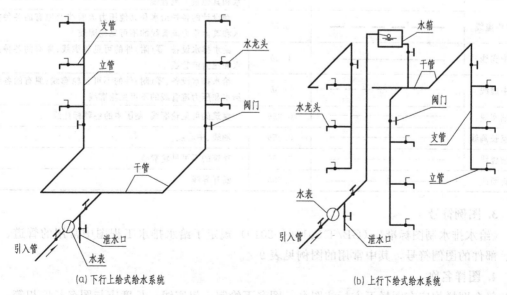

(a) 下行上给式给水系统　　　(b) 上行下给式给水系统

图 9-1　室内给水系统的组成

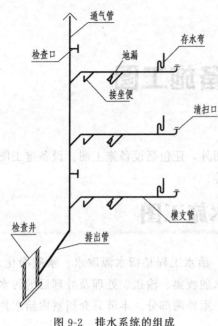

图 9-2　排水系统的组成

2. 室内排水系统

室内生活排水系统一般由卫生器具、排水管网及稳压和疏通等设备组成，如图 9-2 所示。卫生器具有洗脸盆、洗涤盆、大便器、地漏等。排水管网有设备排出管、排水横支管、排水立管等。稳压和疏通设备包括通气管、检查口、清扫口、检查井等清通设备。

二、给水排水施工图的一般规定

1. 绘图比例

总平面图常用的比例有 1∶1000、1∶500、1∶300。

建筑给水排水平面图常用的比例有 1∶200、1∶150、1∶100。

管道系统图宜采用与相应平面图相同的比例。

详图常用的比例有 1∶50、1∶30、1∶20、1∶10、1∶5、1∶2、1∶1、2∶1。

2. 图线及其应用

给水排水工程图中，采用的各种线型应符合《给水排水制图标准》（GB/T 50106—2010），见表 9-1。

表 9-1　给水排水施工图常用线型

名称	线　型	线宽	一般用途
粗实线		b	新设计的各种给水和其他重力流管线
粗虚线		b	新设计的各种排水和其他重力流管线的不可见轮廓线
中粗实线		$0.7b$	新设计的各种给水和其他压力流管线；原有的各种排水和其他重力流管线
中粗虚线		$0.7b$	新设计的各种给水和其他压力流管线及原有的各种排水和其他重力流管线的不可见轮廓线
中实线		$0.5b$	给水排水设备、零（附）件的可见轮廓线；原有的各种给水和压力流管线
中虚线		$0.5b$	给水排水设备、零（附）件的不可见轮廓线；原有的各种给水和压力流管线的不可见轮廓线
细实线		$0.25b$	建筑的可见轮廓线；制图中的各种标注线
单点长画线		$0.25b$	轴线、中心线
细虚线		$0.25b$	建筑的不可见轮廓线
折断线		$0.25b$	断开界线

3. 图例符号

《给水排水制图标准》（GB/T 50106—2010）规定了给水排水工程图中常用的管道、设备、部件的图例符号，其中常用的图例见表 9-2。

4. 图样名称

每个图样均应在图样下方标注图名，图名下绘制一粗实线，长度应与图名长度相等，绘图比例注写在图名右侧，字高比图名字高小一号或两号。

表 9-2 给水排水施工图常用图例

名 称	图 例	备 注	名 称	图 例	备 注
生活给水管	——J——		放水龙头		左侧为平面 右侧为系统
污水管	——W——		存水弯		左侧为S型 右侧为P型
多孔管			地漏		左侧为平面 右侧为系统
弯折管	高 低		清扫口		左侧为平面 右侧为系统
管道立管	XL-1 平面 XL-1 系统	X:管道类别 L:立管 I:编号	浴盆		
立管检查口			立式洗脸盆		
通气帽			污水池		
闸阀			坐式大便器		
截止阀			淋浴喷头		左侧为平面 右侧为系统
止回阀			消火栓		左侧为平面 右侧为系统

三、给水排水平面图

室内给水排水平面图主要反映建筑物内卫生器具、管道及其附件的类型、大小、位置等情况。通常把给水排水平面图用不同的线型合画在一张图上,当管道布置较复杂时,也可分别画出。对多层建筑,给水排水平面图应分层绘制。如各楼层的卫生设备和管道布置完全相同,只需画出相同楼层的一个平面图,但在图中必须注明各楼层的层次和标高。

1. 给水排水平面图的表示方法

(1)在给水排水平面图中,应用细实线抄绘房屋的墙身、柱、门窗洞、楼梯等主要构配件,并标注建筑物轴线号及轴线间的尺寸、各楼层的标高尺寸。

(2)给水排水管道包括干管、立管、支管,不论直径大小,也不论管道是否可见,一律按表 9-2 所规定的图例符号表示。

(3)给水排水平面图中各管段的管径应按图 9-3(a)所示标注。多根管道时,管径按图9-3(b)标注。

给水排水平面图中应标注管道起讫点、转角点、连接点、变坡点、变尺寸(管径)点及交叉点的标高。管道标高应按图 9-4 所示标注。

(4)底层给水排水平面图中各种管道要按系统编号,一般给水管以每一引入管为一个系统,污水、废水管以每一个承接排水管的检查井为一个系统。编号的标注形式如图 9-5(a)所示,建筑物内穿越楼层的立管,其数量超过一根时,宜进行编号,编号的形式如图 9-5(b)所示。图 9-5 中的"J""W""L"为管道类别代号,"J"表示给水管道,"W"表示污水管道,"L"表示立管,"1"为同类管道编号。

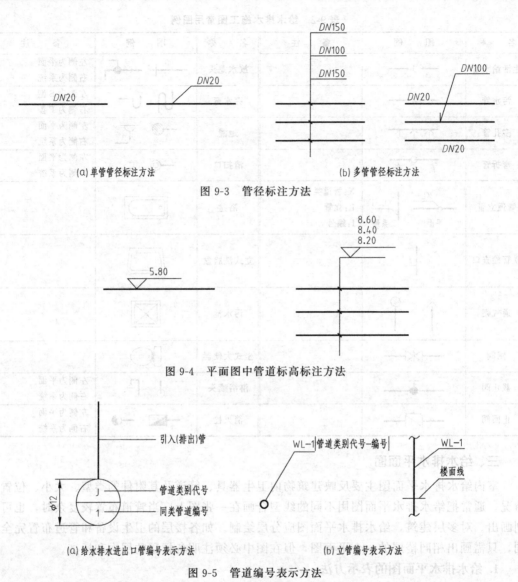

图 9-3　管径标注方法

(a) 单管管径标注方法　　　(b) 多管管径标注方法

图 9-4　平面图中管道标高标注方法

(a) 给水排水进出口管编号表示方法　　(b) 立管编号表示方法

图 9-5　管道编号表示方法

（5）各类卫生设备和器具均按表 9-2 中的图例符号，用中粗实线绘制。

2. 给水排水平面图的绘图步骤

（1）用细实线抄绘建筑平面图。

（2）用中实线画出卫生器具的平面布置。

（3）绘制管道系统的平画图。在给水排水平面图中，管道采用单线绘制，绘制顺序为给水引入管→给水干管→立管→支管→管道附件（阀门、水龙头、分户水表等）→排水支管→排水立管→排水干管→排出管。

（4）绘制有关图例，常用管道、设备、部件的图例符号见表 9-2。

（5）标注立管编号、进出口编号、各管段直径、标高尺寸，还应标注建筑物轴线号及轴线间的尺寸、各楼层的标高，注写文字说明。

四、给水排水系统图

给水排水管道纵横交错，为了清晰地表示其空间走向、管道与用水设备及附件的连接形式等，采用轴测投影图直观画出给水排水系统，称为系统图。

1. 给水排水系统图的表达方法

（1）比例。系统图常采用与平面图相同的比例。当局部管道按正常比例表达不清楚时，可局部不按同比例绘制。

（2）采用正面斜等测画图，一般将房屋的高度方向作为 Z 轴，以房屋的横向作为 X 轴，房屋的纵向作为 Y 轴。X、Y 轴向尺寸可从给水排水平面图中直接量取，Z 轴向尺寸可根据楼层的标高尺寸、卫生器具及附件的安装高度确定。

（3）给水排水系统图中的管道都用粗实线表示，阀门、水龙头及用水设备用中粗实线绘制。当各层管道及其附件的布置相同时，可将其中一层完整画出，其他各层沿支管折断（画出折断符号），并注明"同某层"。

（4）标注每个管道系统图编号，且编号应与底层给水排水平面图中管道进出口的编号一致。

（5）用细实线绘出楼层地面线，并应标注楼层地面标高。引入管和排出管穿过建筑物外墙时，应绘出所穿建筑外墙的轴线号，并标注引入管或排出管的编号，如图 9-6 所示。

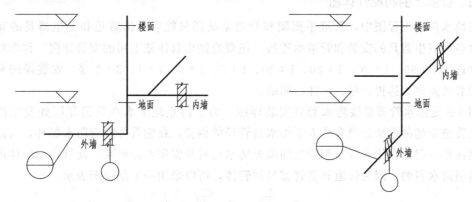

图 9-6　管道与房屋构件位置关系表示方法

（6）当管道在系统图中交叉时，应在鉴别其可见性后，在交叉处将可见的管道画成延续，而将不可见的管道画成断开，如图 9-7（a）所示。当在同一系统中管道因互相重叠和交叉而影响该系统清晰时，可将一部分管道平移至空白位置画出，称为移出画法，如图 9-7（b）所示，在"a"点处将管道断开，在断开画上断裂符号，并注明连接处的相应连接编号"a"。如图 9-7（c）所示，也可以采用细虚线连接画法绘制。

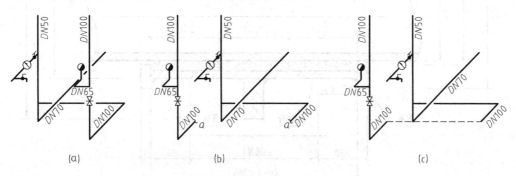

图 9-7　系统图中管道重叠处的移出画法

（7）管径、坡度及标高的标注。管道的管径一般标注在该管段旁边，标注空间不够时，可用指引线引出标注。必要时在有坡度的管道旁边标注坡度。管道系统图中一般要注出引入管、横管、阀门、放水龙头、卫生器具的连接支管及各层楼地面、屋面等的标高。

2. 给水排水系统图的绘图步骤

为了便于读图，可把各系统图的立管所穿过的地面画在同一水平线上。

（1）先画各系统的立管。

（2）定出各层的楼地面及屋面。

（3）在给水系统图中，先从立管往管道进口方向转折画出引入管，然后在立管上引出横支管和分支管，从各支管画到放水龙头以及洗脸盆、大便器的冲洗水箱的进水口等；在排水、污水系统图中，先从立管或竖管往管道出口方向转折画出排出管，然后在立管或竖管上画出承接支管、排水横支管、存水弯等。

（4）定出穿墙的位置。

（5）标注公称管径、坡度、标高等数据及有关说明。

五、管道上的构配件详图

在给水排水工程图中，管道平面图和管道系统图只能表示出管道和卫生器具的布置情况，对各种卫生器具的安装和管道的连接，还要绘制出具体施工用的安装详图。详图的绘图比例宜选用 1：50、1：30、1：20、1：10、1：5、1：2、1：1、2：1 等。安装详图必须按施工安装的需要表达得详尽、具体、明确。

图 9-8 是给水管道穿墙防水套管安装详图。为了防止地下水在管道穿墙处发生渗漏现象，在管道穿越的外墙处设有略大于给水管管径的钢管，在钢管外焊有防水翼环，与混凝土外墙浇注在一起，在给水管与钢管之间填充防水材料及膨胀水泥砂浆，使管道与墙体严密接触，达到防水目的。因为管道和套管都是回转体，所以采用一个剖视图表示。

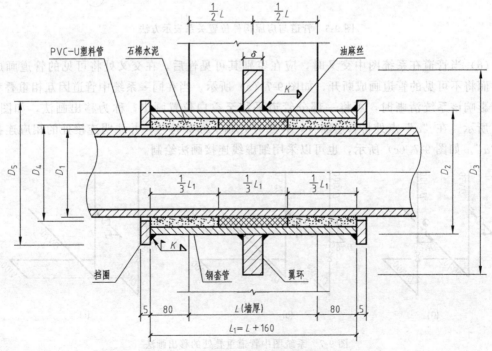

图 9-8　给水管道穿墙防水套管安装详图

六、室内给水排水工程图的阅读

室内给水排水平面图与给水排水系统图是相互补充的,应结合起来阅读,以便读懂管道在平面与空间的布置情况。

现以图 9-9～图 9-12 住宅楼的室内给水排水工程图为例,说明识读给水排水工程图的方法和步骤。

1. 用水房间、用水设备、卫生器具的平面布置

如图 9-9、图 9-10 所示,该住宅为四层建筑,一梯两户式。每户均有厨房和卫生间两个用水房间,在厨房内有一个洗菜池,卫生间内有洗脸盆、浴盆、坐式大便器各一个,此外卫生间内还设有地漏和清扫口等卫生设施。底层厨房、卫生间地面标高为 $-0.02m$。二、三、四层的厨房、卫生间的地面标高分别为 $2.780m$、$5.580m$、$8.380m$。

2. 给水系统

如图 9-9、图 9-11 所示,两个给水入口 $\frac{1}{1}$、$\frac{1}{2}$ 均在住户厨房北侧外墙相对标高 $-1.100m$ 处引入,管径分别为 $DN100mm$、$DN50mm$。

首先分析给水系统 $\frac{1}{1}$,引入管进入室内后在厨房的洗涤池处立起,接有 2 根立管 JL-1 和 XL-1。立管 JL-1 为西边住户给水立管。由图 9-9～图 9-11 可知,各楼层住户均从立管 JL-1 接出一水平支管,该支管距楼层地面的高度为 $1.000m$,管径均为 $DN20mm$,水平支管上依次安装有截止阀、水表及洗涤池用配水龙头,支管向南敷设一段距离折向下,在距各楼层地面高度为 $0.250m$ 处折向西,穿过③轴墙进入卫生间。在卫生间支管分为两个支路,其一向南接洗脸盆供水,管径 $DN15mm$;另一根支管向北接浴盆给水口、大便器的水箱供水,管径 $DN15mm$。在图 9-11 系统图中,二～四层给水管线采用省略画法,在水平支管处画折断线,用文字说明省略部分与底层相同。

立管 XL-1 为消防立管,由给水系统图可知,$\frac{1}{1}$ 在 $-0.600m$ 标高处向东接出水平消防干管($DN100$),对照给水平面图,消防干管穿过⑤轴墙后向南与消防立管连接。在消防立管 $0.500m$ 处设一蝶阀,供检修时使用。每层室内消火栓栓口到楼面的距离为 $1.100m$。给水系统图中,由于消防立管及消火栓与给水立管 JL-1 及其上的配水设备在图面上重叠,使这部分内容不易表达清楚,因而在"a"点处将管道断开,把消防立管及消火栓移置到图面左侧空白处绘出。

给水系统 $\frac{1}{2}$ 除未接消火栓立管外,其余与 JL-1 左右对称,基本相同,读者自行分析。

3. 排水系统

(1) 污水系统　首先分析污水系统 $\frac{W}{1}$,对照给水排水平面图 9-9、图 9-10 和图 9-12 排水系统图可知,污水 $\frac{W}{1}$ 系统有两根($DN100$)排出管,在底层西边住户的卫生间穿墙出户,户外终点标高均为 $-1.400m$。其中一根排出管与底层住户大便器相接,单独排出西边底层住户大便器的污水。另一根排出管与管径为 $DN100$ 的污水立管 WL-1 连接,在二～四层给排水平面图的同一位置上都可找到该立管,二、三、四楼层住户的大便器的污水,都经过楼板下面的 $DN100$ 污水支管排入立管 WL-1,由该管排出室外。

由排水系统图 9-12 可知,污水立管在接了顶层大便器的支管后,作为通气管向上延伸,穿出四层楼板和屋面板,顶端开口,成为通气管,并在标高为 $11.900m$ 的立管顶端处,装

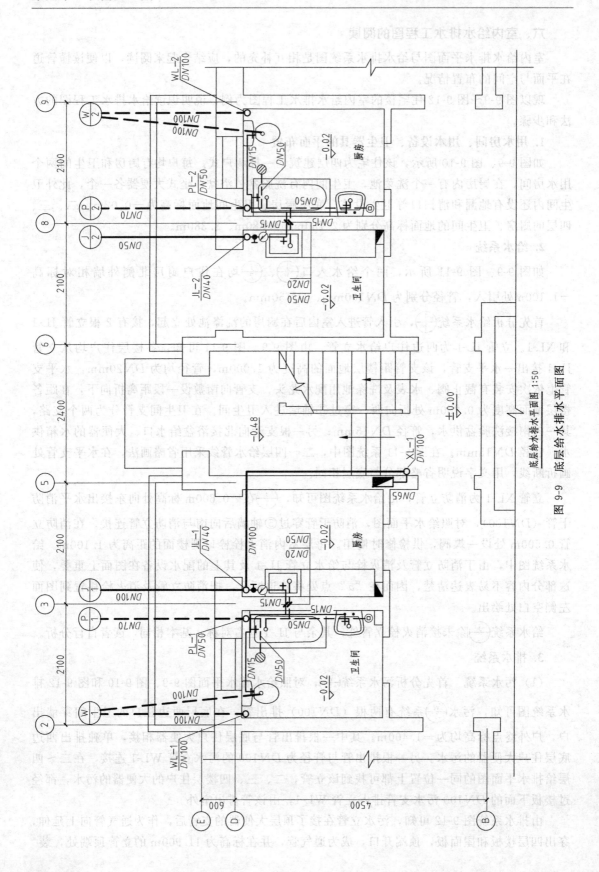

底层给水排水平面图 1:50

底层给水排水平面图

图 9-9

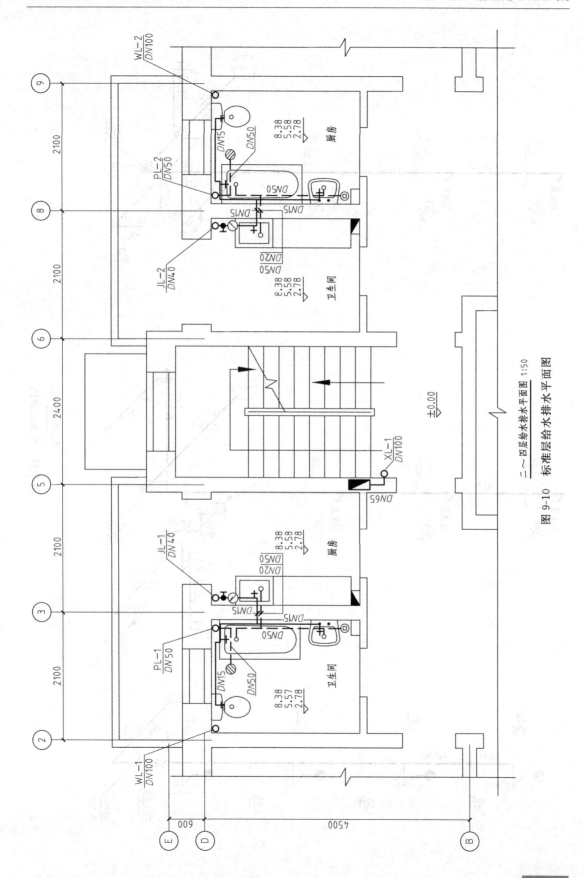

图 9-10

二～四层给水排水平面图 1:50

标准层给水排水平面图

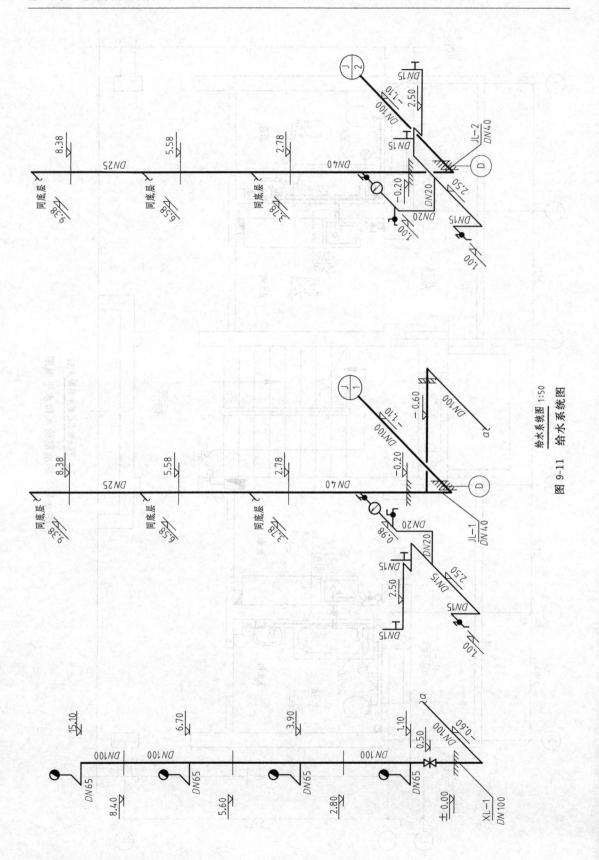

给水系统图 1:50

图 9-11 给水系统图

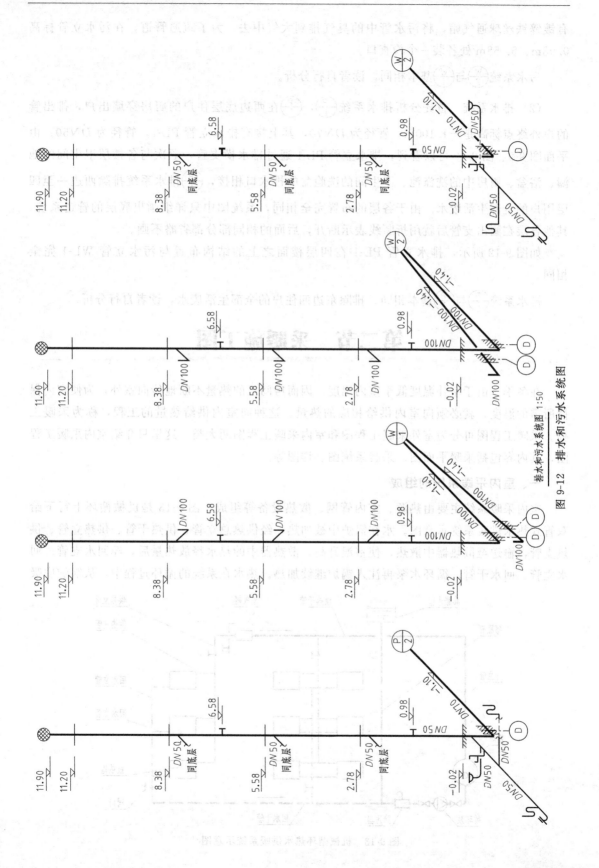

图 9-12　排水和污水系统图

有镀锌铁丝球通气帽，将污水管中的臭气排到大气中去。为了疏通管道，在污水立管标高0.98m、5.58m处各装一个检查口。

污水系统 $\frac{W}{2}$ 与 $\frac{W}{1}$ 基本相同，读者自行分析。

(2) 排水系统　首先分析排水系统 $\frac{P}{1}$ ， $\frac{P}{1}$ 在西边底层住户的厨房穿墙出户，排出管的户外终点标高是 $-1.100m$ ，管径为 $DN70$ ，其上接有排水立管 PL-1，管径为 $DN50$ 。由平面图 9-9、图 9-10 可以看到，排水立管 PL-1 通过排水横支管，顺次与各楼层卫生间的地漏、浴盆、厨房中的洗涤池、卫生间的洗脸盆的排水口相接， $\frac{P}{1}$ 排水系统排除西边一至四层用户的全部生活废水。由于各层的布置完全相同，系统图中只详细画出底层的管道系统，其他各层在画出支管后就用折断线表示断开，后面的相同部分都省略不画。

如图 9-12 所示，排水立管 PL-1 在四层楼面之上的结构布置与污水立管 WL-1 完全相同。

排水系统 $\frac{P}{2}$ 与 $\frac{P}{1}$ 基本相同，排除东边四住户的全部生活废水，读者自行分析。

第二节　采暖施工图

在冬季，由于室外温度低于室内温度，因而房间里的热量不断地传向室外，为使室内保持所需的温度，就必须向室内供给相应的热量。这种向室内供给热量的工程，称为采暖工程。采暖工程图可分为室外采暖工程图和室内采暖工程图两大类。这里只介绍室内采暖工程图，其内容包括采暖平面图、采暖系统图、详图等。

一、室内采暖系统的组成

室内采暖系统主要由热源、室内管网、散热设备等组成。图 9-13 是机械循环上行下给双管式热水供暖系统示意图。水在锅炉中被加热，经供热总立管、供热干管、供热立管、供热支管，输送至散热器中散热，使室温升高。散热器中的热水释放热量后，经回水支管、回水立管、回水干管、循环水泵再注入锅炉继续加热。热水在系统的循环过程中，从锅炉中吸

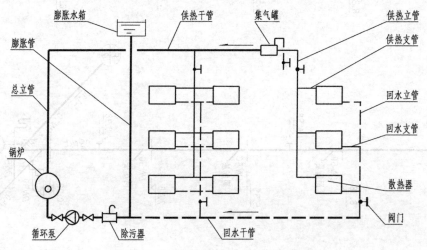

图 9-13　机械循环热水供暖系统示意图

收热量，在散热器中释放热量，达到供暖的目的。

在采暖系统中，供热干管沿水流方向有向上的坡度，并在供热干管的最高点设置集气罐，以便顺利排除系统中的空气；为了防止管道因水被加热体积膨胀而胀裂，在管道系统的最高位置，安装一个开口的膨胀水箱，水箱下面用膨胀管与靠近循环水泵吸入口的回水干管连接。在循环水泵的吸入口前，还安装有除污器，以防止积存在系统中的杂物进入水泵。

二、采暖工程图的一般规定

1. 绘图比例

总平面图常用的比例为 1：2000、1：1000、1：500。

平面图常用的比例为 1：200、1：150、1：100、1：50。

管道系统图宜采用与相应平面图相同的比例。

详图常用的比例为 1：20、1：10、1：5、1：2、1：1。

2. 图线及其应用

采暖工程图中采用的各种线型应符合《暖通空调制图标准》（GB/T 50114—2010）中的规定，见表 9-3。

表 9-3 采暖施工图常用线型

名称	线 型	线宽	一 般 用 途
粗实线	——————————	b	单线表示的供热管线
中粗实线	——————————	$0.7b$	本专业的设备轮廓线
中实线	——————————	$0.5b$	尺寸、标高、角度等的标注线及引出线；建筑物轮廓
细实线	——————————	$0.25b$	建筑布置的家具、绿化等，非本专业设备轮廓
粗虚线	— — — — —	b	回水管线及单根表示的管道被遮挡部分
中粗虚线	– – – – –	$0.7b$	本专业的设备及双线表示的管道被遮挡部分
中虚线	- - - - -	$0.5b$	地下管沟；示意性连线
细虚线	- - - - -	$0.25b$	非本专业虚线表示的设备轮廓
单点长画线	—·—·—·—	$0.25b$	轴线、中心线
双点长画线	—··—··—	$0.25b$	假想或工艺设备轮廓线
折断线	—√—	$0.25b$	断开界线

3. 图例符号

《暖通空调制图标准》（GB/T 50114—2010）规定了采暖工程图中常用的设备、部件的图例符号，其中的常用图例见表 9-4。

4. 图样名称

每个图样均应在图样下方标注图名，图名下绘制一粗实线，长度应与图名长度相等，绘图比例注写在图名右侧，字高比图名字高小一号或两号。

三、采暖平面图

采暖平面图主要反映供热管道、散热设备及其附件的平面布置情况，以及与建筑物之间的位置关系。在多层建筑中，若为上供下回的采暖系统，则须分别绘出底层采暖平面图和顶层采暖平面图；对中间楼层，如采暖管道系统的布置及散热器的规格型号相同时，可绘一个楼层即标准层采暖平面图。如各层的建筑结构和管道布置不相同时，应分层表示。

表 9-4 采暖施工图常用的图例符号

名 称	图 例	名 称	图 例
阀门（通用）、截止阀		坡度及坡向	$i=0.003$ 或 $i=0.003$
止回阀		方形补偿器	
闸阀		套管补偿器	
蝶阀		波纹管补偿器	
手动调节阀		活接头或法兰连接	
集气罐、排气装置		散热器及手动放气阀	
自动排气阀		疏水器	
变径管 异径管		水泵	
固定支架		除污器	

1. 采暖平面图的表示方法

（1）在采暖平面图中，建筑平面图部分用细实线绘制，只需抄绘房屋的墙身、柱、门窗洞、楼梯等主要构配件，并需标明定位轴线间的尺寸及各楼层的标高尺寸。

（2）采暖管道的画法。

绘制采暖平面图时，各种管道无论是否可见，一律按《暖通空调制图标准》（GB/T 50114—2010）中规定的线型画出。

① 管道转向、分支的表示方法见图 9-14。

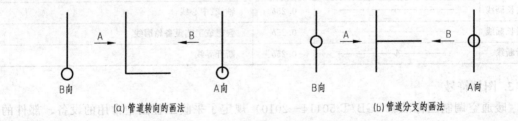

(a) 管道转向的画法　　　　　　　　　(b) 管道分支的画法

图 9-14 管道转向、分支表示方法

② 管道相交、交叉的表示方法见图 9-15。

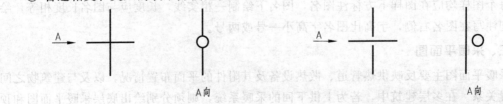

(a) 管道相交的画法　　　　　　　　　(b) 管道交叉的画法

图 9-15 管道相交、交叉表示方法

（3）散热器、集气罐、疏水器、补偿器等设备一般用中实线按表 9-4 的图例表示。平面图上应画出散热器的位置及与管道的连接情况，管道上的阀门、集气罐、变径接头等设备的安装位置及地沟、管道固定支架的位置。

（4）平面图上应注明各管段管径、坡度、立管编号、散热器的规格和数量，见图 9-16。坡度宜用单面箭头加数字表示，数字表示坡度的大小，箭头指向低的方向。

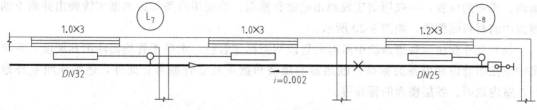

图 9-16　平面图中管径、坡度及散热器的标注方法

（5）标注立管、采暖入口编号。采暖立管和采暖入口的编号均用中粗实线绘制，应标注在近旁的外墙外侧。采暖立管编号的标注方法见图 9-17，在不引起误解的情况下，也可只标注序号，但应与建筑轴线编号有明显区别。采暖入口编号的标注方法见图 9-18。

图 9-17　采暖立管编号表示方法　　　　图 9-18　采暖入口编号表示方法

2. 采暖平面图的绘图方法和步骤

（1）用细实线抄绘建筑平面图。

（2）用中实线画出采暖设备的平面布置。

（3）画出由干管、立管、支管组成的管道系统的平面布置。干管用粗实线绘制，立管、支管用中粗实线绘制。

（4）标注管径、标高、坡度、散热器规格及数量、立管编号及建筑图轴线编号、尺寸、有关图例文字说明等。

四、采暖系统图

采暖系统图是用正面斜轴测投影方法画出的整个采暖系统的立体图，主要表明采暖系统中管道及设备的空间布置与走向。

1. 采暖系统图的表达方法

（1）轴向选择与绘图比例　采暖系统图采用正面斜轴测绘制时，OX 轴处于水平，OY 轴与水平线夹角成 45°或 30°，OZ 轴竖直放置。三个轴向变形系数均为 1。采暖系统图是依据采暖平面图绘制的，所以系统图一般采用与平面图相同的比例，OX 轴与房屋横向一致，OY 轴作为房屋纵向方向，OZ 轴竖放表达管道高度方向尺寸。

（2）管道系统　采暖系统图中管道用单线绘制，当空间交叉的管道在图中相交时，

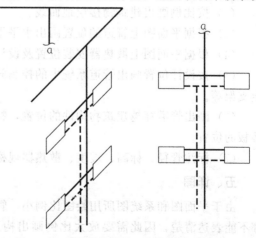

图 9-19　系统图中重叠、密集处的引出画法

应在相交处将被遮挡的管线断开。当管道过于集中，无法表达清楚时，可将某些管段断开，引出绘制，相应断开处采用相同的小写拉丁字母注明，见图9-19，在"a"点处将管道断开，在断开处画上断裂符号"〞"。在引出图形中注明相同的编号"a"，并绘制断裂符号"〞"。具有坡度的水平横管无需按比例画出其坡度，仍以水平线画出，但应注出其坡度或另加说明。

（3）房屋构件的位置　为了反映管道和房屋的联系，系统图中应画出被管道穿越的墙、地面、楼面的位置，一般用细实线画出地面和楼面，墙面用两条靠近的细实线画出并画上轴测图中的材料图例线，如图9-20所示。

（4）尺寸标注　管道系统中所有的管段均需标注管径，水平干管均需注出其坡度，系统图中应注明管道和设备的标高、散热器的规格和数量及立管编号；此外，还需注明室外地坪、室内地面、各层楼面的标高等。

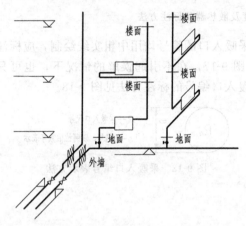

图9-20　穿越建筑结构的表示方法

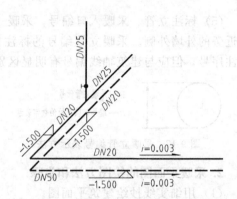

图9-21　管道管径、标高尺寸的标注方法

管道管径和标高的标注方法见图9-21，水平管道的管径应注写在管道的上方；斜管道的管径应写在管道的斜上方；竖管道的管径应注于管道的左侧。当无法按上述位置标注管径时，可用引出线将管道管径引至适当位置标注；同一种管径的管道较多时，可不在图上标注，但应在附注中说明。标高的标注见图9-21。

2. 采暖系统图的绘图方法和步骤

（1）选择轴测类型，确定轴测轴方向。

（2）按比例画出建筑物楼层地面线。

（3）根据平面图上管道的位置画出水平干管和立管。

（4）根据平面图上散热器安装位置及设计高度画出各层散热器及散热器支管。

（5）按设计位置画出管道系统中的控制阀门、集气罐、补偿器、变径接头、疏水器、固定支架等。

（6）画出管道穿越建筑物构件的位置，特别是供热干管与回水干管穿越外墙和立管穿越楼板的位置。

（7）标注管径、标高、坡度、散热器规格数量及其他有关尺寸以及立管编号等。

五、详图

由于平面图和系统图所用绘图比例小，管道及设备等均用图例表示，其构造及安装情况都不能表达清楚，因此需要放大比例画出构造安装详图。详图比例一般用1:20、1:10、1:5、1:2、1:1等。

图 9-22 是铸铁柱式散热器的安装详图,绘图比例为 1 : 10。由图中可以看出,散热器明装,散热器距墙面定位尺寸 130mm,上、下表面距窗台及楼板表面距离分别为 35mm 和 100mm。散热器上方采用卡子固定,下方采用托钩支撑。墙体预留孔槽尺寸深为 170mm,厚为 70mm,安装散热器时采用细石混凝土填实。

六、室内采暖工程图的阅读

采暖工程图的阅读应把平面图与系统图联系起来对照看图,从平面图中主要了解采暖系统水平方向的布置,供热干管的入口、室内的走向、回水干管的走向及出口、立管和散热器的布置等。从系统图主要了解管道在高度方向的布置情况,即从热力入口开始,沿水流方向按供热干管、立管、支管的顺序到散热器,再由散热器开始按回水支管、立管、干管的顺序到出口。

下面以图 9-23～图 9-25 所示某四层住宅楼的室内采暖工程图为例,说明室内采暖工程图的阅读方法和步骤。

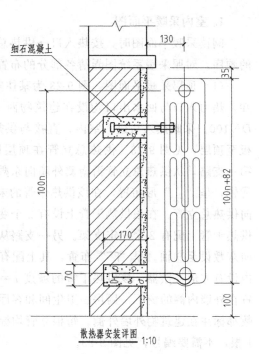

图 9-22 散热器安装详图

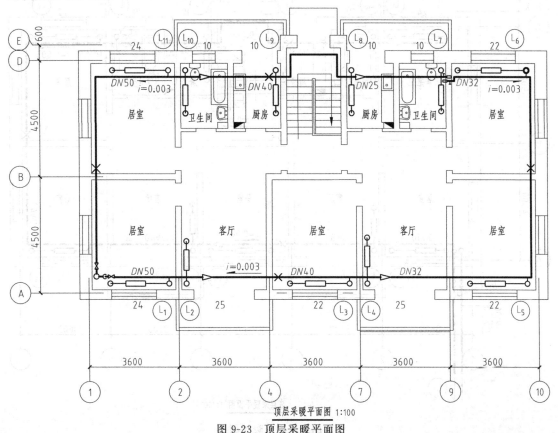

图 9-23 顶层采暖平面图

203

1. 室内采暖平面图

阅读采暖平面图时，按热入口→供热总立管→供热干管→各立管→回水干管→回水出口的顺序，对照采暖系统图弄清各部分的布置尺寸、构造尺寸及其相互关系。

（1）顶层采暖平面图　图 9-23 为某住宅顶层采暖平面图。由图 9-24 底层采暖平面图可知，热力入口与回水出口均设在建筑物西南角靠近①轴右侧位置，供、回水干管管径均为 $DN100$。采暖热入口进入室内，直接与供热总立管相接。总立管从底层穿二、三、四层楼板至顶层，见图 9-23。供热总立管在顶层屋面下分别向东、向南分两个支路沿外墙敷设。第一支路，从供热总立管沿南侧外墙向东敷设至东侧外墙，然后折向北至北侧外墙折向西至⑨轴，呈 "凵" 形布置，在该供热干管的末端配有集气罐，管道具有 $i=0.003$ 的坡度且坡向供热总立管。在该供热干管上设有 2 个变径接头，各管道的管径图中均已注明。此外，该供热干管上配有 2 个固定支架。另一支路从供水总立管沿西侧外墙敷设至北侧外墙，然后折向东敷设至⑨轴。呈 "厂" 布置，其上配有集气罐、变径接头、固定支架等设备，在楼梯间内设有方形补偿器，该供热干管的坡度 $i=0.003$，坡向供热总立管。各居室散热器组均布置在外墙内侧的窗下，厨房、卫生间和客厅内的散热器组沿内墙竖向布置。每组散热器的片数都标注在建筑物外墙外侧。每根立管均标有编号，共有 11 根立管。采暖供热总立管只有1 根，不需要编号，见图 9-23。

（2）底层采暖平面图　图 9-24 为住宅底层采暖平面图。图中粗虚线表示回水干管，回

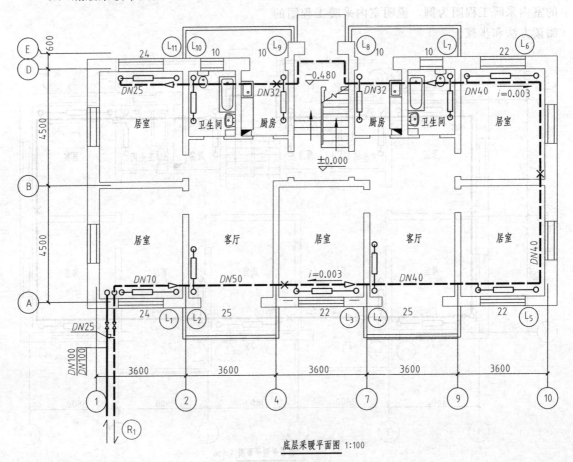

底层采暖平面图 1:100

图 9-24　底层采暖平面图

水干管起始端在住宅的西北角居室内，管径为 $DN25$，回水干管上设有 4 个变径接头，其中有两个变径接头分别设置在北侧外墙②轴和⑨轴处，另外两个变径接头设在南侧外墙⑦轴和②轴处，回水干管的管径随着流量的变化，沿程逐渐增加，在靠近出口处管径为 $DN50$；根据坡度标注符号可知，回水干管均有 $i=0.003$ 的坡度且坡向回水干管出口。从图中还可以看出，回水干管上共有 3 个固定支架；在楼梯间内设有方形补偿器，在回水干管出口处装有闸阀。在采暖引入管与回水排出管之间设有为建筑物内采暖系统检修调试用的阀门。

（3）标准层采暖平面图　标准层采暖平面图中，不反映供热干管和回水干管，只需画出散热器、散热器连接支管、立管等的位置，并标注各楼层散热器的片数，标注方法同底层。本书省略标准层平面图。

2. 采暖系统图

图 9-25 为某住宅的采暖系统图，对照采暖平面图可知，室外引入管由住宅①轴线右侧标高为 -1.5m 处穿墙进入室内，然后竖起，穿越二、三、四层楼板到达四层顶棚下方，其

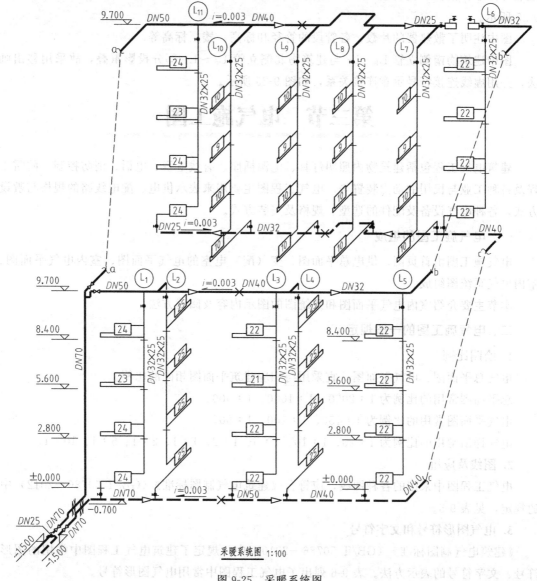

采暖系统图 1:100

图 9-25　采暖系统图

管径为 $DN70$。经主立管引到四层后，分为两个支路，分流后设有阀门，以便调节流量。两分支路起点标高均为 $9.700m$，管径 $DN50$，坡度为 0.003，坡向总立管。

支路一，供热干管由西往东→由南向北→由东向西呈"⊐"形敷设，供热干管管径依次为 $DN50$、$DN40$、$DN32$，其中 $DN32$ 为供热干管末端的管径。供热干管的坡度为 0.003，坡向供热总立管。供热干管的末端且最高位置装一自动排气罐，以排除系统中的空气。在该供水干管上依次连接 6 根立管，管径均为 $DN32$，与其相接的散热器支管的管径为 $DN25$。立管上、下端均设有截止阀。在立管中，热水依次流经顶层、三层、二层、底层散热器至回水干管。

支路二，由南向北敷设的供热干管上各环路的识读方法与上述相同。回水干管始端与立管 L_{11} 相连，依次由西向东→由北向南→由东向西→呈"⊐"形分布。回水干管自建筑物西北角起，标高为 $-0.700m$，在地沟内敷设，坡度 0.003，坡向回水排出管。在回水干管上装有方形补偿器、变径接头、固定支架等设备，在图中均用图例表明其安装位置，如图 9-25 所示。

图中注明了散热器的片数、各管段的管径和标高、楼层标高等。

图中建筑物南侧立管 $L_1 \sim L_5$ 与建筑物北侧立管 $L_6 \sim L_{11}$ 部分投影重叠，故采用移出画法，并用虚线连接符号示意连接关系，如图 9-25 所示。

第三节　电气施工图

建筑电气工程包括建筑物内照明灯具、电源插座、有线电视、电话、消防控制、防雷工程及各种工业与民用的动力装置等。电气工程图主要用来表示供电、配电线路的规格与敷设方式，各种电气设备及配件的选型、规格及安装方式。

一、电气施工图的组成

电气施工图由首页图、供电总平面图、变（配）电室的电气平面图、室内电气平面图、室内电气系统图组成。

本节主要介绍室内电气平面图和系统图的图示内容及阅读方法。

二、电气施工图的一般规定

1. 绘图比例

电气总平面图、电气平面图，宜采用与相应建筑平面图相同的比例。

总平面图常用的比例为 $1:2000$、$1:1000$、$1:500$。

电气平面图常用的比例为 $1:150$、$1:100$、$1:50$。

电气详图常用的比例为 $1:20$、$1:10$、$1:5$、$1:2$、$1:1$、$2:1$、$5:1$、$10:1$。

2. 图线及应用

电气工程图中采用的各种图线，应符合《建筑电气制图标准》（GB/T 50786—2012）中的规定，见表 9-5。

3. 电气图形符号和文字符号

《建筑电气制图标准》（GB/T 50786—2010）中，规定了建筑电气工程图中常用的图形符号、文字符号的表示方法。表 9-6 列出了电气工程图中常用电气图形符号。

表 9-5　电气工程图常用线型

名　称	线　型	线宽	一般用途
粗实线		b	本专业设备之间的通路连线,本专业设备可见轮廓线,图形符号轮廓线
中粗实线		0.7b	
中实线		0.5b	本专业设备可见轮廓线,图形符号轮廓线、方框线、建筑物可见轮廓线
细实线		0.25b	非本专业设备可见轮廓线,建筑物可见轮廓线,制图中的各种标注线
粗虚线		b	本专业之间电气通路不可见连接线,线路改造中的原有线路
中粗虚线		0.7b	
中虚线		0.5b	本专业设备不可见轮廓线、地下电缆沟、排管区、隧道、屏蔽线、连锁线
细虚线		0.25b	非本专业设备不可见轮廓线及地下管沟、建筑的不可见轮廓线
粗波浪线		b	本专业软管、软护套保护的电气通路连接线,蛇形敷设线缆
中粗波浪线		0.7b	
单点长划线		0.25b	定位轴线、中心线、对称线;结构、功能、单元相同的围框线
双点长划线		0.25b	辅助围框线、假想或工艺设备轮廓线
折断线		0.25b	断开界线

表 9-6　电气工程图常用的图形符号

图形符号	说　明	图形符号	说　明
	进户线		灯或信号灯的一般符号
	向上配线		防水防尘灯
	向下配线		花灯
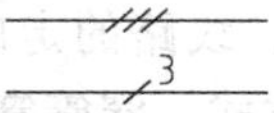	三根导线		荧光灯的一般符号
	断路器		双管荧光灯
	单极开关		屏、台、箱柜一般符号
	单极拉线开关		动力或照明配电箱
	暗装单极开关		自动开关箱
	暗装双极开关	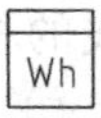 Wh	电度表(瓦时计)
	暗装单相三孔插座	 TP	电话插座
	密闭(防水)单相三孔插座	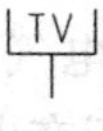 TV	电视插座

文字符号通常由基本符号、辅助符号和数字组成。基本符号用以表示电气设备、装置和元件以及线路的基本名称、特性。辅助符号用以表示电气设备、装置和元件以及线路的功能、状态和特征。表 9-7 为常见动力及照明设备的文字符号表。

表 9-7　常见动力及照明设备的文字符号表

名　　称	符　　号	说　　明
导线型号表	RVB	铜芯聚氯乙烯绝缘平型软线
	BLV	铝芯聚氯乙烯绝缘电线
	BV	铜芯聚氯乙烯绝缘电线
	VV	PVC 绝缘 PVC 护套电力电缆
	VV$_{22}$	铜芯聚氯乙烯绝缘钢带铠装聚氯乙烯护套电力电缆
导线敷设方式	SC	穿焊接钢管敷设
	MT	穿碳素钢电线套管敷设
	PC	穿硬料管敷设
	PR	塑料线槽敷设
	FPC	穿阻燃塑料管敷设
	KPC	穿塑料波纹电线管敷设
导线敷设部位	WS	沿墙面敷设
	WC	暗敷设在墙内
	SCE	吊顶内敷设
	CE	沿吊顶或顶板面敷设
	CC	暗敷在顶板内
	FC	暗敷在地板或地面下
灯具安装方式	CS	链吊式
	DS	管吊式
	W	壁装式
	C	吸顶式
光源种类	IN	白炽灯
	FL	荧光灯
	Hg	汞灯
	I	碘灯

三、室内电气平面图

室内电气平面图表示建筑物内配电设备、动力、照明设备等的平面布置、线路的走向。平面图主要表示动力及照明线路的位置、导线的规格型号、导线根数、敷设方式、穿管管径等，同时还需标出各种用电设备（如照明灯、电动机、电风扇、插座、电话、有线电视等）及配电设备（配电箱，控制开关）的数量、型号和相对位置。

1. 室内电气平面图表达的主要内容

① 电源进户线和电源总配电箱及各分配电箱的形式、安装位置，电源配电箱内的电气系统。

② 照明线路中导线的根数、线路走向、型号、规格、敷设位置、配线方式和导线的连接方式等。为了便于读图，对于支线的相关参数在平面图中一般不加标注，在设计说明里加以注明。

③ 照明灯具、照明开关、插座等设备的安装位置，灯具的型号、数量、安装容量、安装方式、悬挂高度及接线等，如图 9-26 所示。

④ 电气工程都是根据图纸进行电气施工预算和备料的，因此，在电气平面图上要注明必要的建筑尺寸及标高。另外，由于在电气工程图中所采用设备的安装和导线施工方法与建

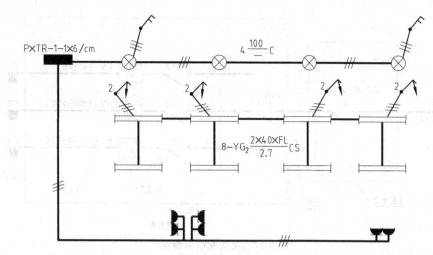

图 9-26 照明平面图（局部）

筑施工密切相关，因此有时还需根据设备的安装和导线的敷设要求，说明土建的一些施工
方法。

2. 室内电气平面图的绘图步骤

（1）用细实线抄绘建筑平面图。

（2）用中实线以图形符号的形式绘制有关设备（如灯具、插座、配电箱、开关等）。

（3）用粗实线画出进户线及连接导线，并加文字标注说明。

对于一个系统，往往有多张平面图与之对应。多层建筑的各层结构不同时，除画出底层
照明平面图之外，还应画出其他楼层照明平面图。当用电设备种类较多，在一个平面图上不
易表达清楚时，也可在几个平面图上分开表达不同的内容。

四、室内电气系统图

室内电气系统图是表示建筑物内配电系统的组成和连接的示意图。主要表示电源的引进
设置、总配电箱、干线分布、分配电箱、各相线分配、计量表和控制开关等。

1. 室内电气系统图表达的主要内容

（1）供电电源的种类及表达方式，电源的分配，配电箱内部的电气元件及相互连接关
系等。

（2）导线的型号、截面、敷设方式、敷设部位及穿管直径和管材种类。导线分为进户
线、干线和支线，如图 9-27 所示。导线的型号、截面尺寸、敷设方式、敷设部位、穿管材
料及管径等均需在图中用文字符号注明。

（3）配电箱、控制、保护和计量装置等的型号、规格。配电箱较多时，应进行编号，且
编号顺序应与平面图一致。

（4）建筑电气工程中的设备容量、电气线路的计算功率、计算电流、计算时取用的系数
等均应标注在系统图上。

2. 室内电气系统图的画图步骤

系统图是表明供电系统特性的一种简图，一般不按比例绘制，也不反映电气设备在建筑
中的具体安装位置。系统图中用单线表示配电线路所用导线；用图形符号表示电气设备；用
文字符号表示设备的规格、型号、电气参数等。

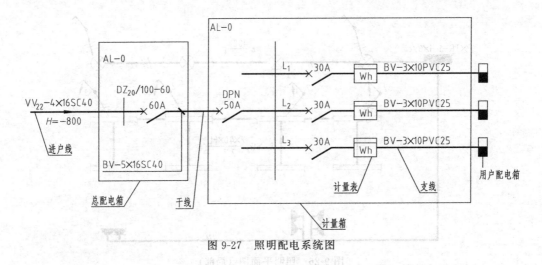

图 9-27　照明配电系统图

五、建筑电气工程图的阅读

阅读电气工程图的顺序是：按电源入户方向，即按进户线→配电箱→支路→支路上的用电设备的顺序阅读。读图时，要将电气平面图对照配电系统图阅读。

现以某四层住宅室内电气工程图为例，说明其阅识读方法。图 9-28、图 9-29 分别为住宅底层插座平面图、底层照明平面图，其绘图比例 1：100。图 9-30 为该住宅电气系统图。

1. 阅读室内电气平面图

阅读电气平面图时，按下述步骤进行。

(1) 了解建筑物的平面布置。由电气平面图可知，该住宅户型为一梯两户，西侧用户的户型为两室、一厅、一厕、一厨、南北各有一个阳台；东侧用户的户型为三室、一厅、一厕、一厨、南北阳台各一个。建筑物总长为 18740mm，总宽为 10220mm，建筑物用地面积为 187.4m²。

(2) 图 9-28 为底层插座平面图。从图中可以看出，该系统进户线由建筑物入口（入室门）处引入，进户线采用铜芯聚氯乙烯绝缘钢带铠装电力电缆直埋引入，电缆额定电压 1000V，内有 4 根铜芯，导线截面为 50mm²，穿钢管埋地敷设，钢管管径 50mm，埋置深度 $H = -800$mm。

电源线进户后首先进入编号为"AL-1"的总配电箱，然后从该配电箱引出 2 条线路，分别接入编号为 AL_1、AL_2 两个用户配电箱内（总配电箱与用户配电箱的连接关系见图 9-29）。旁边带有黑圆点的箭头表示引向上层配电箱的引通干线，导线类型为铜芯聚氯乙烯绝缘电线，额定电压 500V，内有 5 根铜芯，导线截面为 70mm²，穿钢管敷设，钢管管径 50mm，暗敷在墙内。从图 9-28 可以看出，编号为 AL_1 的配电箱，为西侧用户配电箱，从该配电箱中引出 4 条插座线路 WX1、WX2、WX3、WX4，其额定电压 500V，导线类型为铜芯聚氯乙烯绝缘电线，内有 3 根铜芯，每根导线截面为 4mm²，穿阻燃塑料管敷设，穿管管径 20mm，暗敷在顶板内。WX1 线路由用户配电箱引至厨房，在厨房内安装两个单相三孔防溅插座；该线路向北延伸至北侧阳台，在阳台上装有 2 个单相三孔暗插座；WX2 线路由用户配电箱引至卫生间，在卫生间内安装 2 个单相三孔防溅暗插座；WX3 线路由用户配电箱引至客厅、居室和南侧阳台，在客厅内装有 2 个单相三孔插座，在左侧两个居室内各装有 3 个单相三孔暗插座，南侧阳台上装有 1 个单相三孔暗插座；WX4 线路由用户配电箱引至客厅，其上装有 1 个单相三孔暗插座。西侧住户共装有 12 个单相三孔暗插座，4 个单相

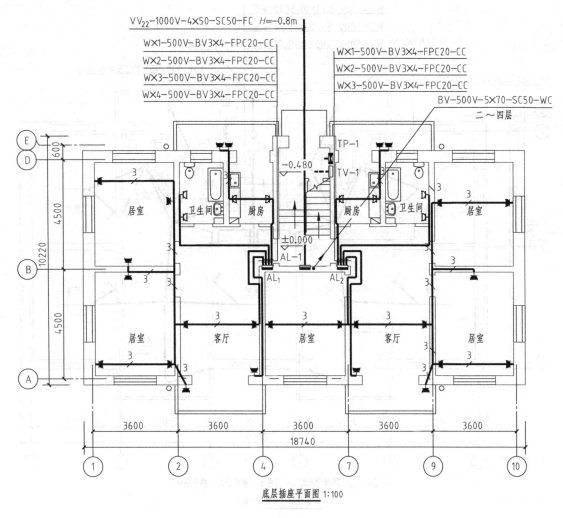

VV22-1000V-4×50-SC50-FC H=-0.8m

WX1-500V-BV3×4-FPC20-CC
WX2-500V-BV3×4-FPC20-CC
WX3-500V-BV3×4-FPC20-CC
WX4-500V-BV3×4-FPC20-CC

WX1-500V-BV3×4-FPC20-CC
WX2-500V-BV3×4-FPC20-CC
WX3-500V-BV3×4-FPC20-CC

BV-500V-5×70-SC50-WC

二~四层

图 9-28 底层插座平面图

三孔防溅插座。

AL_2 为东侧用户配电箱，其插座配置与西侧用户基本相同，读者自行分析。

其他各层与底层类同，本例省略。

（3）图 9-29 为底层照明平面图，从图中可以看出，由单元配电箱 AL-1 接出 3 条线路，其中编号为 WL1、WL3 的两条线路，向两侧用户配电箱 AL_1、AL_2 供电，其导线类型为铜芯聚氯乙烯绝缘电线，额定电压为 500V，内有 3 根铜芯，导线截面为 $10mm^2$，穿钢管暗敷在墙内，钢管管径 20mm。

编号为 WL_2 的线路是楼梯间公共照明线路，导线类型为铜芯聚氯乙烯绝缘电线，额定电压 500V，内有 2 根铜芯，导线截面尺寸为 $2.5mm^2$，阻燃塑料质管暗敷在顶板内，穿管管径 15mm。在 WL_2 线路上装有 3 盏声控灯，分别安装在室外入室门门口、楼梯间入口和底层两住户入户门中间顶棚处，安装方式均为吸顶安装。

从图中可以看出，由 AL_1 配电箱接出照明线路引至西侧用户。西侧用户的户型为两室、一厅、一厕、一厨、南北阳台各一个，室内安装灯具共 8 盏。所有的灯具均采用吸顶安装，

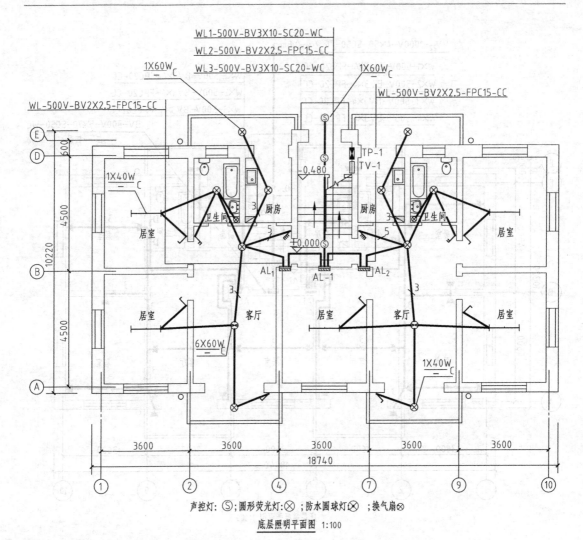

WL1-500V-BV3X10-SC20-WC
WL2-500V-BV2X2,5-FPC15-CC
WL3-500V-BV3X10-SC20-WC

1X60W C

1X60W C

WL-500V-BV2X2,5-FPC15-CC

WL-500V-BV2X2,5-FPC15-CC

1X40W C

TP-1
TV-1
-0.480

+0.000

居室 卫生间 厨房 厨房 卫生间 居室

AL₁ AL-1 AL₂

居室 客厅 居室 客厅 居室

6X60W

1X40W C

600
4500
10220
4500

3600 3600 3600 3600 3600
18740

① ② ④ ⑦ ⑨ ⑩

声控灯: ⑤;圆形荧光灯:⊗ ;防水圆球灯⊗ ;换气扇⊗

底层照明平面图 1:100

图 9-29 底层照明平面图

其中两个居室内各装有一盏单管荧光灯，客厅棚顶装有花灯，门厅处和南侧阳台安装圆形荧光灯，卫生间和厨房安装防水圆球灯。在卫生间内还安装有换气扇，参照电气设计图例中可知，换气扇的安装高度为 2.4m。

照明灯具控制开关的安装方式如下：客厅、门厅、厨房和北侧阳台灯具采用一个四极开关；卫生间灯具和卫生间内换气扇用一个双极开关；两个居室和南侧阳台灯具各用一个单极开关控制。由 AL₂ 配电箱接出照明线路引至东侧住户，读图时，其照明灯具和开关的配置情况可参照西侧住户。其他各层与底层类同，本例省略。

2. 阅读室内电气系统图

如图 9-30 所示，进户电源采用铜芯聚氯乙烯绝缘聚氯乙烯护套钢带铠装电力电缆直埋引入，在进户线上设有型号为 SIS-125/R100-3P 的三相自动空气控制开关，开关的额定电流为 100A。

（1）进户线进入建筑物后，向上引出干线，分别接入一～四层编号为 AL-1～AL-4 的单元配电箱内，底层单元配电箱的额定功率为 11.48kW；二～四层单元配电箱的额定功率为 11.0kW，配电箱的外形尺寸为 600mm×400mm×200mm。

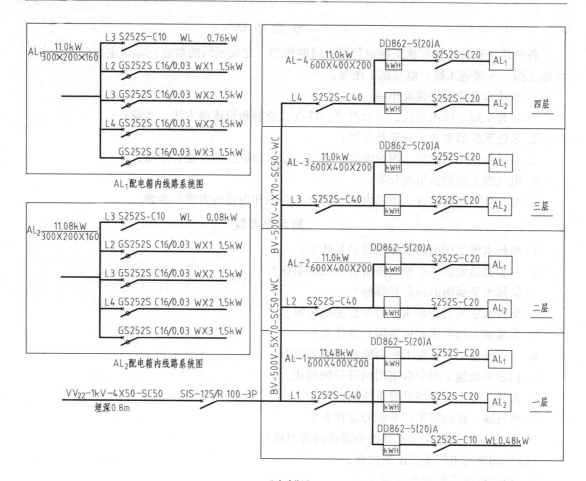

配电系统图 1:100

图 9-30　配电系统图

底层单元配电箱经空气自动总开关（S252S-C40）引出 3 条线路，其中的 2 条线路通过分路开关（S252S-C20），进入底层用户配电箱 AL_1、AL_2。另外 1 条线路通过分路开关（S252S-C10），与底层公共照明线路相接，功率为 0.48kW，向底层楼梯间内 3 盏声控灯供电。二～四层单元配电箱经空气自动总开关（S252S-C40）各引出 2 条线路，通过分路开关（S252S-C20），进入各楼层用户配电箱 AL_1、AL_2。

（2）对照图 9-28 底层插座平面图、图 9-29 底层照明平面图可知，配电箱 AL_1 为西侧用户配电箱。在 AL_1 配电箱内，设有计量表（kW·h），总开关 S252S-C20。由 AL_1 用户配电箱中接出 5 条支路给西侧住户房间各部分供电。5 条分支路中，1 条照明支路，额定功率为 0.76kW，照明支路上装有自动空气开关（S252S-C10）；其余 4 条分支路均为插座支路，其额定功率为 1.5kW，插座支路上装有具有漏电保护功能的自动空气开关（GS252S-C16/0.03）。

配电箱 AL_2 为东侧用户配电箱，其中线路和控制开关的配置与 AL_1 配电箱内基本相同。但由于东侧住户比西侧住户照明设备多，故由配电箱接出的照明分支路的额定功率为 0.80kW；比 AL_1 配电箱接出的照明分支路的额定功率（0.76kW）大。

（3）在图 9-30 中标注出各进户线、干线、支线的规格型号、敷设方式和部位、导线根数、截面积等，该内容在电气平面图中已详尽说明。

本 章 小 结

各种建筑设备系统在建筑物中起着不同的作用，完成不同的功能。本章主要介绍给水排水施工图、采暖施工图、电气施工图等。

1. 给排水系统的组成及作用；
2. 给排水施工图的形成、图示内容、特点、绘制和识读的方法、步骤；
3. 采暖系统的组成、分类及作用；
4. 采暖施工图的形成、图示内容、特点、绘制和识读的方法、步骤；
5. 电气施工图的作用及分类；
6. 电气施工图的形成、图示内容、特点、绘制和识读的方法、步骤。

复习思考题

1. 给排水施工图的国家标准编号是什么？
2. 一套完整的给排水施工图由哪些图纸组成？
3. 给排水平面图的内容有哪些？
4. 给排水系统图是采用哪种投影法绘制的？
5. 采暖施工图的国家标准编号是什么？
6. 一套完整的采暖施工图由哪些图纸组成？
7. 图示采暖施工图中常用图例符号的画法。
8. 简述采暖平面图与采暖系统图的作用。
9. 电气施工图的国家标准编号是什么？
10. 电气施工图的文字符号的由哪些内容组成？
11. 简述室内电气平面图的内容。
12. 简述电气系统图的绘图方法。

附　　录

一、常用螺纹与螺纹紧固件

1. 普通螺纹（摘自 GB/T 193—2003、GB/T 196—2003）

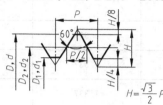

$$H=\frac{\sqrt{3}}{2}P$$

附表 1-1　直径与螺距标准组合系列　　　　单位：mm

公称直径 D、d		螺 距 P		粗牙小径 D_1、d_1	公称直径 D、d		螺 距 P		粗牙小径 D_1、d_1
第一系列	第二系列	粗牙	细　牙		第一系列	第二系列	粗牙	细　牙	
3		0.5	0.35	2.459		22	2.5	2,1.5,1,(0.75),(0.5)	19.294
	3.5	(0.6)		2.850	24		3	2,1.5,1,(0.75)	20.752
4		0.7		3.242		27	3	2,1.5,1,(0.75)	23.752
	4.5	(0.75)	0.5	3.688	30		3.5	(3),2,1.5,1,(0.75)	26.211
5		0.8		4.134		33	3.5	(3),2,1.5,(1),(0.75)	29.211
6		1	0.75,(0.5)	4.917	36		4	3,2,1.5,(1)	31.670
8		1.25	1,0.75,(0.5)	6.647		39	4		34.670
10		1.5	1.25,1,0.75,(0.5)	8.376	42		4.5		37.129
12		1.75	1.5,1.25,1,(0.75),(0.5)	10.106		45	4.5	(4),3,2,1.5,(1)	40.129
	14	2	1.5,(1.25),1,(0.75),(0.5)	11.835	48		5		42.87
16		2	1.5,1,(0.75),(0.5)	13.835		52	5		46.587
	18	2.5	2,1.5,1,(0.75),(0.5)	15.294	56		5.5	4,3,2,1.5,(1)	50.046
20		2.5		17.294					

注：1. 优先选用第一系列，括号内尺寸尽可能不用。第三系列未列入。
2. 中径 D_2、d_2 未列入。

附表 1-2　细牙普通螺纹螺距与小径的关系　　　　单位：mm

螺 距 P	小径 D_1、d_1	螺 距 P	小径 D_1、d_1	螺 距 P	小径 D_1、d_1
0.35	$d-1+0.621$	1	$d-2+0.918$	2	$d-3+0.835$
0.5	$d-1+0.459$	1.25	$d-2+0.647$	3	$d-4+0.752$
0.75	$d-1+0.188$	1.5	$d-2+0.376$	4	$d-5+0.670$

注：表中的小径按 $D_1=d_1=d-2\times\frac{5}{8}H$，$H=\frac{\sqrt{3}}{2}P$ 计算得出。

2. 非螺纹密封的管螺纹（摘自 GB/T 7307—2001）

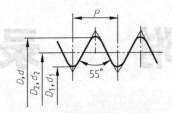

附表 1-3　管螺纹尺寸代号及基本尺寸　　　　　　单位：mm

尺寸代号	每 25.4mm 内的牙数 n	螺 距 P	基 本 直 径	
			大径 D、d	小径 D_1、d_1
1/8	28	0.907	9.728	8.566
1/4	19	1.337	13.157	11.445
3/8	19	1.337	16.662	14.950
1/2	14	1.814	20.955	18.631
5/8	14	1.814	22.911	20.587
3/4	14	1.814	26.441	24.117
7/8	14	1.814	30.201	27.877
1	11	2.309	33.249	30.291
1 1/8	11	2.309	37.897	34.939
1 1/4	11	2.309	41.910	38.952
1 1/2	11	2.309	47.803	44.845
1 3/4	11	2.309	53.746	50.788
2	11	2.309	59.614	56.656
2 1/4	11	2.309	65.710	62.752
2 1/2	11	2.309	75.184	72.226
2 3/4	11	2.309	81.534	78.576
3	11	2.309	87.884	84.926

二、螺纹紧固件

1. 六角头螺栓

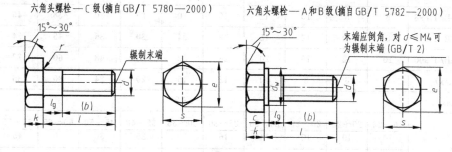

六角头螺栓—C级(摘自GB/T 5780—2000)　　　　六角头螺栓—A和B级(摘自GB/T 5782—2000)

标记示例

螺纹规格 $d=$ M12、公称长度 $l=$ 80mm、性能等级为8.8级、表面氧化、A级的六角头螺栓，其标记为：

螺栓　GB/T 5782　M12×80

附表 2-1　六角头螺栓各部分尺寸　　　　　　　　单位：mm

螺纹规格 d			M3	M4	M5	M6	M8	M10	M12	M16	M20	M24	M30	M36	M42
b 参考	$l{\leqslant}125$		12	14	16	18	22	26	30	38	46	54	66	—	—
	$125{<}l{\leqslant}200$		18	20	22	24	28	32	36	44	52	60	72	84	96
	$l{>}200$		31	33	35	37	41	45	49	57	65	73	85	97	109
c			0.4	0.4	0.5	0.5	0.6	0.6	0.6	0.8	0.8	0.8	0.8	0.8	1
d_w	产品等级	A	4.57	5.88	6.88	8.88	11.63	14.63	16.63	22.49	28.19	33.61	—	—	—
		A、B	4.45	5.74	6.74	8.74	11.47	14.47	16.47	22	27.7	33.25	42.75	51.11	59.95
e	产品等级	A	6.01	7.66	8.79	11.05	14.38	17.77	20.03	26.75	33.53	39.98	—	—	—
		B、C	5.88	7.50	8.63	10.89	14.20	17.59	19.85	26.17	32.95	39.55	50.85	60.79	72.02
k 公称			2	2.8	3.5	4	5.3	6.4	7.5	10	12.5	15	18.7	22.5	26
r			0.1	0.2	0.2	0.25	0.4	0.4	0.6	0.6	0.8	0.8	1	1	1.2
s 公称			5.5	7	8	10	13	16	18	24	30	36	46	55	65
l(商品规格范围)			20~30	25~40	25~50	30~60	40~80	45~100	50~120	65~160	80~200	90~240	110~300	140~360	160~440
l系列			12,16,20,25,30,35,40,45,50,55,60,65,70,80,90,100,110,120,130,140,150,160,180, 200,220,240,260,280,300,320,340,360,380,400,420,440,460,480,500												

注：1. A级用于 $d{\leqslant}24$ 和 $l{\leqslant}10d$ 或 ${\leqslant}150$ 的螺栓；B级用于 $d{>}24$ 和 $l{>}10d$ 或 ${>}150$ 的螺栓。

2. 螺纹规格 d 范围为 GB/T 5780 为 M5~M64；GB/T 5782 为 M1.6~M64。

3. 公称长度范围为 GB/T 5780 为 25~500；GB/T 5782 为 12~500。

2. 双头螺柱

双头螺柱—$b_m=1d$(GB/T 897—1988)　　　双头螺柱—$b_m=1.25d$(GB/T 898—1988)

双头螺柱—$b_m=1.5d$(GB/T 899—1988)　　　双头螺柱—$b_m=2d$(GB/T 900—1988)

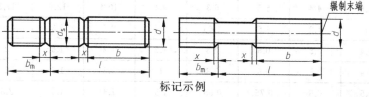

标记示例

两端均为粗牙普通螺纹，$d=10$、$l=50$、性能等级为4.8级、B型、$b_m=1d$ 的双头螺柱，其标记为：

螺栓　GB/T 897　M10×50

旋入机体一端为粗牙普通螺纹、旋螺母一端为螺距1的细牙普通螺纹、$d=10$、$l=50$、性能等级为
4.8级、A型、$b_m=1d$ 的双头螺柱，其标记为：螺柱 GB/T 897　AM10-M10×1×50

附表 2-2　双头螺柱各部分尺寸　　　　单位：mm

螺纹规格	M5	M6	M8	M10	M12	M16	M20	M24	M30	M36	M42
b_m（公称）GB/T 897	5	6	8	10	12	16	20	24	30	36	42
b_m（公称）GB/T 898	6	8	10	12	15	20	25	30	38	45	52
b_m（公称）GB/T 899	8	10	12	15	18	24	30	36	45	54	65
b_m（公称）GB/T 900	10	12	16	20	24	32	40	48	60	72	84
d_s(max)	5	6	8	10	12	16	20	24	30	36	42
x(max)						2.5P					
$\dfrac{l}{b}$	$\dfrac{16\sim22}{10}$	$\dfrac{20\sim22}{10}$	$\dfrac{20\sim22}{12}$	$\dfrac{25\sim28}{14}$	$\dfrac{25\sim30}{16}$	$\dfrac{30\sim38}{20}$	$\dfrac{35\sim40}{25}$	$\dfrac{45\sim50}{30}$	$\dfrac{60\sim65}{40}$	$\dfrac{65\sim75}{45}$	$\dfrac{65\sim80}{50}$
	$\dfrac{25\sim50}{16}$	$\dfrac{25\sim30}{14}$	$\dfrac{25\sim30}{16}$	$\dfrac{30\sim38}{16}$	$\dfrac{32\sim40}{20}$	$\dfrac{40\sim55}{30}$	$\dfrac{45\sim65}{35}$	$\dfrac{55\sim75}{45}$	$\dfrac{70\sim90}{50}$	$\dfrac{80\sim110}{60}$	$\dfrac{85\sim110}{70}$
		$\dfrac{32\sim75}{18}$	$\dfrac{32\sim90}{22}$	$\dfrac{40\sim120}{26}$	$\dfrac{45\sim120}{30}$	$\dfrac{60\sim120}{38}$	$\dfrac{70\sim120}{46}$	$\dfrac{80\sim120}{54}$	$\dfrac{95\sim120}{60}$	$\dfrac{120}{78}$	$\dfrac{120}{90}$
			$\dfrac{130}{32}$	$\dfrac{130\sim180}{36}$	$\dfrac{130\sim200}{44}$	$\dfrac{130\sim200}{52}$	$\dfrac{130\sim200}{60}$	$\dfrac{130\sim200}{72}$	$\dfrac{130\sim200}{84}$	$\dfrac{130\sim200}{96}$	$\dfrac{130\sim200}{108}$
									$\dfrac{210\sim250}{97}$	$\dfrac{210\sim300}{103}$	$\dfrac{210\sim300}{121}$
l 系列	16,(18),20,(22),25,(28),30,(32),35,(38),40,45,50,(55),60,(65),70,(75),80,(85),90,(95),100,110,120,130,140,150,160,170,180,190,200,210,220,230,240,250,260,280,300										

注：P 是粗牙螺纹的螺距。

3. 开槽沉头螺钉（摘自 GB/T 68—2000）

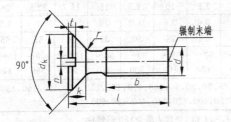

标记示例

螺纹规格 $d=$ M5、公称长度 $l=20$、性能等级为 4.8 级、不经表面处理的 A 级开槽沉头螺钉，其标记为：

螺钉　GB/T 68　M5×20

附表 2-3　开槽沉头螺钉各部分尺寸　　　　单位：mm

螺纹规格 d	M1.6	M2	M2.5	M3	M4	M5	M6	M8	M10
P（螺距）	0.35	0.4	0.45	0.5	0.7	0.8	1	1.25	1.5
b	25	25	25	25	38	38	38	38	38
d_k	3.6	4.4	5.5	6.3	9.4	10.4	12.6	17.3	20
k	1	1.2	1.5	1.65	2.7	2.7	3.3	4.65	5
n	0.4	0.5	0.6	0.8	1.2	1.2	1.6	2	2.5
r	0.4	0.5	0.6	0.8	1	1.3	1.5	2	2.5
t	0.5	0.6	0.75	0.85	1.3	1.4	1.6	2.3	2.6
公称长度 l	2.5~16	3~20	4~25	5~30	6~40	8~50	8~60	10~80	12~80
l 系列	2.5,3,4,5,6,8,10,12,(14),16,20,25,30,35,40,45,50,(55),60,(65),70,(75),80								

注：1. 括号内的规格尽可能不采用。
　2. M1.6~M3 的螺钉、公称长度 $l\leqslant30$ 的，制出全螺纹；M4~M10 的螺钉、公称长度 $l\leqslant45$ 的，制出全螺纹。

4. 紧定螺钉

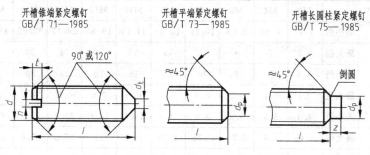

开槽锥端紧定螺钉
GB/T 71—1985

开槽平端紧定螺钉
GB/T 73—1985

开槽长圆柱紧定螺钉
GB/T 75—1985

标记示例

螺纹规格 d＝M5、公称长度 l＝12、性能等级为 14H 级、表面氧化的开槽长圆柱端紧定螺钉，其标记为：

螺钉　GB/T 75　M5×12

附表 2-4　紧定螺钉各部分尺寸　　　　　　　　单位：mm

螺纹规格 d		M1.6	M2	M2.5	M3	M4	M5	M6	M8	M10	M12
P（螺距）		0.35	0.4	0.45	0.5	0.7	0.8	1	1.25	1.5	1.75
n		0.25	0.25	0.4	0.4	0.6	0.8	1	1.2	1.6	2
t		0.74	0.84	0.95	1.05	1.42	1.63	2	2.5	3	3.6
d_t		0.16	0.2	0.25	0.3	0.4	0.5	1.5	2	2.5	3
d_p		0.8	1	1.5	2	2.5	3.5	4	5.5	7	8.5
z		1.05	1.25	1.5	1.75	2.25	2.75	3.25	4.3	5.3	6.3
l	GB/T 71—1985	2～8	3～10	3～12	4～16	6～20	8～25	8～30	10～40	12～50	14～60
	GB/T 73—1985	2～8	2～10	2.5～12	3～16	4～20	5～25	5～30	8～40	10～50	12～60
	GB/T 75—1985	2.5～8	3～10	4～12	5～16	6～20	8～25	10～30	10～40	12～50	14～60
l 系列		2,2.5,3,4,5,6,8,10,12,(14),16,20,25,30,35,40,45,50,(55),60									

注：1. l 为公称长度。

　　2. 括号内的规格尽可能不采用。

5. 螺母

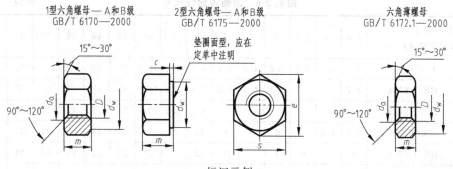

1型六角螺母—A和B级
GB/T 6170—2000

2型六角螺母—A和B级
GB/T 6175—2000

六角薄螺母
GB/T 6172.1—2000

垫圈面型，应在
定单中注明

标记示例

螺纹规格 D＝M12、性能等级为 8 级、不经表面处理、产品等级为 A 级 I 型六角螺母，其标记为：

螺栓　GB/T 6170　M12

螺纹规格 D＝M12、性能等级为 9 级、表面氧化的 2 型六角螺母，其标记为：螺母 GB/T 6175 M12

螺纹规格 D＝M12、性能等级为 04 级、不经表面处理的六角薄螺母，其标记为：螺母 GB/T 6172.1　M12

附表 2-5　螺母各部分尺寸　　　　　　　　　　　单位：mm

螺纹规格 D		M3	M4	M5	M6	M8	M10	M12	M16	M20	M24	M30	M36
e	最小值	6.01	7.66	8.63	10.89	14.20	17.59	19.85	26.17	32.95	39.55	50.85	60.79
s	最大值	5.5	7	8	10	13	16	18	24	30	36	46	55
	最小值	5.5	7	8	10	13	16	18	24	30	36	46	55
c	最大值	0.4	0.4	0.5	0.5	0.6	0.6	0.6	0.8	0.8	0.8	0.8	0.8
d_w	最小值	4.6	5.9	6.9	8.9	11.6	14.6	16.6	22.5	27.7	33.2	42.8	51.1
d_a	最大值	3.45	4.6	5.75	6.75	8.75	10.8	13	17.3	21.6	25.9	32.4	38.9
GB/T 61770—2000	最大值	2.4	3.2	4.7	5.2	6.8	8.4	10.8	14.8	18	21.5	25.6	31
m	最小值	2.15	2.9	4.4	4.9	6.44	8.04	10.37	14.1	16.9	20.2	24.3	29.4
GB/T 6172.1—2000	最大值	1.8	2.2	2.7	3.2	4	5	6	8	10	12	15	18
m	最小值	1.55	1.95	2.45	2.9	3.7	4.7	5.7	7.42	9.10	10.9	13.9	16.9
GB/T 6175—2000	最大值	—	—	5.1	5.7	7.5	9.3	12	16.4	20.3	23.9	28.6	34.7
m	最小值	—	—	4.8	5.4	7.14	8.94	11.57	15.7	19	22.6	27.3	33.1

注：A 级用于 D≤16；B 级用于 D＞16。

6. 垫圈

小垫圈—A 级（GB/T 848—2002）

平垫圈—A 级（GB/T 97.1—2002）

平垫圈　倒角型—A 级（GB/T 97.2—2000）

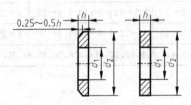

标记示例

标准系列、规格 8、性能等级为 140HV 级、不级表面处理的平垫圈，其标记为：垫圈 GB/T 97.1　8

附表 2-6　垫圈各部分尺寸　　　　　　　　　　　单位：mm

公称尺寸 （螺纹规格 d）		1.6	2	2.5	3	4	5	6	8	10	12	14	16	20	24	30	36
d_1	GB/T 848	1.7	2.2	2.7	3.2	4.3	5.3	6.4	8.4	10.5	13	15	17	21	25	31	37
	GB/T 97.1	1.7	2.2	2.7	3.2	4.3	5.3	6.4	8.4	10.5	13	15	17	21	25	31	37
	GB/T 97.2						5.3	6.4	8.4	10.5	13	15	17	21	25	31	37
d_2	GB/T 848	3.5	4.5	5	6	9	11	15	18	20	24	28	34	39	50	60	
	GB/T 97.1	4	5	6	7	9	10	12	16	20	24	28	30	37	44	56	66
	GB/T 97.2						10	12	16	20	24	28	30	37	44	56	66
h	GB/T 848	0.3	0.3	0.5	0.5	0.5	1	1.6	1.6	1.6	2	2.5	2.5	3	4	4	5
	GB/T 97.1	0.3	0.3	0.5	0.5	0.5	1	1.6	1.6	1.6	2	2.5	2.5	3	4	4	5
	GB/T 97.2						1	1.6	1.6	1.6	2	2.5	2.5	3	4	4	5

7. 标准型弹簧垫圈（摘自 GB/T 93—1987）

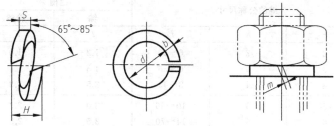

标记示例

规格 16、材料为 65Mn、表面氧化的标准型弹簧垫圈，其标记为：垫圈 GB/T 93 16

附表 2-7　标准型弹簧垫圈各尺寸　　　　　　　　　单位：mm

规格（螺纹大径）		3	4	5	6	9	10	12	(14)	16	(18)	20	(22)	24	(27)	30
d		3.1	4.1	5.1	6.1	8.1	10.2	12.2	14.2	16.2	18.2	20.2	22.5	24.5	27.5	30.5
H	GB/T 93	1.6	2.2	2.6	3.2	4.2	5.2	6.2	7.2	8.2	9	10	11	12	13.6	15
	GB/T 859	1.2	1.6	2.2	2.6	3.2	4	5	6	6.4	7.2	8	9	10	11	12
$S(b)$	GB/T 93	0.8	1.1	1.3	1.6	2.1	2.6	3.1	3.6	4.1	4.5	5	5.5	6	6.8	7.5
S	GB/T 859	0.6	0.8	1.1	1.3	1.6	2	2.5	3	3.2	3.6	4	4.5	5	5.5	6
$m \leqslant$	GB/T 93	0.4	0.55	0.65	0.8	1.05	1.3	1.55	1.8	2.05	2.25	2.5	2.75	3	3.4	3.75
	GB/T 859	0.3	0.4	0.55	0.65	0.8	1	1.25	1.5	1.6	1.8	2	2.25	2.5	2.75	3
b	GB/T 859	1	1.2	1.5	2	2.5	3	3.5	4	4.5	5	5.5	6	7	8	9

注：1. 括号内的规格尽可能不采用。

2. m 应大于零。

三、键、销

1. 普通型平键及键槽（摘自 GB/T 1096—2003 及 GB/T 1095—2003）

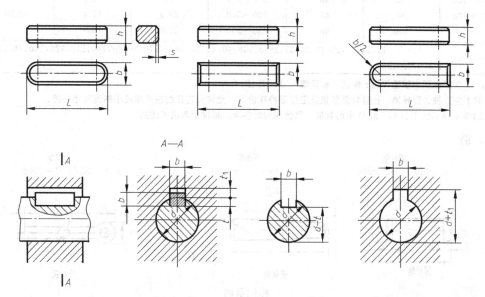

标记示例

圆头普通型平键（A 型），$b=18$mm，$h=11$mm，$L=100$mm GB/T 1096　键　18×11×100

圆头普通型平键（B 型），$b=18$mm，$h=11$mm，$L=100$mm GB/T 1096　键 B　18×11×100

附表 3-1 普通平键及键槽各部分尺寸　　　　单位：mm

轴径 d	键的公称尺寸			键槽深		r 小于
				轴	轮毂	
	b	h	L	t	t_1	
自 6~8	2	2	6~20	1.2	1.0	
>8~19	3	3	6~36	1.8	1.4	0.16
>10~12	4	4	8~45	2.5	1.8	
>12~17	5	5	10~56	3.0	2.3	
>17~22	6	6	14~70	3.5	2.8	0.25
>22~30	8	7	18~90	4.0	3.3	
>30~38	10	8	22~110	5.0	3.3	
>38~44	12	8	28~140	5.0	3.3	
>44~50	14	9	36~160	5.5	3.8	0.40
>50~58	16	10	45~180	6.0	4.3	
>58~65	18	11	50~200	7.0	4.4	
>65~75	20	12	56~220	7.5	4.9	
>75~85	22	14	63~250	9.0	5.4	
>85~95	25	14	70~280	9.0	5.4	0.60
>95~100	28	16	80~320	10.0	6.4	
>110~130	32	18	90~360	11.0	7.4	
>130~150	36	20	100~400	12.0	8.4	
>150~170	40	22	100~400	13.0	9.4	
>170~200	45	25	110~450	15.0	10.4	1.00
>200~230	50	28	125~400	17.0	11.4	
>230~260	56	30	140~500	20.0	12.4	
>260~290	63	32	160~500	22.0	12.4	1.60
>290~300	70	36	180~500	22.0	12.4	
>330~380	80	40	200~500	25.0	15.4	
>380~440	90	45	220~500	28.0	17.4	2.50
>440~500	100	50	250~500	31.0	19.5	
L 的系列	6,8,10,12,14,16,18,20,22,25,28,32,36,40,45,50,56,63,70,80,90,100,110,125,140,160,180,200,220,250					

注：1. 在工作图中轴槽深用 t 标注，轮毂槽深用 t_1 标注。

2. 对于空心轴、阶梯轴、传递较低扭矩及定位等特殊情况，允许大直径的轴选用较小剖面尺寸的键。

3. 轴径 d 是 GB/T 1095—2003 中的数值，供选用键时参考，标准中取消了该列。

2. 销

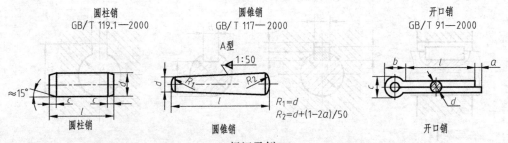

标记示例

公称直径 10mm、长 50mm 的 A 型圆柱销，其标记为：销 GB/T 119.1—2000　6m10×50

公称直径 10mm、长 60mm 的 A 型圆锥销，其标记为：销 GB/T 117—2000　10×60

公称直径 5mm、长 60mm 的开口销，其标记为：销 GB/T 91—2000　10×50

附表 3-2　销各部分尺寸　　　　　　　单位：mm

名称	公称直径 d	1	1.2	1.5	2	2.5	3	4	5	6	8	10	12
圆柱销	$n \approx$	0.12	0.16	0.20	0.25	0.30	0.40	0.50	0.63	0.80	10	1.2	1.6
(GB/T 119.1—2000)	$c \approx$	0.20	0.25	0.30	0.35	0.40	0.50	0.63	0.80	1.2	1.6	2	2.5
圆锥销(GB/T 117—2000)	$a \approx$	0.12	0.16	0.20	0.25	0.30	0.40	0.50	0.63	0.80	1	1.2	1.6
开口销 (GB/T 91—2000)	d(公称)	0.6	0.8	1	1.2	1.6	2	2.5	3.2	4	5	6.3	8
	c	1	1.4	1.8	2	2.8	3.6	4.6	5.8	7.4	9.2	11.8	15
	$b \approx$	2	2.4	3	3	3.2	4	5	6.4	8	10	12.6	16
	a	1.6	1.6	1.6	2.5	2.5	2.5	2.5	4	4	4	4	4
	l(商品规格范围公称长度)	4~12	5~16	6~0	8~6	8~2	10~40	12~50	14~65	18~80	22~100	30~120	40~160
l 系列		2,3,4,5,6,8,10,12,14,16,18,20,22,24,26,28,30,32,35,40,45,50, 55,60,65,70,75,80,85,90,95,100,120											

四、常用滚动轴承

深沟球轴承 (GB/T 276—2013)
6000型

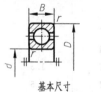

基本尺寸　　　安装尺寸

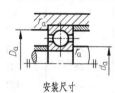

标记示例

内径 $d = 20$ 的 60000 型深沟球轴承，尺寸系列为（0）2，组合代号为 62，其标记为：滚动轴承　6204　GB/T 276—2013

附表 4-1　深沟球轴承各部分尺寸

轴承代号	基本尺寸/mm				安装尺寸/mm		
	d	D	B	$r_{s\,min}$	$d_{a\,min}$	$D_{a\,max}$	$r_{a\,max}$
(1)尺寸系列							
6000	10	26	8	0.3	12.4	23.6	0.3
6001	12	28	8	0.3	14.4	25.6	0.3
6002	15	32	9	0.3	17.4	29.6	0.3
6003	17	35	10	0.3	19.4	32.6	0.3
6004	20	42	12	0.6	25	37	0.6
6005	25	47	12	0.6	30	42	0.6
6006	30	55	13	1	36	49	1
6007	35	62	14	1	41	56	1
6008	40	68	15	1	46	62	1
6009	45	75	16	1	51	69	1
6010	50	80	16	1	56	74	1
6011	55	90	18	1.1	62	83	1
6012	60	95	18	1.1	67	88	1
6013	65	100	18	1.1	72	93	1
6014	70	110	20	1.1	77	103	1
6015	75	115	20	1.1	82	108	1
6016	80	125	22	1.1	87	118	1
6017	85	130	22	1.1	92	123	1
6018	90	140	24	1.5	99	131	1.5
6019	95	145	24	1.5	104	136	1.5
6020	100	150	24	1.5	109	141	1.5

轴承代号	基本尺寸/mm				安装尺寸/mm		
	d	D	B	$r_{s\,min}$	$d_{a\,min}$	$D_{a\,max}$	$r_{a\,max}$
(0)2 尺寸系列							
6200	10	30	9	0.6	15	25	0.6
6201	12	32	10	0.6	17	27	0.6
6202	15	35	11	0.6	20	30	0.6
6203	17	40	12	0.6	22	35	0.6
6204	20	47	14	1	26	41	1
6205	25	52	15	1	31	46	1
6206	30	62	16	1	36	56	1
6207	35	72	17	1.1	42	65	1
6208	40	80	18	1.1	47	73	1
6209	45	85	19	1.1	52	78	1
6210	50	90	20	1.1	57	83	1
6211	55	100	21	1.5	64	91	1.5
6212	60	110	22	1.5	69	101	1.5
6213	65	120	23	1.5	74	111	1.5
6214	70	125	24	1.5	79	116	1.5
6215	75	130	25	1.5	84	121	1.5
6216	80	140	26	2	90	130	2
6217	85	150	28	2	95	140	2
6218	90	160	30	2	100	150	2
6219	95	170	32	2.1	107	158	2.1
6220	100	180	34	2.1	112	168	2.1
(0)3 尺寸系列							
6300	10	35	11	0.6	15	30	0.6
6301	12	37	12	1	18	31	1
6302	15	42	13	1	21	36	1
6303	17	47	14	1	23	41	1
6304	20	52	15	1.1	27	45	1
6305	25	62	17	1.1	32	55	1
6306	30	72	19	1.1	37	65	1
6307	35	80	21	1.5	44	71	1.5
6308	40	90	23	1.5	49	81	1.5
6309	45	100	25	1.5	54	91	1.5
6310	50	110	27	2	60	100	2
6311	55	120	29	2	65	110	2
6312	60	130	31	2.1	72	118	2.1
6313	65	140	33	2.1	77	128	2.1
6314	70	150	35	2.1	82	138	2.1
6315	75	160	37	2.1	87	148	2.1

续表

轴承代号	基本尺寸/mm				安装尺寸/mm		
	d	D	B	$r_{s\,min}$	$d_{a\,min}$	$D_{a\,max}$	$r_{a\,max}$
(0)3 尺寸系列							
6316	80	170	39	2.1	92	158	2.1
6317	85	180	41	3	99	166	2.5
6318	90	190	43	3	104	176	2.5
6319	95	200	45	3	109	186	2.5
6320	100	215	47	3	114	201	2.5
(0)4 尺寸系列							
6403	17	62	17	1.1	24	55	1
6404	20	72	19	1.1	27	65	1
6405	25	80	21	1.5	34	71	1.5
6406	30	90	23	1.5	39	81	1.5
6407	35	100	25	1.5	44	91	1.5
6408	40	110	27	2	50	100	2
6409	45	120	29	2	55	110	2
6410	50	130	31	2.1	62	118	2.1
6411	55	140	33	2.1	67	128	2.1
6412	60	150	35	2.1	72	138	2.1
6413	65	160	37	2.1	77	148	2.1
6414	70	180	42	3	84	166	2.5
6415	75	190	45	3	89	176	2.5
6416	80	200	48	3	94	186	2.5
6417	85	210	52	4	103	192	3
6418	90	225	54	4	108	207	3
6420	100	250	58	4	118	232	3

注：$r_{s\,min}$ 为 r 的单向最小倒角尺寸；$r_{a\,max}$ 为 r_{as} 的单向最大倒角尺寸。

五、极限与配合

附表 5-1　基本尺寸小于 500mm 的标准公差（摘自 GB/T 1800.1—2009）

基本尺寸/mm		公差等级																			
大于	至	IT01	IT0	IT1	IT2	IT3	IT4	IT5	IT6	IT7	IT8	IT9	IT10	IT11	IT12	IT13	IT14	IT15	IT16	IT17	IT18
		μm													mm						
—	3	0.3	0.5	0.8	1.2	2	3	4	6	10	14	25	40	60	0.10	0.14	0.25	0.40	0.60	1.0	1.4
3	6	0.4	0.6	1	1.5	2.5	4	5	8	12	18	30	48	75	0.12	0.18	0.30	0.48	0.75	1.2	1.8
6	10	0.4	0.6	1	1.5	2.5	4	6	9	15	22	36	58	90	0.15	0.22	0.36	0.58	0.90	1.5	2.2
10	18	0.5	0.8	1.2	2	3	5	8	11	18	27	43	70	110	0.18	0.27	0.43	0.70	1.10	1.8	2.7
18	30	0.6	1	1.5	2.5	4	6	9	13	21	33	52	84	130	0.21	0.33	0.52	0.84	1.30	2.1	3.3
30	50	0.7	1	1.5	2.5	4	7	11	16	25	39	62	100	160	0.25	0.39	0.62	1.00	1.60	2.5	3.9
50	80	0.8	1.2	2	3	5	8	13	19	30	46	74	120	190	0.30	0.46	0.74	1.20	1.90	3.0	4.6
80	120	1	1.5	2.5	4	6	10	15	22	35	54	87	140	220	0.35	0.54	0.87	140	2.20	3.5	5.4
120	180	1.2	2	3.5	5	8	12	18	25	40	63	100	160	250	0.40	0.63	1.00	1.60	2.50	4.0	6.3
180	250	2	3	4.5	7	10	14	20	29	46	72	115	185	290	0.46	0.72	115	1.85	2.90	4.6	7.2
250	315	2.5	4	6	8	12	16	23	32	52	81	130	210	320	0.52	0.81	1.30	2.10	3.20	5.2	8.1
315	400	3	5	7	9	13	18	25	36	57	89	140	230	360	0.57	0.89	1.40	2.30	3.60	5.7	8.9
400	500	4	6	8	10	15	20	27	40	63	97	155	250	400	0.63	0.97	1.55	2.50	4.00	6.3	9.7

附表 5-2 优先配合中轴的极限偏差数值表（摘自 GB/T 1008.2—2009）

代号		f					g			h							
公称尺寸/mm		公差等级															
大于	至	5	6	⑦	8	9	5	⑥	⑦	5	⑥	⑦	8	⑨	10	⑪	12
—	3	−6/−10	−6/−12	−6/−16	−6/−20	−6/−31	−2/−6	−2/−8	−2/−12	0/−4	0/−6	0/−10	0/−14	0/−25	0/−40	0/−60	0/−100
3	6	−10/−15	−10/−18	−10/−22	−10/−28	−10/−40	−4/−9	−4/−12	−4/−16	0/−5	0/−8	0/−12	0/−18	0/−30	0/−48	0/−75	0/−120
6	10	−13/−19	−13/−22	−13/−28	−13/−35	−13/−49	−5/−11	−5/−14	−5/−20	0/−6	0/−9	0/−15	0/−22	0/−36	0/−58	0/−90	0/−150
10	14	−16/−24	−16/−27	−16/−34	−16/−43	−16/−59	−6/−14	−6/−17	−6/−24	0/−8	0/−11	0/−18	0/−27	0/−43	0/−70	0/−110	0/−180
14	18	−16/−24	−16/−27	−16/−34	−16/−43	−16/−59	−6/−14	−6/−17	−6/−24	0/−8	0/−11	0/−18	0/−27	0/−43	0/−70	0/−110	0/−180
18	24	−20/−29	−20/−33	−20/−41	−20/−53	−20/−72	−7/−16	−7/−20	−7/−28	0/−9	0/−13	0/−21	0/−33	0/−52	0/−84	0/−130	0/−210
24	30	−20/−29	−20/−33	−20/−41	−20/−53	−20/−72	−7/−16	−7/−20	−7/−28	0/−9	0/−13	0/−21	0/−33	0/−52	0/−84	0/−130	0/−210
30	40	−25/−36	−25/−41	−25/−50	−25/−64	−25/−87	−9/−20	−9/−25	−9/−34	0/−11	0/−16	0/−25	0/−39	0/−62	0/−100	0/−160	0/−250
40	50	−25/−36	−25/−41	−25/−50	−25/−64	−25/−87	−9/−20	−9/−25	−9/−34	0/−11	0/−16	0/−25	0/−39	0/−62	0/−100	0/−160	0/−250
50	65	−30/−43	−30/−49	−30/−60	−30/−76	−30/−104	−10/−23	−10/−29	−10/−40	0/−13	0/−19	0/−30	0/−46	0/−74	0/−120	0/−190	0/−300
65	80	−30/−43	−30/−49	−30/−60	−30/−76	−30/−104	−10/−23	−10/−29	−10/−40	0/−13	0/−19	0/−30	0/−46	0/−74	0/−120	0/−190	0/−300
80	100	−36/−51	−36/−58	−36/−71	−36/−90	−36/−123	−12/−27	−12/−34	−12/−47	0/−15	0/−22	0/−35	0/−54	0/−87	0/−140	0/−220	0/−350
100	120	−36/−51	−36/−58	−36/−71	−36/−90	−36/−123	−12/−27	−12/−34	−12/−47	0/−15	0/−22	0/−35	0/−54	0/−87	0/−140	0/−220	0/−350

代号		js			k			m			n			p		
公称尺寸/mm		公差等级														
大于	至	5	⑥	7	5	⑥	7	5	⑥	7	5	⑥	7	5	⑥	7
—	3	±2	±3	±5	+4/0	+6/0	+10/0	+6/+2	+8/+2	+12/+2	+8/+4	+10/+4	+14/+4	+10/+6	+12/+6	+16/+6
3	6	±2.5	±4	±6	+6/+1	+9/+1	+13/+1	+9/+4	+12/+4	+16/+4	+13/+8	+16/+8	+20/+8	+17/+12	+20/+12	+24/+12
6	10	±3	±4.5	±7	+7/+1	+10/+1	+16/+1	+12/+6	+15/+6	+21/+6	+16/+10	+19/+10	+25/+10	+21/+15	+24/+15	+30/+15
10	14	±4	±5.5	±9	+9/+1	+12/+1	+19/+1	+15/+7	+18/+7	+25/+7	+20/+12	+23/+12	+30/+12	+26/+18	+29/+18	+36/+18
14	18	±4	±5.5	±9	+9/+1	+12/+1	+19/+1	+15/+7	+18/+7	+25/+7	+20/+12	+23/+12	+30/+12	+26/+18	+29/+18	+36/+18
18	24	±4.5	±6.5	±10	+11/+2	+15/+2	+23/+2	+17/+8	+21/+8	+29/+8	+24/+15	+28/+15	+36/+15	+31/+22	+35/+22	+43/+22
24	30	±4.5	±6.5	±10	+11/+2	+15/+2	+23/+2	+17/+8	+21/+8	+29/+8	+24/+15	+28/+15	+36/+15	+31/+22	+35/+22	+43/+22
30	40	±5.5	±8	±12	+13/+2	+18/+2	+27/+2	+20/+9	+25/+9	+34/+9	+28/+17	+33/+17	+42/+17	+37/+26	+42/+26	+51/+26
40	50	±5.5	±8	±12	+13/+2	+18/+2	+27/+2	+20/+9	+25/+9	+34/+9	+28/+17	+33/+17	+42/+17	+37/+26	+42/+26	+51/+26
50	65	±6.5	±9.5	±15	+15/+2	+21/+2	+32/+2	+24/+11	+30/+11	+41/+11	+33/+20	+39/+20	+50/+20	+45/+32	+51/+32	+62/+32
65	80	±6.5	±9.5	±15	+15/+2	+21/+2	+32/+2	+24/+11	+30/+11	+41/+11	+33/+20	+39/+20	+50/+20	+45/+32	+51/+32	+62/+32
80	100	±7.5	±11	±17	+18/+3	+25/+3	+38/+3	+28/+13	+35/+13	+48/+13	+38/+23	+45/+23	+58/+23	+52/+37	+59/+37	+72/+37
100	120	±7.5	±11	±17	+18/+3	+25/+3	+38/+3	+28/+13	+35/+13	+48/+13	+38/+23	+45/+23	+58/+23	+52/+37	+59/+37	+72/+37

附表 5-3　优先配合中孔的极限偏差数值表（摘自 GB/T 1800.2—2009）

代号		E		F				G		H						
公称尺寸 /mm		公差等级														
大于	至	8	9	6	7	⑧	9	6	⑦	6	⑦	⑧	⑨	10	⑪	12
—	3	+28/+14	+39/+14	+12/+6	+16/+6	+20/+6	+31/+6	+8/+2	+12/+2	+6/0	+10/0	+14/0	+25/0	+40/0	+60/0	+100/0
3	6	+38/+20	+50/+20	+18/+10	+22/+10	+28/+10	+40/+10	+12/+4	+16/+4	+8/0	+12/0	+18/0	+30/0	+48/0	+75/0	+120/0
6	10	+47/+25	+61/+25	+22/+13	+28/+13	+35/+13	+49/+13	+14/+5	+20/+5	+9/0	+15/0	+22/0	+36/0	+58/0	+90/0	+150/0
10	14	+59/+32	+75/+32	+27/+16	+34/+16	+43/+16	+59/+16	+17/+6	+24/+6	+11/0	+18/0	+27/0	+43/0	+70/0	+110/0	+180/0
14	18															
18	24	+73/+40	+92/+40	+33/+20	+41/+20	+53/+20	+72/+20	+20/+7	+28/+7	+13/0	+21/0	+33/0	+52/0	+84/0	+130/0	+210/0
24	30															
30	40	+89/+50	+112/+50	+41/+25	+50/+25	+64/+25	+87/+25	+25/+9	+34/+9	+16/0	+25/0	+39/0	+62/0	+100/0	+160/0	+250/0
40	50															
50	65	+106/+6	+134/+80	+49/+30	+60/+30	+76/+30	+104/+30	+29/+10	+40/+10	+19/0	+30/0	+46/0	+74/0	+120/0	+190/0	+300/0
65	80															
80	100	+126/+72	+159/+72	+58/+36	+71/+36	+90/+36	+123/+36	+34/+12	+47/+12	+22/0	+35/0	+54/0	+87/0	+140/0	+220/0	+350/0
100	120															

代号		Js			K			M			N			P	
公称尺寸 /mm		公差等级													
大于	至	6	7	8	6	⑦	8	6	7	8	6	⑦	8	6	⑦
—	3	±3	±5	±7	0/−6	0/−10	0/−14	−2/−8	−2/−12	−2/−16	−4/−10	−4/−14	−4/−18	−6/−12	−6/−16
3	6	±4	±6	±9	+2/−6	+3/−9	+5/−13	−1/−9	0/−12	+2/−16	−5/−13	−4/−16	−2/−20	−9/−17	−8/−20
6	10	±4.5	±7	±11	+2/−7	+5/−10	+6/−16	−3/−12	0/−15	+1/−21	−7/−16	−4/−19	−3/−25	−12/−21	−9/−24
10	14	±5.5	±9	±13	+2/−9	+6/−12	+8/−19	−4/−15	0/−18	+2/−25	−9/−20	+5/−23	−3/−30	−15/−26	−11/−29
14	18														
18	24	±6.5	±10	±16	+2/−11	+6/−15	+10/−23	−4/−17	0/−21	+4/−29	−11/−24	−7/−28	−3/−36	−18/−31	−14/−35
24	30														
30	40	±8	±12	±19	+3/−13	+7/−18	+12/−27	−4/−20	0/−25	+5/−34	−12/−28	−8/−33	−3/−42	−21/−37	−17/−42
40	50														
50	65	±9.5	±15	±23	+4/−15	+9/−21	+14/−32	−5/−24	0/−30	+5/−41	−14/−33	−9/−39	−4/−50	−26/−45	−21/−51
65	80														
80	100	±11	±17	±27	+4/−18	+10/−25	+16/−38	−6/−28	0/−35	+6/−48	−16/−38	−10/−45	−4/−58	−30/−52	−24/−59
100	120														

主要参考文献

[1] 丁宇明，黄永生，张竞. 土建工程制图. 第3版. 北京：高等教育出版社，2012.

[2] 武华. 工程制图. 第2版. 北京：机械工业出版社，2010.

[3] 于春艳，陶冶. 工程制图. 第2版. 北京：中国电力出版社，2008.

[4] 何铭新，李怀健，郎宝敏. 建筑工程制图. 第5版. 北京：高等教育出版社，2013.